Additive Serienfertigung

Roland Lachmayer · Rene Bastian Lippert ·
Stefan Kaierle
Hrsg.

Additive Serienfertigung

Erfolgsfaktoren und Handlungsfelder
für die Anwendung

Herausgeber
Roland Lachmayer
Institut für Produktentwicklung und Gerätebau
Gottfried Wilhelm Leibniz
Universität Hannover
Hannover
Deutschland

Stefan Kaierle
Werkstoff- und Prozesstechnik
Laser Zentrum Hannover e.V.
Hannover
Deutschland

Rene Bastian Lippert
Institut für Produktentwicklung und Gerätebau
Gottfried Wilhelm Leibniz
Universität Hannover
Hannover
Deutschland

ISBN 978-3-662-56462-2   ISBN 978-3-662-56463-9 (eBook)
https://doi.org/10.1007/978-3-662-56463-9

Die Deutsche Nationalbibliothek verzeichnet diese Publikation in der Deutschen Nationalbibliografie; detaillierte bibliografische Daten sind im Internet über http://dnb.d-nb.de abrufbar.

Springer Vieweg
© Springer-Verlag GmbH Deutschland, ein Teil von Springer Nature 2018

Gedruckt auf säurefreiem und chlorfrei gebleichtem Papier

Springer Vieweg ist ein Imprint der eingetragenen Gesellschaft Springer-Verlag GmbH, DE und ist ein Teil von Springer Nature.
Die Anschrift der Gesellschaft ist: Heidelberger Platz 3, 14197 Berlin, Germany

Vorwort

Die additive Fertigung etabliert sich zunehmend in neuen Branchen und Anwendungen und hat das Bastlerimage längst abgelegt. Dabei erfährt die Anlagentechnik eine rasante Entwicklung in Folge effizienterer Prozesse und günstigerer Materialien. Ein Erfolgsfaktor zur Etablierung einer additiven Serienfertigung ist die Betrachtung des ganzheitlichen Prozesskontextes. Zu berücksichtigen sind beispielsweise Konfektionierungs- sowie Nachbearbeitungsprozesse. Durch diese technologische Reife entstehen zudem neue konstruktive Möglichkeiten. Im Gegensatz zu Rapid Prototyping Anwendungen, bei welchen die Besonderheiten der Additiven Fertigung lediglich zur Herstellbarkeit des Prototypens beachtet werden, können die Vorteile und Herausforderungen für eine Additiven Serienfertigung systematisch in der Bauteilgestaltung berücksichtigt werden. Neben den technologischen Herausforderungen spielen weiterhin die Qualifizierung von Bauteilen sowie die Etablierung neuer Geschäftsmodelle eine maßgebende Rolle.

Das Buch „Additive Serienfertigung" vermittelt ein Verständnis, wie konventionelle Fertigungsverfahren ergänzt oder substituiert werden können. Vor dem Hintergrund einer prozesssicheren Serienfertigung erfolgt die Betrachtung notwendiger Modifikationen in der Prozesskette sowie der Möglichkeiten zur Erweiterung von Geschäftsmodellen.

Bereits zum dritten Mal wurde gemeinsam vom Institut für Produktentwicklung und Gerätebau (IPeG) und dem Laser Zentrum Hannover e.V. (LZH) ein wissenschaftlicher Workshop zum Thema Additive Fertigung durchgeführt. Als Ergänzung zu den Büchern „3D-Druck beleuchtet" und „Additive Manufacturing Quantifiziert" wurden die vorgestellten Beiträge schriftlich aufbereitet. Weiterhin sind ein umfangreiches Sachwortverzeichnis sowie eine Übersicht einiger Additiver Fertigungsverfahren dem Anhang beigefügt. Entsprechend der hohen Entwicklungsdynamik ist das vorliegende Buch weniger als Lehrbuch zu verstehen, sondern vielmehr als eine aktuelle Zusammenstellung unterschiedlicher Sichtweisen und Aspekten der Additiven Fertigung. Alle Autoren sind ausgewiesene Experten unterschiedlicher Forschungseinrichtungen.

Wir danken der DFG und dem Land Niedersachsen für die Unterstützung und Bereitstellung finanzieller Mittel in den verschiedenen Forschungsprojekten.

Hannover, Januar 2018   Roland Lachmayer
                                                                         Rene Bastian Lippert
                                                                              Stefan Kaierle

Inhaltsverzeichnis

Validierung laserstrahlgeschmolzener Strukturbauteile aus AlSi10Mg 39
Rene Bastian Lippert und Roland Lachmayer

Qualitätssicherung in der Additiven Serienfertigung von Polymerbauteilen 53
Gerrit Hohenhoff, Heiko Meyer, Oliver Suttmann, Tammo Ripken, Kotaro Obata,
Dietmar Kracht und Ludger Overmeyer

Vorhersage der Fertigungszeit und -kosten für die additive Serienfertigung 69
Peter Hartogh und Thomas Vietor

Autorenverzeichnis

Die Herausgeber

Prof. Dr.-Ing. Roland Lachmayer Institut für Produktentwicklung und Gerätebau (IPeG), Gottfried Wilhelm Leibniz Universität Hannover, Welfengarten 1A, 30167 Hannover, Deutschland
e-mail: lachmayer@ipeg.uni-hannover.de

Dr.-Ing. Rene Bastian Lippert Institut für Produktentwicklung und Gerätebau (IPeG), Gottfried Wilhelm Leibniz Universität Hannover, Welfengarten 1A, 30167 Hannover, Deutschland
e-mail: lippert@ipeg.uni-hannover.de

Dr.-Ing. Stefan Kaierle Werkstoff- und Prozesstechnik, Laser Zentrum Hannover e.V., Hollerithallee 8, 30419 Hannover, Deutschland
e-mail: s.kaierle@lzh.de

Die Autoren

Prof. Dr.-Ing. Reiner Anderl Fachgebiet Datenverarbeitung in der Konstruktion, Technische Universität Darmstadt, Otto-Berndt-Strasse 2, 64287 Darmstadt, Deutschland e-mail: anderl@dik.tu-darmstadt.de

Alexander Arndt Fachgebiet Datenverarbeitung in der Konstruktion, Technische Universität Darmstadt, Otto-Berndt-Strasse 2, 64287 Darmstadt, Deutschland e-mail: arndt@dik.tu-darmstadt.de

Kevin Bachler Labor für Kunststofftechnik, HTWG Konstanz, Alfred-Wachtel-Str. 8, 78462 Konstanz, Deutschland e-mail: kevin.bachler@htwg-konstanz.de

Alexander Barroi Werkstoff- und Prozesstechnik, Laser Zentrum Hannover e.V., Hollerithallee 8, 30419 Hannover, Deutschland e-mail: a.barroi@lzh.de

Björn Beck Polymer Engineering, Fraunhofer ICT, Joseph-von-Fraunhofer-Str. 7, 76327 Pfinztal, Deutschland e-mail: bjoern.beck@ict.fraunhofer.de

Prof. Dr.-Ing. Lazar Bošković Labor für Kunststofftechnik, HTWG Konstanz, Alfred-Wachtel-Str. 8, 78462 Konstanz, Deutschland e-mail: lazar.boskovic@htwg-konstanz.de

Christian Demminger Institut für Werkstoffkunde (IW), Gottfried Wilhelm Leibniz Universität Hannover, An der Universität 2, 30823 Garbsen, Deutschland e-mail: demminger@iw.uni-hannover.de

Prof. Dr.-Ing. Peter Eyerer Fraunhofer ICT, Ingenieurbüro Eyerer, Joseph-von-Fraunhofer-Str. 7, 76327 Pfinztal, Deutschland e-mail: peter.eyerer@ict.fraunhofer.de

Dierk Fricke Hannoversches Zentrum für Optische Technologien, Nienburger Straße 17, 30167 Hannover, Deutschland e-mail: dierk.fricke@hot.uni-hannover.de

Jonathan Haas Labor für Kunststofftechnik, HTWG Konstanz, Alfred-Wachtel-Str. 8, 78462 Konstanz, Deutschland e-mail: jonathan.haas@htwg-konstanz.de

Peter Hartogh Institut für Konstruktionstechnik, Technische Universität Braunschweig, Langer Kamp 8, 38106 Braunschweig, Deutschland e-mail: p.hartogh@tu-braunschweig.de

Benjamin Henkel dreiConsulting GbR, Kopernikusstr. 14, 30167 Hannover, Deutschland e-mail: b.henkel@dreiconsulting.com

Dr.-Ing. Jörg Hermsdorf Werkstoff- und Prozesstechnik, Laser Zentrum Hannover e.V., Hollerithallee 8, 30419 Hannover, Deutschland email: j.hermsdorf@lzh.de

Dr.-Ing. Gerrit Hohenhoff Produktions- und Systemtechnik, Laser Zentrum Hannover e.V., Hollerithallee 8, 30419 Hannover, Deutschland e-mail: g.hohenhoff@lzh.de

Kai Kegelmann Kegelmann Technik GmbH, Gutenbergstraße 15, 63110 Rodgau-Jügesheim, Deutschland e-mail: kkegelmann@ktechnik.de

Dr.-Ing. Sven Kleiner em engineering methods AG, Rheinstraße 97, 64295 Darmstadt, Deutschland e-mail: Sven.Kleiner@em.ag

Thomas Kosche BCT GmbH, Carlo-Schmid-Allee 3, 44263 Dortmund, Deutschland e-mail: t.kosche@bct-online.de

Dr. rer. nat. Dietmar Kracht Geschäftsführung, Laser Zentrum Hannover e.V., Hollerithallee 8, 30419 Hannover, Deutschland e-mail: d.kracht@lzh.de

Georg Leuteritz Institut für Produktentwicklung und Gerätebau (IPeG), Gottfried Wilhelm Leibniz Universität Hannover, Welfengarten 1A, 30167 Hannover, Deutschland e-mail: leuteritz@ipeg.uni-hannover.de

Prof. Dr.-Ing. Hans-Jürgen Maier institut für Werkstoffkunde (IW), Gottfried Wilhelm Leibniz Universität Hannover, An der Universität 2, 30823 Garbsen, Deutschland e-mail: maier@iw.uni-hannover.de

Dr.-Ing. Heiko Meyer Biomedizinische Optik, Laser Zentrum Hannover e.V., Hollerithallee 8, 30419 Hannover, Deutschland e-mail: h.meyer@lzh.de

Dr.-Ing. Kotaro Obata Produktions- und Systemtechnik, Laser Zentrum Hannover e.V., Hollerithallee 8, 30419 Hannover, Deutschland e-mail: k.obata@lzh.de

Lukas Oster Institut für Schweißtechnik und Fügetechnik, Rheinisch-Westfälische Technische Hochschule Aachen, Pontstrasse 49, 52062 Aachen, Deutschland e-mail: ost@isf.rwth-aachen.de

Prof. Dr.-Ing. Ludger Overmeyer Geschäftsführung, Laser Zentrum Hannover e.V., Hollerithallee 8, 30419 Hannover, Deutschland e-mail: l.overmeyer@lzh.de

Prof. Dr.-Ing. Uwe Reisgen Institut für Schweißtechnik und Fügetechnik, Rheinisch-Westfälische Technische Hochschule Aachen, Pontstrasse 49, 52062 Aachen, Deutschland e-mail: office@isf.rwth-aachen.de

Dr. rer. nat. Tammo Ripken Biomedizinische Optik, Laser Zentrum Hannover e.V., Hollerithallee 8, 30419 Hannover, Deutschland e-mail: t.ripken@lzh.de

Prof. Dr. rer. nat. Bernhard Roth Hannoversches Zentrum für Optische Technologien, Nienburger Straße 17, 30167 Hannover, Deutschland e-mail: bernhard.roth@hot.uni-hannover.de

Dr. Christian Schmid HLT-Swiss AG, Thomas Bornhauser Straße 3, CH-8570 Weinfelden, Schweiz e-mail: dr.chr.schmid@gmail.com

Tayfun Süle ALM, bionic studio by Heinkel Group, Hein-Sass-Weg 30, 21129 Hamburg, Deutschland e-mail: ts@bionic-studio.com

Dr.-Ing. Oliver Suttmann Produktions- und Systemtechnik, Laser Zentrum Hannover e.V., Hollerithallee 8, 30419 Hannover, Deutschland e-mail: o.suttmann@lzh.de

Prof. Dr.-Ing. Thomas Vietor Institut für Konstruktionstechnik, Technische Universität Braunschweig, Langer Kamp 8, 38106 Braunschweig, Deutschland e-mail: t.vietor@tu-braunschweig.de

Caecilie vonTeichman dreiConsulting GbR, Kopernikusstr. 14, 30167 Hannover, Deutschland e-mail: c.vteichman@dreiconsulting.com

Yvonne Wessarges Werkstoff- und Prozesstechnik, Laser Zentrum Hannover e.V., Hollerithallee 8, 30419 Hannover, Deutschland e-mail: y.wessarges@lzh.de

Konrad Willms Institut für Schweißtechnik und Fügetechnik, Rheinisch-Westfälische Technische Hochschule Aachen, Pontstrasse 49, 52062 Aachen, Deutschland e-mail: willms@isf.rwth-aachen.de

Automatisierung in der kundenindividuellen Additiven Serienfertigung

Alexander Arndt, Reiner Anderl, Kai Kegelmann und Sven Kleiner

Inhaltsverzeichnis

A. Arndt (✉) · R. Anderl
Fachgebiet Datenverarbeitung in der Konstruktion, Technische Universität Darmstadt,
Otto-Berndt-Strasse 2, 64287 Darmstadt, Deutschland
e-mail: arndt@dik.tu-darmstadt.de; anderl@dik.tu-darmstadt.de

K. Kegelmann
Kegelmann Technik GmbH, Gutenbergstraße 15, 63110 Rodgau-Jügesheim, Deutschland
e-mail: kkegelmann@ktechnik.de

S. Kleiner
em engineering methods AG, Rheinstraße 97, 64295 Darmstadt, Deutschland
e-mail: Sven.Kleiner@em.ag

© Springer-Verlag GmbH Deutschland, ein Teil von Springer Nature 2018
R. Lachmayer et al. (Hrsg.), *Additive Serienfertigung*,
https://doi.org/10.1007/978-3-662-56463-9_1

Zusammenfassung

Das Projekt „autoADD" umfasst den Aufbau und die Implementierung einer digitalen, automatisierten und durchgängigen Prozesskette zur kundenindividuellen Additiven Fertigung (selektives Lasersintern). Diese demonstriert die gesamte Prozesskette vom Eingang von Kundenaufträgen, über die rechnerinterne Verarbeitung dieser Aufträge und das Pre-Processing von CAD-Daten zur Fertigungsvorbereitung über die Fertigung und das Post-Processing, bis hin zum Vertrieb der additiv gefertigten Bauteile. Um das übergeordnete Projektziel zu erreichen, sind die Zielstellungen dabei:

- Reduktion von Medienbrüchen,
- Effektivitätssteigerung in der kundenindividuellen Auftragsbearbeitung durch Automatisierung und
- Einführung einer papierlosen, digitalen und integrierten Qualitätssicherung sowie Nachverfolgung von kundenindividuellen Aufträgen.

Die Betrachtung der virtuellen Prozessschritte stellt Innovation und Alleinstellungsmerkmal per se dar. Alle großen Forschungs- oder Entwicklungstätigkeiten behandeln vornehmlich die Themenschwerpunkte Werkstoffe, Technologie oder Entwicklung im Sinne von Gestaltungsrichtlinien. Schwerpunkte des Beitrages sind das Aufzeigen des IST-Standes, der abgeleitete Handlungsbedarf sowie erste entwickelte Konzepte zur Optimierung der Prozesskette zur kundenindividuellen Additiven Fertigung im Sinne von Mass Customization.

Schlüsselwörter

Kundenindividuell · Additive Fertigung · Mass Customization · Prozesskette · Digitalisierung

1   Einleitung

Additive Fertigungsverfahren bieten die Möglichkeit, Produkte und Bauteile zu fertigen, die bisher mit keinem anderen Verfahren oder nur unter hohem Kostenaufwand herzustellen sind. Die Komplexität der Objekte hat im Gegensatz zu klassischen Fertigungsverfahren einen geringen Einfluss auf die Fertigungszeit und somit auf die Kosten, siehe auch Abb. 1 rechts. So können durch fast beliebig komplexe Strukturen, wie zum Beispiel Leichtbaustrukturen, Gewicht und Materialkosten eingespart werden. Neben der erreichbaren Komplexität der Objekte ermöglicht die Ausprägung der Prozesskette insbesondere bei kleinen Stückzahlen ein profitables Fertigen gegenüber konventionellen Verfahren, siehe Abb. 1 links. Dadurch können Hersteller kundenindividuellen Wünschen bei der Produktgestaltung einfacher nachkommen und Marktnischen können bedient werden.

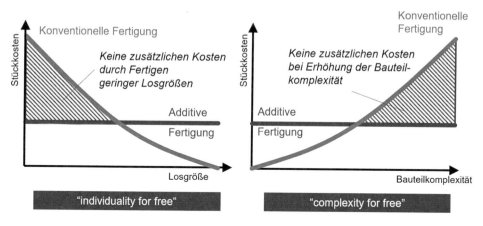

Abb. 1 Qualitative Zusammenhänge zwischen Stückkosten und Losgröße (rechts) sowie zwischen Stückkosten und Komplexität der Bauteile (links), nach [1, 2]

Besonders interessant ist die Anpassung von Produkten an den menschlichen Körper, bspw. im medizinischen Bereich die Additive Fertigung von Prothesen oder Zahnimplantaten. Dieser Trend findet sich auch im privaten Endanwenderbereich wieder, hier werden beispielsweise Schuhe bzw. Einlagen spezifisch für den Kunden erfasst und additiv gefertigt. Die Herausforderung für den Fertiger (hier die Kegelmann Technik GmbH) dieser Produkte liegt darin, dass in einem Bauprozess in einer Maschine bis zu 300 verschiedene kundenspezifische Bauteile gleichzeitig verarbeitet werden. Stand heute findet eine aufwendige manuelle auftragsspezifische Zuordnung der Bauteile vor und nach der Produktion statt. Besonderer Aufwand liegt hier in der rechnerinternen Bauprozessvorbereitung.

Die Prozesskette zur Additiven Fertigung ist stark digital ausgeprägt, Modelle werden direkt auf Basis von 3D-CAD-Datenmodellen hergestellt und das weitere Pre-Processing besteht überwiegend ebenfalls aus digitalen Arbeitsschritten. Diese Ausprägung erfordert eine ganzheitliche Konzeption und Implementierung der Prozesskette 3D-CAD zur Additiven Fertigung. Diesen Erfordernissen wird im Forschungsprojekt autoADD – Automatisierung der Prozesskette zur kundenindividuellen Additiven Fertigung Rechnung getragen.

2   Ausgangslage und Stand der Technik

Das übergeordnete Projektziel von autoADD umfasst den Aufbau bzw. die Implementierung einer digitalen, automatisierten und durchgängigen Prozesskette zur kundenindividuellen Additiven Fertigung. Zur vollständigen Durchdringung dieses Terminus wird in diesem Kapitel kurz auf die Ausgangslange und den Stand der Technik eingegangen. Dies umfasst ebenfalls die Vorstellung des Projektes autoADD. Darauf aufbauend sollen im Weiteren der Handlungsbedarf sowie die daraus abgeleitete Zieldefinition ermittelt werden.

2.1 Projekt autoADD

Durch das Projekt „Automatisierung der Prozesskette zur kundenindividuellen Additiven Fertigung (autoADD)" erfährt der Kunde eine Kostenverringerung bei der Beschaffung additiv gefertigter Bauteile und die Auftragsabwicklungszeit, vom Dateneingang bis zur Lieferung, verkürzt sich deutlich. Hierdurch wird die Möglichkeit für den Kunden an individualisierte Bauteile zu gelangen immens vereinfacht. Das aktuell anhaltende Marktpotenzial des gesamten Sektors der Additiven Fertigung sowie eine steigende Nachfrage nach individuellen Produkten betreffen alle bekannten Branchen [3]. Vom Flugzeugbau, über die Automobilindustrie, den Maschinen- und Anlagenbau bis hin zum Heimanwendermarkt werden alle von einer derart neuen Prozesskette und Auftragsabwicklung profitieren [4].

Das Projekt autoADD ist in verschiedene Forschungsfelder gegliedert. Im ersten Forschungsfeld werden Randbedingungen ausgiebig definiert. Basis hierfür ist eine Analyse des vorliegenden Ist-Zustands. Wesentliches Ergebnis von Arbeitspaket 1 ist die definierte Anforderungsspezifikation für autoADD. Darauf aufbauend wird im zweiten Forschungsfeld das Fertigungs- und Methodenwissen aufbereitet und in einem Einflussmodell strukturiert beschrieben. Dieses Einflussmodell enthält das Wissen von Mitarbeitern und beschreibt Regeln für einzelnen Prozessschritte. Hierdurch ist ein methoden- und fertigungswissenbasiertes Agieren in der gesamten Prozesskette möglich. Das dritte Forschungsfeld umfasst die Entwicklung des Gesamtkonzeptes. Hier werden im Sinne der Top-down-Vorgehensweise ausgehend vom definierten Gesamtprozess erforderliche partielle Konzepte abgeleitet und entwickelt. Abschließend beschreibt die Aggregation dieser Konzepte den durchgängigen angestrebten Gesamtprozess. Im vierten Forschungsfeld findet hierauf aufbauend die Implementierung und der Aufbau der neudefinierten Prozesskette zur kundenindividuellen Additiven Fertigung statt. Zur Feststellung des Projekterfolgs und der Eigenschaftsabsicherung schließt das Projekt mit einer umfangreichen Validierung und Verifikation. Die Validierung erfolgt anhand von Testläufen durch ausgewählte repräsentative Bauteile und Kundentypen. Hier gewonnene Erkenntnisse ermöglichen eine Rückführung und somit die angesprochene Eigenschaftsabsicherung der Testlaufinformationen in die Konzept- und Implementierungsphase. Ferner findet eine Verifikation der definierten Anforderungen statt.

2.2 Prozesskette zur kundenindividuellen Additiven Fertigung

Die Ausprägung der Prozesskette zur Additiven Fertigung hängt stark vom eingesetzten Verfahren und dem vorliegenden Anwendungsfall ab. In diesem Kapitel soll ausgehend von einer allgemeinverständlichen Definition der Prozesskette die für die vorliegende Untersuchung relevante Prozesskettenausprägung hergeleitet werden.

Nach VDI 3404 lässt sich jedoch, trotz anwendungsfallspezifischer Sichtweisen auf die Prozesskette, eine vereinfachte Prozesskette, bestehend aus drei Schritten beschreiben, siehe Abb. 2 [5]. Die vereinfachte Prozessdarstellung startet mit der Erzeugung der rechnerinternen Bauteilgeometrie in Form von 3D-CAD-Daten. Im nächsten Schritt findet die Erzeugung einer 2,5-D-Schichtdatenrepräsentation statt [6]. Die derart erzeugten

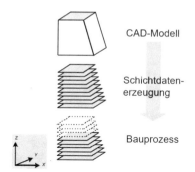

Abb. 2 Prozess der Additiven Fertigung nach VDI 3404 [5]

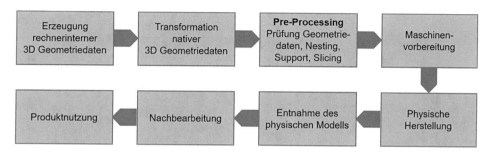

Abb. 3 Prozesskette der Additiven Fertigung nach Gibson [7]

Schichtinformationen werden abschließend verfahrensabhängig weiterverarbeitet und an die Additive Fertigungsanlage übergeben, hier wird auch das Bauteil physisch hergestellt.

Aufbauend auf dieser einfachen Darstellung definiert Gibson die Prozesskette in acht wesentlichen Prozessschritten, siehe Abb. 3 [7]. Im ersten Prozessschritt werden die nativen 3D-Geometriedaten in einem 3D-CAD-System erzeugt, analog hierzu finden die Methoden des Reverse Engineering vermehrt Anwendung [8, 9]. Die weitere Verarbeitung umfasst die Transformation dieser nativen Daten in das Datenaustauschformat STL (Standard Tessellation Language). Dieses bildet Stand heute einen De-facto-Standard und umfasst die Approximation der Orginalgeometrie [10, 11]. Den wichtigsten Schritt bei der Additiven Fertigung bildet die Manipulation der zu verarbeitenden Daten. Dies umfasst die Baugröße, Orientierung und Positionierung im Bauraum, Festlegung von verfahrensabhängigen Stützstrukturen und die Definition der Schichtparameter [7]. Im nächsten Schritt werden die derart erzeugten Informationen an die Fertigungsanlage übergeben wo der Bauprozess vorbereitet und konfiguriert wird. In den folgenden Prozessschritten werden das Bauteil bzw. die Bauteile aus der Additiven Fertigungsanlage entnommen, nachbearbeitet und in die Nutzungsphase weitergegeben [7].

Aufbauend auf der Definition nach Gibson und dem analysierten Ist-Zustand bei Kegelmann Technik GmbH lässt sich nun eine Prozesskette für den Anwendungsfall der kundenindividuellen Additiven Fertigung ableiten und skizzieren. Abb. 4 zeigt die neu entwickelte Prozesskette als Ausgangszustand für das Projekt autoADD und die nachfolgenden

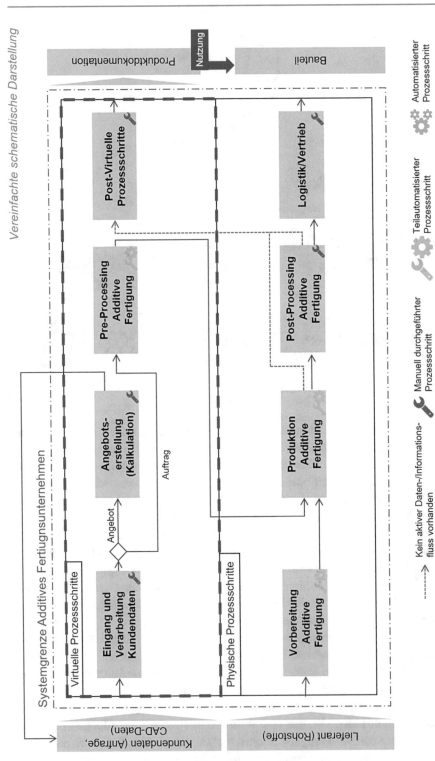

Abb. 4 Prozesskette der kundenindividuellen Additiven Fertigung bei Kegelmann Technik GmbH [12]

Untersuchungen. Neben der rein technischen Betrachtungsweise wird die Prozesskette auch um betriebswirtschaftliche Prozessschritte ergänzt, hierdurch wird eine ganzheitliche Betrachtungsweise erreicht. Der Gesamtprozess lässt sich in zwei wesentliche Stränge untergliedern. Zum einen in rein virtuell ablaufende Prozessschritte und zum anderen in physische Prozessschritte. Schwerpunkt der Untersuchungen in autoADD bilden die virtuellen Prozessschritte. Der Prozess startet mit dem Eingang von Kundendaten in Form von Geometricinformationen sowie einer dazugehörigen Anfrage. Der erste unternehmensinterne Prozessschritt umfasst den Eingang und die Verarbeitung der Kundendaten. Dieser ist Stand heute ein vom Benutzer manuell durchgeführter Prozessschritt und beinhaltet das Sammeln und Ordnen von Kundenaufträgen. Wobei die Daten über unterschiedliche Wege und Kanäle, bspw. per E-Mail, per FTP-Server oder im Extremfall per USB-Stick, übertragen werden. Hierauf aufbauend werden in einem nächsten Arbeitsschritt Angebote für den Kunden manuell und mithilfe von 3D Geometrieverarbeitungs-Software und einem ERP-System erstellt. Entscheidet sich der Kunde für einen Auftrag werden die erforderlichen Informationen erneut gesammelt und durch die beteiligten Mitarbeiter an das Pre-Processing zur Additiven Fertigung weitergegeben. Hier werden teilautomatisiert die Bauteile dahingehend manipuliert, dass sie basierend auf dem Methodenwissen der Mitarbeiter optimiert im virtuellen Bauraum orientiert und positioniert werden. Ergebnis ist ein gepackter Bauraum der an die Produktion weitergegeben wird. Als Fertigungsverfahren wird hier das Kunststoff-Laser-Sintern betrachtet. Ist die Produktion und die erforderliche Nachbearbeitung abgeschlossen werden die Post-Virtuellen Prozessschritte eingeleitet. Hier findet die Vorbereitung und Durchführung des Versandes und allen zugehörigen betriebswirtschaftlichen Schritten, wie bspw. Rechnungserstellung, statt. Parallel wird das Bauteil bzw. die Bauteile physisch an den Kunden versendet. Dieser erhält neben seinem individuellen Bauteil ebenfalls die erstellte Produktdokumentation. Vor der eigentlichen Produktion in den physischen Prozessschritten ist die Vorbereitung der Additiven Fertigung vorgelagert. Dies inkludiert das Rüsten und Vorbereiten der Maschinen.

Mit dieser Prozesskette zur kundenindividuellen Additiven Fertigung als Basis für die Ist-Analyse lassen sich diverse Defizite im Prozess ermitteln. Abb. 5 zeigt die virtuellen Prozessschritte und vorliegenden Defizite in der Prozessdurchführung. Die Ist-Analyse und Durchführung von Testläufen hat dabei folgende Problemstellungen hervorgebracht. Der Eingang und die Verarbeitung der Kundendaten erfordert je nach gesendetem Datenformat bis zu drei Mitarbeiter und kann eine Dauer von bis zu vier Stunden erreichen. Die Weitergabe der gesammelten und geordneten Anfrageinformationen unterliegt einer maximalen Liegezeit von bis zu 48 Stunden. Der Prozessschritt der Kalkulation und des Pre-Processing unterliegen ähnlichen Defiziten in der Länge der Durchlaufzeit und dem erforderlichen Personal. Hier werden jeweils zwei Mitarbeiter benötigt und es liegen Liegezeiten bis zu 72 Stunden vor. Die abschließenden Post-Virtuellen Prozessschritte dauern im ungünstigen Fall ebenfalls nochmals bis zu 48 Stunden. Neben den immensen Zeitaufwänden und der hohen Mitarbeiterkapazität erfolgt die Bearbeitung der virtuellen Prozessschritte rein auf dem Wissen jener Mitarbeiter und ist stark manuell ausgeprägt, siehe Abb. 5.

Auf diesen Erkenntnissen werden im nächsten Kapitel der Handlungsbedarf sowie die Zieldefinition für autoADD definiert.

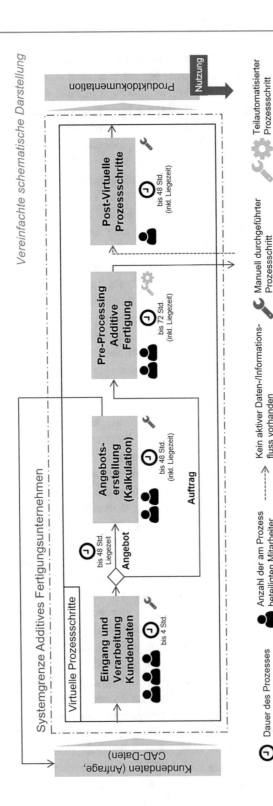

Abb. 5 Prozesskette der kundenindividuellen Additiven Fertigung bei Kegelmann Technik GmbH – Defizite in der Prozessdurchführung [12]

3 Handlungsbedarf und Zieldefinition

Der gezeigte Ist-Stand der Prozesskette zur kundenindividuellen Additiven Fertigung ruft die Notwendigkeit einer neuartigen Lösung hervor. Der Handlungsbedarf fokussiert sich auf die folgenden fünf wesentlichen Herausforderungen:

- Durchgängigkeit der Prozesskette: Bereits auf dem Markt existierende Softwaremodule bilden keine qualitätsgerechte Verbesserung des Automatisierungsgrades. Diese betrachten die Additive Fertigung rein wirtschaftlich (bspw. lediglich mit den Zielgrößen „geringe Bauzeit" oder „möglichst hohe Packdichte" und nicht unter fertigungsrelevanten und qualitätssichernden Merkmalen) und erfordern eine intensive manuelle Bedienung.
- Automatisierung und Digitalisierung der Prozesskette: Der gesamte Prozess der kundenindividuellen Additiven Fertigung ist Stand heute manuell ausgeprägt. Eine Automatisierung der digitalisierten Prozessabläufe ist notwendig, um die Abwicklungs- und Herstellzeit deutlich zu reduzieren.
- Wissensbasierte Additive Fertigung: Es findet kein aktiver Daten- bzw. Informationsfluss von Material-, Produktions- und Post-Processing-Daten in die post-virtuellen Prozessschritte oder das ERP-System statt. Der Prozess ist allein von Bedienerwissen abhängig. Die Integration von Wissen und die Standardisierung von Prozessketten sind für eine effiziente und effektive additive Fertigung erforderlich.
- Durchgängige Identifikation und Nachverfolgung der Auftragsabwicklung: Eine kundenspezifische Identifikation der Bauteile findet nicht automatisiert und unter qualitätssichernden Zielgrößen statt – auch hier ist Stand heute die Zielgröße lediglich wirtschaftlich ausgeprägt, Qualitätsanforderungen werden bei der Anbringung von Identifikationen zur Bauteilverfolgung nicht berücksichtigt. Für eine erfolgreiche Additive Fertigung genügen die Betrachtung von betriebswirtschaftlichen Größen und das Vernachlässigen der Qualität demnach nicht aus.
- Ganzheitliche und unternehmensweite Betrachtung: Eine umfassende Beleuchtung, Analyse samt relevanter Wechselwirkungen zwischen digitalen und physischen Prozessschritten für das Kunststoff-Laser-Sintern existiert nicht. Die ganzheitliche Betrachtung bildet einen essentiell wichtigen Bestandteil zur Entwicklung und Implementierung einer kundenindividuellen Additiven Fertigung.

Außerdem müssen neben der Betrachtung und Implementierung der technischen Prozesse zur kundenindividuellen Additiven Fertigung ebenfalls durchgängige Verknüpfungen mit der betriebswirtschaftlichen Unternehmenssoftware (ERP-System) erfolgen. Da hier Stand heute die meisten Zeitverluste liegen, siehe Abb. 5. Kommerzielle Programme oder derzeit vorhandene wissenschaftliche Ansätze sind nicht in der Lage, diese essentiell wichtigen Anforderungen zu erfüllen.

Diese Handlungsbedarfe führen zur Zieldefinition von autoADD. Das übergeordnete Ziel umfasst den Aufbau einer digitalen und durchgängigen Prozesskette zur kundenindividuellen Additiven Fertigung. Die Prozesskette soll dabei den gesamten Prozess vom Eingang der Kundendaten, der Erstellung von Angeboten, dem Pre-Processing, bis hin zu den Post-Virtuellen Prozessschritten demonstrieren. Zur Erreichung dieses übergeordneten Ziels folgende Zielstellung essentiell für den Projekterfolg:

- Reduktion von Medienbrüchen entlang der gesamten Prozesskette zur kundenindividuellen Additiven Fertigung.
- Effektivitätssteigerung in der kundenindividuellen Auftragsbearbeitung durch Automatisierung der Prozesskette zur Additiven Fertigung.
- Einführung einer papierlosen, digitalen und integrierten Qualitätssicherung sowie Nachverfolgung von kundenindividuellen Aufträgen.

Zur Konzeptentwicklung, siehe Kap. 4, werden verschiedene Anforderungen an jenes Konzept gestellt. Im Wesentlichen lassen sich diese basierend auf dem Ist-Zustand, dem herausgearbeiteten Handlungsbedarf und den projektspezifischen Zielstellungen ableiten. Nachstehend sind die wichtigsten generellen Anforderungen aufgeführt:

- Die gesamte Entwicklung muss unter betriebswirtschaftlichen und technologischen, qualitätssichernden Zielgrößen erfolgen.
- Die Entwicklung der Prozesskette muss auf Fertigungswissen basieren. Im Rahmen von autoADD wird das Kunststoff-Laser-Sintern als Fertigungsverfahren betrachtet.
- Methodenwissen (Knowhow und standardisierte Abläufe der Mitarbeiter) muss Input und Basis für Entwicklung sein.
- Es sollen mehrere gängige Datenformate (STL, native CAD-Daten, JT, STEP, AMF, etc.) als Eingangsformat durch den Kunden unterstützt werden.

Die gesamte detaillierte Anforderungsspezifikation wird hier aus Gründen des Umfangs und der projektinternen Entwicklung nicht aufgeführt.

4   Konzepte zu autoADD

In diesem Kapitel sollen erste Konzepte zu autoADD vorgestellt werden. Grundlage hierfür bilden der Handlungsbedarf, samt Zieldefinition sowie die projektintern definierte Anforderungsspezifikation. Zur Erstellung der Konzepte kommen zwei Vorgehensweisen in Betracht, zum einen die Top-Down- und zum anderen die Bottom-up-Vorgehensweise [13]. Bei der Bottom-up-Vorgehensweise werden einzelne Elemente, hier einzelne Konzepte, anschließend zu einem Ganzen aggregiert. Demgegenüber findet bei der Top-down-Vorgehensweise ein sukzessives Zerlegen des Ganzen statt, bis ein ausreichender Detaillierungsgrad erreicht ist. Für die hier vorliegende Konzeptentwicklung wird nach den Ansätzen der Top-down-Vorgehensweise gearbeitet.

Die oberste Ebene des Gesamtkonzeptes lässt sich in zwei primäre Bestandteile zerlegen, siehe Abb. 6 und 7. Der erste Konzeptbaustein auf oberster Ebene beinhaltet die

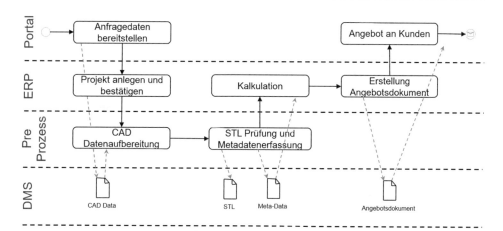

Abb. 6 Konzept zur Prozesskette der kundenindividuellen Additiven Fertigung – Angebotserstellung [12]

Angebotserstellung und -verarbeitung. In Abb. 6 ist schematisch der konzeptionelle Aufbau dieses Prozesses abgebildet. Für die Umsetzung der kundenindividuellen Angebotsverarbeitung werden vier Schichten verwendet. Welche zum einen in Form von sogenannten *Swimlanes* die verschiedenen Softwaremodule bzw. Prozessabfolgen repräsentieren. Die oberste Schicht bildet ein Portal. Hier kann der Kunde über einen Zugang seine Anfragedaten bereitstellen. Stand heute erfolgt dies über unterschiedliche Wege, bspw. per E-Mail. Durch die Kanalisierung von diversen Anfragen über die Portallösung wir in der zweiten Schicht, dem ERP-System, ein Projekt angelegt und bestätigt. Die vom Kunden überlieferten 3D Geometrieinformationen werden anhand einer definierten Namenskonvention in einem Dokumentenmanagementsystem (DMS) abgelegt. Nach Bestätigung des Dateneingangs und der Verarbeitung im ERP-System startet der Pre-Prozess zur Additiven Fertigung. Hier werden die 3D Geometriedaten unter Betrachtung des entwickelten Einflussmodells aufbereitet und in einem nächsten Schritt in das Austauschdatenformat STL transformiert. Mit der Transformation geht auch eine Prüfung der 3D Geometriedaten auf Fertigbarkeit und Plausibilität einher. Die Transformation und Prüfung der 3D Geometriedaten wird automatisiert auf dem Wissen des Einflussmodells unter folgenden zu berücksichtigenden Punkten durchgeführt:

- Einhaltung von Approximationsgenauigkeiten je nach Bauteilgröße und -komplexität,
- Bauteilmaße (Höhe, Länge, Breite) müssen kleiner als der Bauraum sein,
- Wandstärken müssen Mindestwanddicke aufweisen,
- Spaltmaße bei Baugruppen müssen Mindestspaltmaße aufweisen und
- Prüfung nach geschlossenen Hohlräumen im Bauteil.

Die Prüfergebnisse und das erstellte STL File werden erneut unter der definierten Namenskonvention im DMS abgelegt. Aufbauend auf denen im Pre-Prozess gewonnen Informationen, wie bspw. Bauteiloberfläche und -volumen, wird die Kundenanfrage im

ERP System automatisiert kalkuliert und somit ein Angebot erstellt. Dieses wird letztendlich an den Kunden versendet.

Für die weitere Implementierung und Verfeinerung der einzelnen Prozessschritte müssen die Schnittstellen zwischen den gewählten Systemen analysiert und definiert werden.

Hat der Kunde das Angebot erhalten und löst die Bestellung aus, so startet der zweite Konzeptbaustein auf oberster Ebene, die Auftragsverarbeitung, siehe Abb. 7. Die bereits beschriebenen vier Schichten werden durch eine fünfte Schicht komplettiert. Diese repräsentiert die Fertigung selbst mit einem Anlagenpool aus Additiven Fertigungsanlagen. Durch konzeptionierte Logiken wird im ERP automatisiert ein Werksauftrag für den kundenindividuellen Auftrag erstellt. Dabei wird auf die Metadaten des Kunden zugegriffen und die generierten Informationen an den Pre-Prozess weitergegeben. Hier werden die Bauteile einzeln orientiert und zusammen in einem virtuellen Bauraum positioniert. Ergebnis ist ein gepackter Bauraum, welcher an die Fertigung weitergegeben werden kann. Das Wissen zur optimalen Orientierung, Positionierung sowie einzustellende Fertigungsparameter im Pre-Prozess wird über das entwickelte Einflussmodell bereitgestellt. Wichtige Regeln die bei der Baujoberstellung beachtet werden, umfassen einzuhaltende Mindestabstände zwischen Bauteilen, einzuhaltende Mindestabstände von Bauteil zur Bauraumberandung oder einzustellende Schichtstärken. Mit diesem hinterlegten Wissen kann dann der erzeugte Baujob an der Maschine hergestellt werden. Parallel hierzu wird zur Nachverfolgung des Fertigungsauftrages das erfolgreiche Erstellen des virtuellen Baujobs an das ERP-System zurückgemeldet. Basierend auf den hinterlegten Metadaten wird im weiteren Verlauf des Prozesses das Post-Processing durchgeführt. Hier wird den Kundenwünschen hinsichtlich der Nachbearbeitung Rechnung getragen und abschließend

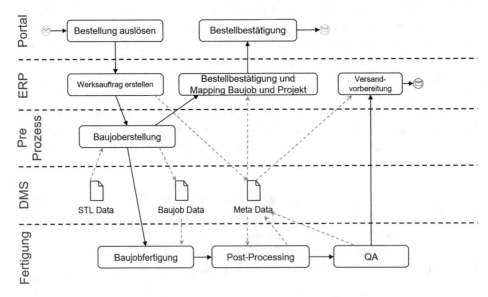

Abb. 7 Konzept zur Prozesskette der kundenindividuellen Additiven Fertigung – Auftragsverarbeitung [12]

die Bauteile geprüft. Die aktualisierten Bauteilinformationen werden in den Metadaten zum Kundenauftrag abgelegt und somit stetig aktuell gehalten. Nach Beendigung der internen Prozesse in der Fertigung wird im ERP-System der Versand vorbereitet und der Auftrag mit dem Versenden der kundenindividuellen Teile beendet.

Durch die informationstechnische Verknüpfung der einzelnen Prozessschritte wird die gewünschte Durchgängigkeit in der Prozesskette zur kundenindividuellen Additiven Fertigung erreicht. Die wesentlichen Schnittstellen liegen zwischen dem ERP-System und der Pre-Prozess-Software vor, dies sind die primären Systeme im Gesamtkonzept. Aufbauend auf den gezeigten Konzepten werden die einzelnen Prozessschritte konzeptionell detailliert und die Schnittstellen definiert. Hierauf aufbauend finden Implementierungen der Prozesskette statt.

5   Ausblick

Die in dieser Veröffentlichung gezeigten Inhalte präsentieren vor allem das entwickelte Grobkonzept zur Automatisierung der Prozesskette zur kundenindividuellen Additiven Fertigung. Gemäß dem Projektvorgehen nach der Top-down-Vorgehensweise lassen sich ausblickend folgende nächste Schritte ableiten:

- Detaillierung der Prozessschritte zur Angebotserstellung und Auftragsverarbeitung im ERP-System,
- Entwicklung von Konzepten zur Automatisierung des Pre-Prozesses, insbesondere zur wissensbasierten Kennzeichnung von Bauteilen für eine durchgängige Nachverfolgung über den gesamten Prozess hinweg,
- Detaillierte Konzeption von Schnittstellen zwischen ERP-System und Pre-Prozess-Software,
- Prototypische Implementierung einer Portallösung zum Austausch von Kundendaten und -informationen,
- Implementierung einer lauffähigen Prozesskette zur kundenindividuellen Additiven Fertigung basierend auf den entwickelten Konzepten und
- Validierung und Verifikation der Gesamtlösung anhand von bereits ausgewählten Referenzkunden, diese repräsentieren verschiedene Kundentypen und Bauteiltypen.

6   Zusammenfassung

Der vorliegende Beitrag beschreibt die ersten Ergebnisse aus dem Projekt autoADD – Automatisierung der Prozesskette zur kundenindividuellen Additiven Fertigung. Die gesamte Prozesskette der kundenindividuellen Additiven Fertigung ist Stand heute manuell ausgeprägt und bedarf somit einem hohen zeitlichen und kostenintensiven Aufwand in der Datenaufbereitung. Diese manuelle Ausprägung führt auch zu einer Vielzahl an Medienbrüchen und unnötigen Iterationsschleifen im Herstellungsprozess. Das übergeordnete Projektziel von autoADD ist daher der Aufbau und die Implementierung einer digitalen, automatisierten und durchgängigen Prozesskette zur kundenindividuellen Additiven Fertigung. Dazu wird eine integrierte, auf Fertigungs- und Methodenwissen basierende Prozesskette entwickelt, welche den gesamten Prozess der kundenindividuellen Additiven Fertigung medienbruchfrei und für den Fertiger sowie den Kunden transparent gestaltet. autoADD ermöglicht durch das Entwickeln und Implementieren von neuartigen Prozessbausteinen und notwendigen Schnittstellen eine papierlose, digitale und integrierte Qualitätssicherung sowie die Nachverfolgung von kundenindividuellen Aufträgen. Der Gesamtprozess besitzt als primäres Alleinstellungsmerkmal die Ermöglichung einer volldigitalen kundenindividuellen Additiven Fertigung. Darüber hinaus ist es ein Novum die gesamte Prozesskette, allen voran die Datenaufbereitung, zu betrachten und basierend auf Fertigungs- und Methodenwissen Lösungen für eine qualitativ hochwertige kundenindividuelle Additive Fertigung zu erarbeiten. Durch autoADD erfährt der Kunde eine Kostenverringerung bei der Beschaffung additiver Bauteile und die Auftragsabwicklungszeit verkürzt sich deutlich.

In den beschriebenen Kapiteln wurde auf die ausführliche Ist-Analyse und der daraus abgeleiteten Prozesskette eingegangen. Der erarbeitete Handlungsbedarf führt direkt zu der definierten Zieldefinition und den projektintern definierten Anforderungen. Der gezeigte aktuelle Stand des Konzeptes umfasst das Gesamtkonzept auf oberster Ebene. Über verschiedene Schichten sind die benötigten Softwaresysteme und Prozessschritte deklariert und lassen auf erforderliche Schnittstellen schließen. Einige der gezeigten Prozessschritte im Konzept sind bereits detailliert beschrieben, für die restlichen Schritte und Schnittstellen wird dies im Projekt autoADD zeitnah folgen.

7   Danksagung und Projektinformationen

Das Projekt „Automatisierung der Prozesskette zur kundenindividuellen Additiven Fertigung (autoADD)" wird durch die Partnerunternehmen Kegelmann Technik GmbH (Rodgau, Jügesheim) und :em engineering methods AG (Darmstadt) in Zusammenarbeit mit der Technischen Universität Darmstadt, Fachgebiet Datenverarbeitung in der Konstruktion, bearbeitet. Assoziierte Partner bilden der ERP-Anbieter asseco solutions AG (Karlsruhe) und der Softwareanbieter im Bereich Pre-Processing Autodesk GmbH (München).

Dieses Projekt (HA-Projekt-Nr.: 500/16-12) wird im Rahmen von Hessen ModellProjekte aus Mitteln der LOEWE – Landes-Offensive zur Entwicklung Wissenschaftlich-ökonomischer Exzellenz, Förderlinie 3: KMU-Verbundvorhaben gefördert, siehe Abb. 8.

Abb. 8 LOEWE – Landes-Offensive zur Entwicklung Wissenschaftlich-ökonomischer Exzelenz

Für weiterführende Informationen zum Projekt autoADD sei an dieser Stelle auf die Internetpräsenz des Projektes verwiesen: http://www.autoadd.de/.

Literatur

[1] Arndt, A.; Anderl, R.: Additive Manufacturing – Automation in Customized Production: 21° Seminário Internacional de Alta 2016

[2] Zäh, M. F. (Hrsg.): Wirtschaftliche Fertigung mit Rapid-Technologien. Anwender-Leitfaden zur Auswahl geeigneter Verfahren, München, 2006

[3] Expertenkommission Forschung und Innovation (EFI): Gutachten 2015. 2015, Berlin 2015

[4] :em engineering methods AG: autoADD – Automatisierung der Prozesskette zur kundenindividuellen Additiven Fertigung. URL: http://www.autoadd.de//. Abrufdatum 29.08.2017

[5] Verein Deutscher Ingenieure: Generative Fertigungsverfahren – Rapid-Technologien (Rapid Prototyping): Grundlagen, Begriffe, Qualitätskenngrößen, Liefervereinbarungen, VDI 3404, Berlin, 2009

[6] Martha, A. M.: Optimierung des Produktentwicklungsprozesses durch CAD-CAM-I ntegration im Kontext der additiven Fertigung, Dissertation. Duisburg, 2015

[7] Gibson, I.; Rosen, D. W.; Stucker, B.: Additive Manufacturing Technologies. Rapid Prototyping to Direct Digital Manufacturing, Boston, MA, 2010

[8] Arndt, A.; Anderl, R.: Generative Fertigung. Handlungsbedarfe und entscheidungsgestützte Prüfung auf RPT-gerechte Konstruktion: Entwerfen Entwickeln Erleben 2014: Beiträge zur virtuellen Produktentwicklung und Konstruktionstechnik, Dresden, 26.–27. Juni 2014

[9] Dreher, S.: Flexible Integration von Rapid Prototyping Prozessketten in die Produktentstehung, Dissertation, 1. Auflage, Berlin, 2005

[10] Anderl, R.; Gausemeier, J.; Schmidt, M.; Leyens, C.; Schmid, H.-J.; Seliger, G.; Winzer, P.: Additive Fertigung, Stellungnahme, 1. Auflage, München, 2016

[11] Fastermann, P.: 3D-Druck/Rapid Prototyping. Eine Zukunftstechnologie – kompakt erklärt, Berlin, Heidelberg, 2012

[12] Arndt, A.: Automatisierung der Prozesskette zur individuellen Additiven Fertigung, Seeheim-Jugenheim, 2017

[13] Balzert, H.; Liggesmeyer, P.: Lehrbuch der Softwaretechnik. Entwurf, Implementierung, Installation und Betrieb, 3. Aufl, Heidelberg, 2011

Ermittlung des Potentials der additiven Fertigung für Stentstrukturen aus Nickel-Titan

Yvonne Wessarges, Jörg Hermsdorf und Stefan Kaierle

Inhaltsverzeichnis

Y. Wessarges (✉) · J. Hermsdorf · S. Kaierle
Werkstoff- und Prozesstechnik, Laser Zentrum Hannover e.V., Hollerithallee 8, 30419 Hannover, Deutschland
e-mail: y.wessarges@lzh.de; j.hermsdorf@lzh.de; s.kaierle@lzh.de

© Springer-Verlag GmbH Deutschland, ein Teil von Springer Nature 2018
R. Lachmayer et al. (Hrsg.), *Additive Serienfertigung*,
https://doi.org/10.1007/978-3-662-56463-9_2

Zusammenfassung

Mittels additiver Fertigung können individuelle, komplexe und mechanisch belastbare Bauteile erzeugt werden. Für die Medizintechnik sind Nickel-Titan-Legierungen aufgrund deren exzellenter Biokompatibilität und Korrosionsbeständigkeit sowie einem bei definierten Legierungszusammensetzungen auftretenden Formgedächtnisverhalten interessant.

Im Rahmen der durchgeführten Untersuchungen soll das Potential des additiven Aufbaus filigraner, stentartiger Strukturen aus Nickel-Titan im Laserstrahlschmelzverfahren (SLM®) beurteilt werden. Initial wurde für den Modellwerkstoff Edelstahl zum Aufbau filigraner Wände die Parameterkombination $P_L = 40$ W und $v_{Scan} = 500$ mm/s ermittelt, die als Ausgangsparameter für die Entwicklung der Parameter für Nickel-Titan dienten. Für den Aufbau dünnwandiger Strukturen aus Nickel-Titan wurden die Parameter $P_L = 50$ W und $v_{Scan} = 500$ mm/s bestimmt.

Mit den ermittelten Parameterkombinationen konnten eigens entwickelte, stentartige Strukturen sowohl aus Edelstahl als auch aus Nickel-Titan aufgebaut werden. Ferner konnte der Erhalt der Formgedächtniseigenschaften an additiv aus Nickel-Titan gefertigten Proben gezeigt werden. Insgesamt wird daher das Potential der Verarbeitung von Nickel-Titan im SLM®-Verfahren für die Herstellung filigraner Stentstrukturen als hoch bewertet.

Schlüsselwörter

Selektives Laserstrahlschmelzen · laseradditive Fertigung · Nickel-Titan · Stents

1   Einleitung und Zielsetzung

Additive Fertigungsverfahren gewinnen als Ergänzung oder Alternative zu konventionell verwendeten Fertigungstechnologien zunehmend an Bedeutung. Auch der direkte Einsatz additiv hergestellter Bauteile für industrielle Anwendungen nimmt zu. Hintergrund hierfür ist vor allem die Möglichkeit, zeitnah individuelle, geometrisch hochkomplexe, aber auch mechanisch belastbare anwendungsbereite Endbauteile umzusetzen. Die Qualität der erzeugten Bauteiloberflächen sowie die Bauteileigenschaften entsprechen heutzutage größtenteils denen von konventionell gefertigten Teilen. Weitere Vorteile bestehen in einer hohen Material- und Anlagenvielfalt, wodurch ein breites Spektrum möglicher Einsatzbereiche der gefertigten Bauteile besteht. Zudem sind additive Herstellungsverfahren vor allem bei der Fertigung von geometrisch komplexen Einzelbauteilen oder Kleinserien wirtschaftlich, da keine kostenintensiven Werkzeuge oder Formen benötigt werden [1–3].

Der Vorteil einer zeitnahen Realisierung individueller und geometrisch hochkomplexer Bauteile mit guten mechanischen Eigenschaften kann auch im Bereich der medizinischen Implantattechnologie gewinnbringend eingesetzt werden. Aktuelle Einsatzgebiete sind beispielsweise die additive Fertigung von Zahnimplantaten oder individuellen Knochenimplantaten. Computertomografie- oder Magnetresonanztomografie-Daten erlauben hierbei die Herstellung funktionaler, individuell abgestimmter Implantate [2, 4–6]. Ein weiterer möglicher Einsatzbereich der additiven Fertigung wäre die Herstellung vaskulärer Implantate, in Form von Stents, mit individueller oder hochkomplexer Geometrie. Stents sind metallische Drahtgeflechte oder Röhrchen, die in verengte Blutgefäße implantiert werden, um diese mechanisch zu stabilisieren und offen zu halten [7].

Ein zur additiven Verarbeitung von metallischen Werkstoffen häufig eingesetztes additives Fertigungsverfahren, welches sich auch zur Herstellung medizinischer Implantate eignet, ist das selektive Laserstrahlschmelzen (eng.: selective laser melting, SLM®). Der Einsatz dieses Verfahrens ermöglicht die Umsetzung metallischer Bauteile mit einer hohen Dichte und somit hervorragenden mechanischen Eigenschaften [1]. Es soll das Potential des Aufbaus filigraner, stentartiger Strukturen aus Edelstahl und Nickel-Titan im selektiven Laserstrahlschmelzverfahren (SLM®) beurteilt werden. Beide Werkstoffe sind für die Medizintechnik vor allem aufgrund der hohen Biokompatibilität und Korrosionsbeständigkeit interessant und werden auch für konventionell gefertigte Stents eingesetzt. Nickel-Titan-Legierungen weisen außerdem bei definierten Legierungszusammensetzungen ein Formgedächtnisverhalten auf [7–10].

2   Stand von Wissenschaft und Technik

2.1   Selektives Laserstrahlschmelzverfahren

Mit dem Verfahren des selektiven Laserstrahlschmelzens ist heutzutage die zeitnahe, werkzeuglose Herstellung individueller Bauteile mit hoher geometrischer Komplexität möglich. Dieses laseradditive Fertigungsverfahren zur Verarbeitung von Metallpulvern wird derzeit bereits in verschiedenen Industriebereichen eingesetzt, um entweder Prototypen, Werkzeuge oder einsatzbereite Endprodukte zu fertigen [5, 11–13]. Der Bauteilaufbau erfolgt in einem zweistufigen Verfahren. Auf einer Substratplatte vordeponiertes Pulver wird entsprechend der jeweiligen Schichtgeometrie des Bauteils selektiv mittels Laser aufgeschmolzen. In einem zweiten Prozessschritt erfolgen das Absenken der Substratplattform und das Auftragen einer neuen Pulverschicht [11, 12, 14]. Durch das vollständige Aufschmelzen des Metallpulvers entstehen dichte Bauteile mit hervorragenden mechanischen Eigenschaften. Derzeit sind bereits viele metallische Werkstoffe für den selektiven Laserstrahlschmelzprozess industriell etabliert und werden zur Herstellung verschiedenster Anwendungen eingesetzt [12, 15, 16]. Die Verarbeitung von kostenintensivem Nickel-Titan-Pulver ist derzeit noch Stand der Forschung [14].

2.2   Grundlagen zum Werkstoff Nickel-Titan

Nickel-Titan-Legierungen sind seit Ende der fünfziger Jahre für den Formgedächtniseffekt bekannt. Dieses besondere Verhalten besteht nur unter besonderen Bedingungen, z. B. muss der Nickelgehalt zwischen 47,9 und 52 Atom-% liegen [8, 17]. Das Gefüge kann in der Hochtemperaturphase als NiTi-Austenit in einem kubisch primitiven Gitter vorliegen, in der Tieftemperaturphase, unterhalb der Phasenumwandlungstemperatur besteht ein monoklides Gitter (martensitisches Nickel-Titan). Die Temperatur, bei der Austenit in Martensit umgewandelt wird, ist abhängig von der Legierungszusammensetzung. Legierungen mit einem höheren Nickelgehalt weisen eine niedrigere Phasenumwandlungstemperatur auf als nickelärmere Legierungen [17, 18]. Der Formgedächtniseffekt ist durch eine reversible spannungs- oder temperaturinduzierte Phasenumwandlung zwischen Austenit und Martensit zu begründen. Dieser Effekt wird durch verschiedene Erscheinungen beschrieben [18, 19]. Beim sogenannten Einwegeffekt führt eine scheinbar plastische Verformung des Martensitgefüges zu einer bleibenden Veränderung der Probe. Ursache hierfür sind keine Versetzungsbewegungen in der Gitterstruktur wie bei normalen Martensitgefügen, sondern Verschiebungen der sogenannten Zwillingsgrenzen. Hierbei bleibt die Kohärenz des Kristallgitters bestehen. Bei Erwärmung über die Übergangstemperatur nimmt das verformte Bauteil wieder die ursprüngliche Gestalt ein. Das Abkühlen mit einem Wechsel zu einem martensitischen Gefüge erfolgt ohne Veränderungen der äußeren Gestalt [18, 20]. Neben der temperaturinduzierten Phasenumwandlung des Einwegeffekts, kann die Umwandlung auch spannungsinduziert erfolgen. Dieses Materialverhalten von Nickel-Titan wird als Pseudoelastizität bezeichnet. Wird ein in der austenitischen Phase vorliegendes Gefüge verformt, entsteht ein spannungsinduzierter entzwilliger Martensit. Bei Wegnahme der Last und bei Verformungen unterhalb der Verformungsgrenze von etwa 8 % nimmt die Struktur wieder die Ausgangsgestalt an [18–20].

Nickel-Titan-Legierungen haben eine Dichte von 6,5 g/cm³ und schmelzen bei 1310 °C. Sie weisen eine hohe Duktilität auf, sind daher schwer spanbar und gut für die Bearbeitung mittels Laserstrahlung geeignet [17, 20]. Mechanische Eigenschaften, wie Zugfestigkeit und Elastizitätsmodul, sind von der vorliegenden Gefügephase abhängig. Die austenitische Hochtemperaturphase weist eine höhere Festigkeit und einen höheren Elastizitätsmodul auf als die martensitische Phase [17, 19]. Aufgrund der schnellen Ausbildung einer stabilen und passivierenden Titanoxidschicht sind Nickel-Titan-Legierungen besonders korrosionsbeständig. Die Oxidschicht verhindert zudem das Austreten von Nickelionen, wodurch eine besonders hohe Biokompatibilität des Materials besteht [19, 20]. Heutzutage werden Nickel-Titan-Legierungen u. a. für Brillengestelle, orthopädische oder dentale Anwendungen, chirurgische Instrumente und selbstexpandierende Stents eingesetzt [8, 17, 18].

2.3   Vaskuläre Implantate aus Nickel-Titan

Die koronare Herzkrankheit ist die häufigste Todesursache in den westlichen Industrienationen [21]. Extrem verengte Gefäße können zu einem Herzinfarkt oder Schlaganfall führen, daher werden häufig vaskuläre Implantate eingesetzt. Diese sogenannten Stents sind kleine röhrenförmige Drahtgerüste, die in ein Gefäß implantiert werden, um dieses dauerhaft offen zu halten [7]. Neben steiferen Stents aus Edelstahl oder Kobalt-Chrom, werden auch selbstexpandierende Stents aus Nickel-Titan implantiert. Letztere weisen eine geringere radiale Festigkeit auf, sind dadurch flexibler und für den Einsatz in peripheren Gefäßen geeignet [22–24]. Die Steifigkeit der Strukturen hängt auch vom Design ab. Es werden Strukturen mit geschlossenem Zelldesign mit einer hohen Radialkraft und Strukturen mit offenem Zelldesign und einer hohen Flexibilität unterschieden [8, 25]. Konventionelle Stents aus Nickel-Titan, bei denen das pseudoelastische Verhalten genutzt wird, werden derzeit mittels Laser aus rohrförmigen Halbzeugen geschnitten oder aus Drähten geflochten [7, 9, 26]. Individuelle und komplexe Geometrien sind hierbei jedoch gar nicht bis sehr schwer umzusetzen.

3 Materialien und Versuchstechnik

3.1 Materialien

Für die Untersuchungen werden zwei unterschiedliche Pulverwerkstoffe verwendet. Edelstahlpulver, das zur Verarbeitung im selektiven Laserstrahlschmelzprozess bereits industriell etabliert und verhältnismäßig kostengünstig ist, wird als Modellwerkstoff für die Parameterentwicklung des Nickel-Titan-Pulvers herangezogen.

Es wird ein nichtrostender, austenitischer Stahl in Pulverform verwendet, der durch die Werkstoffnummer 1.4404 und den DIN-Kurznamen X2CrNiMo17-12-2 gekennzeichnet werden kann. Der Werkstoff zeichnet sich durch eine hohe Korrosionsbeständigkeit und Schweißeignung aus. Die Dichte des Materials beträgt 8,0 g/cm³, die Wärmeleitfähigkeit bei 20 °C beträgt 15 W/(m K) [27]. Das Edelstahl-Pulver wird von der Firma TLS Technik GmbH &Co. Spezialpulver KG (Bitterfeld, Deutschland) verdüst und bereitgestellt. Die Partikel liegen im Bereich zwischen 5 µm und 25 µm. Aufnahmen im Rasterelektronenmikroskop (REM) zeigen sphärische Partikel mit einem erkennbaren Feinanteil im Pulver (siehe Abb. 1).

Das Ausgangsmaterial des Nickel-Titan-Pulvers wird von der Firma Memry GmbH (Weil am Rhein, Deutschland) bezogen und durch die Firma TLS Technik GmbH & Co. Spezialpulver KG (Bitterfeld, Deutschland) verdüst. Durch Aussieben werden Partikel im Bereich zwischen 25 µm und 45 µm gewonnen, die für die Untersuchungen herangezogen

Abb. 1 REM-Aufnahmen des Edelstahl-Pulvers (links: 500-fache Vergrößerung; rechts: 2000-fache Vergrößerung)

©LZII

werden. Laut Herstellerangaben [28] liegt die Legierung mit einem Nickelgehalt von 55,34 Gew.-% in martensitischem Gefüge mit einer Austenitstarttemperatur von 54 °C vor.

3.2   Anlagentechnik

Zur Herstellung der Proben mittels selektiven Laserstrahlschmelzens wird eine Truprint 1000 der Firma Trumpf GmbH & Co. KG (Ditzingen, Deutschland) verwendet. Die Anlage verfügt über einen Bauraum von d × h = 10 mm × 70 mm Größe und einen luftgekühlten 200 W-Faserlaser mit einer Wellenlänge von 1070 ± 10 nm. Der Fokusdurchmesser beträgt 30 µm.

3.3   Darstellung des Prozessablaufes

Für die additive Fertigung mittels selektiven Laserstrahlschmelzens ist ein digitales 3D-Datenmodell des zu fertigenden Bauteils erforderlich. Zur Erstellung der Datenmodelle der vereinfachten Geometrie wird die CAD-Software SOLIDWORKS verwendet. Die Konstruktion der Stentdesigns erfolgt mithilfe des Add-Ons „GeometryWorks3D" (GW3D). Das Datenmodell wird in der Software AutoFab der Firma Materialise (Löwen, Belgien) für den Baujob vorbereitet, mit Stützstrukturen und Laserparametern versehen, in ein Schichtdatenformat überführt und im maschinenkompatiblen AFF-Format abgespeichert. Bei der Zuweisung der Prozessparameter werden die Laserleistung und die Scangeschwindigkeit variiert, um die Einflüsse dieser Prozessgrößen auf die Probenbeschaffenheit prüfen zu können. Anschließend wird die vorbereitete Baujobdatei an die Laserstrahlschmelzanlage übermittelt. Die Prozessvorbereitung an der Anlage erfolgt in Form des Einfüllens und Einebnens des zu verwendenden Werkstoffes im Zufuhrzylinder. Nach dem Fluten der Baukammer mit Argon zur Reduzierung des Sauerstoffanteils, kann der Prozess gestartet werden. Nach Prozessende und dem Abkühlen der Bauteile können diese aus der Anlage entnommen werden. Die aufgebauten dünnwandigen und filigranen Strukturen sind mechanisch mithilfe einer Zange von der Bauplattform trennbar und werden abschließend im Ultraschallbad gereinigt.

4   Prozessentwicklung

Im Rahmen der Untersuchungen ist die Machbarkeit der Fertigung filigraner, stentartiger Strukturen aus Nickel-Titan im selektiven Laserstrahlschmelzverfahren zu prüfen. Für die Werkstoffe Edelstahl und Nickel-Titan sind initial Laserprozessparameter zu entwickeln, die den Aufbau filigraner, dünnwandiger Strukturen ermöglichen. Es wird eine, in der Literatur für Stents beschriebene, Strukturbreite von 50 µm angestrebt [22]. Das ermittelte Parameterfenster für Edelstahl, als industriell etabliertem und verhältnismäßig kostengünstigem Werkstoff, soll bei der Festlegung des zu prüfenden Parameterfensters für Nickel-Titan beachtet werden. Außerdem sind verschiedene Stentdesigns zu konstruieren, um diese hinsichtlich der Umsetzbarkeit mittels selektiven Laserstrahlschmelzens aus Nickel-Titan zu testen.

4.1   Versuchsplanung

Zur Entwicklung eines geeigneten Parameterfensters für Edelstahl werden die wichtigsten Prozessparameter Laserleistung und Scangeschwindigkeit beim Aufbau dünnwandiger, hohler Quader (4 mm × 4 mm × 4 mm) variiert. Weitere Laserparameter, wie die Schichtdicke (20 µm), der Fokusspotdurchmesser des Lasers (30 µm), der Over-Supply-Faktor (200 %), der die Menge an pro Schicht bereitgestelltem Pulver regelt und die Verfahrgeschwindigkeit des Beschichters (80 mm/s), werden für die Versuche konstant gehalten. Die Laserleistung wird zwischen 20 W und 125 W variiert. Für die Scangeschwindigkeit werden Werte zwischen 50 mm/s und 1000 mm/s angenommen.

Die Auswahl der zu prüfenden Parameter für Nickel-Titan stützt sich auf die Ergebnisse der Edelstahl-Parameterstudie. Laserparameter, die bei der Verarbeitung von Edelstahl-Pulver zu extrem breiten oder nicht aufgebauten Strukturen geführt haben, werden für Nickel-Titan vernachlässigt. Für die Laserleistung werden Werte von 20 W bis 50 W angenommen, die Scangeschwindigkeit wird zwischen 200 mm/s und 700 mm/s variiert. Die Verwendung von Edelstahl als Modellwerkstoff wird als zulässig angenommen, da beide Pulverwerkstoffe einen ähnlichen Schmelzpunkt aufweisen. Um die Machbarkeit des laseradditiven Aufbaus größerer Strukturen zu prüfen, wird für Nickel-Titan eine hohle Würfelstruktur mit den Abmessungen 4 mm × 4 mm × 8 mm gewählt.

4.2   Durchführung der Parameterstudien

Für die Fertigung der dünnwandigen Strukturen im selektiven Laserstrahlschmelzverfahren sind zunächst entsprechende Modelle zu konstruieren. Hierfür wird die Software Solidworks verwendet. In der Software Autofab wird die Struktur im Bauraum orientiert und mit Stützstrukturen von 3 mm Höhe versehen. Für den Aufbau der Edelstahlproben wird eine Bauplattform aus Edelstahl mit einem Durchmesser von 100 mm verwendet. Zum Aufbau der Nickel-Titan-Proben wird entsprechend Hinweisen aus der Literatur [29] eine Substratplatte aus Nickel-Titan verwendet (Kantenlänge 40 mm), die auf die Edelstahlbauplattform der Anlage aufgeklebt wird.

4.3   Auswertung der Parameterstudien

Die gefertigten Strukturen aus Edelstahl und Nickel-Titan werden qualitativ bezüglich der Menge an Pulveranhaftungen, des vollständigen, durchgehenden Aufschmelzens der Pulverpartikel und bezüglich eines gekrümmten oder gradlinigen Verlaufes der

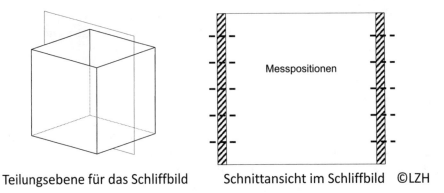

Teilungsebene für das Schliffbild   Schnittansicht im Schliffbild   ©LZH

Abb. 2 Darstellung der Schliffebene (links); Messpositionen zur Vermessung der Strukturbreite (rechts)

aufgeschmolzenen Strukturen bewertet. Vollständig aufgeschmolzene und gradlinig verlaufende Proben werden besser beurteilt, als Proben, die gekrümmt verlaufen, unvollständig aufgebaut sind oder Fehlstellen aufweisen. Zudem werden Parameter, die zu verfärbten, angelaufenen Proben führen, als ungeeignet gekennzeichnet, da hierdurch die mechanischen, chemischen oder physikalischen Eigenschaften des Werkstoffes negativ beeinflusst werden können [30]. Zusätzlich werden metallografische Schliffe der Proben angefertigt, um quantitative Aussagen hinsichtlich der jeweiligen Strukturbreite bei unterschiedlichen Prozessparametern treffen zu können. Die Strukturbreite wird auf beiden Seiten der Probe an fünf äquidistanten Punkten vermessen, um hieraus den Mittelwert zu berechnen (siehe Abb. 2).

Die Strukturbreite der Proben wird mit der jeweiligen Streckenenergie bei der Fertigung verglichen. Die Streckenenergie ist ein Maß des Energieeintrags zur Fertigung und wird aus dem Quotienten aus Laserleistung und Scangeschwindigkeit berechnet (siehe Formel (1)).

$$E_s\left[\frac{J}{mm}\right] = \frac{P_L\left[W\right]}{v_{Scan}\left[\frac{mm}{s}\right]} \tag{1}$$

4.4   Konstruktion von Stentstrukturen

Zur Erstellung verschiedener Stentstrukturdesigns wird die CAD-Software SOLID-WORKS in Verbindung mit dem Add-On „GeometryWorks3D" verwendet. Sowohl die Größe der Prüfkörper als auch die konstruierten Designs werden von konventionellen Stentdesigns abgeleitet und teilweise modifiziert. Die Probenhöhe beträgt 20 mm, der Durchmesser 4 mm. Der Durchmesser der Verbindungsstreben sollte für den medizinischen Einsatz möglichst gering sein, daher wird im Modell eine Breite von 5 μm eingestellt. Bei den Strukturen werden geschlossene (closed cell) und offene (open cell) Designs unterschieden. Die geschlossenen Strukturen weisen viele Verbindungsstreben

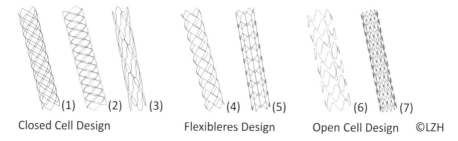

Closed Cell Design   Flexibleres Design   Open Cell Design   ©LZH

Abb. 3 Darstellung verschiedener Stentdesigns (links: geschlossenes Zelldesign, Mitte: flexible Zelldesigns, rechts: offene Zelldesigns)

auf und sind somit sehr starr. Im Gegensatz dazu ist die Anzahl der Streben bei offenen Zellstrukturen deutlich reduziert und die Fläche der einzelnen Zellelemente ist deutlich größer als bei geschlossenen Zellstrukturen. Zusätzlich werden Stentstrukturdesigns erzeugt, die eine reduzierte Anzahl an Verbindungsstreben aufweisen. Diese sind somit starrer als offene Zelldesigns, jedoch elastischer als geschlossene Zelldesigns und werden als flexiblere Zelldesigns bezeichnet. Die erstellten Strukturen sind in Abb. 3 dargestellt.

4.5   Fertigung von Stentstrukturen

Die Datenaufbereitung und Versuchsdurchführung zum laseradditiven Aufbau der Stentstrukturen erfolgt wie in Abschn. 4.2 beschrieben. Die Machbarkeit aller Designs wird initial mit dem Werkstoff Edelstahl erprobt. Hierfür werden die in der Parameterstudie ermittelten Prozessparameter verwendet. Erfolgreich umgesetzte Designs werden für die Prüfung der Machbarkeit aus Nickel-Titan herangezogen. Zusätzlich wird bei den additiv gefertigten Strukturen aus Nickel-Titan das Vorliegen von Formgedächtniseigenschaften geprüft.

5   Ergebnisdarstellung und Auswertung

Sowohl für den Modellwerkstoff Edelstahl als auch für Nickel-Titan konnten geeignete Prozessparameter zum Aufbau dünnwandiger Strukturen im selektiven Laserstrahlschmelzprozess ermittelt werden. Einige konstruierte Stentstrukturdesigns konnten laseradditiv erfolgreich aufgebaut werden.

5.1   Aufbau dünnwandiger Strukturen aus Edelstahl

Es wurde der Einfluss der Prozessparameter Laserleistung und Scangeschwindigkeit auf die Beschaffenheit und die Strukturbreite einer dünnwandigen, laseradditiv gefertigten Probe untersucht. Nicht alle untersuchten Parameterkombinationen führten zu vollständig und regelmäßig aufgebauten Proben. Mit einigen Parametersätzen konnten gar keine Proben gefertigt werden und bei einigen Parametern kam es zu Verfärbungen der Proben (siehe Abb. 4). Für den gradlinigen Aufbau der Proben sind bei der Auswertung vor allem die Werte der Laserparameter Laserleistung und Scangeschwindigkeit wichtig, anhand der Streckenenergie selbst kann keine Aussage über das Gelingen des Aufbaus getroffen werden.

Unabhängig von der jeweiligen Streckenenergie konnten für sehr niedrige Laserleistungen $P_L < 10$ W und für sehr hohe Leistungen $P_L \geq 100$ W keine gleichmäßigen Strukturen aufgebaut werden. Die meisten Ergebnisse können entsprechend der Streckenenergie in verschiedene Gruppen unterteilt werden. Bei sehr hohen Energieeinträgen ($E_s > 0,5$ J/mm) musste der Baujob nach einigen Belichtungsvorgängen abgebrochen werden, da die Proben aus dem Pulverbett herausragten und eine Beschädigung der Beschichterlippe oder anderer Proben bei weiteren Belichtungsschritten vermieden werden sollte. Bei einem Energieeintrag zwischen $E_s = 0,14$ J/mm und $E_s = 0,5$ J/mm wurden Proben aufgebaut, die nach der Fertigung eine goldgelbe Färbung zeigten. Diese Proben wurden als angelaufen und somit als ungenügend eingestuft. Einige Proben mit einem Energieeintrag von $E_s = 0,11$ J/mm bis $E_s = 0,42$ J/mm zeigten schräg und ungleichmäßig verlaufende Seitenwände. Die Ausbildung dieser sehr unregelmäßigen Strukturen kann nicht mit der jeweils eingesetzten Streckenenergie in Verbindung gesetzt werden. Der Effekt trat ausschließlich bei sehr hohen Leistungen von $P_L > 50$ W und Geschwindigkeiten ab $v_{Scan} = 300$ mm/s auf. Diese Parameter waren somit ebenfalls ungeeignet. Sehr geringe Energieeinträge mit einer Streckenenergie zwischen $E_s = 0,04$ J/mm und $E_s = 0,06$ J/mm führten zu fehlerhaft und unvollständig aufgebauten Proben. Bei einer Streckenenergie von $E_s < 0,04$ J/mm konnten trotz Belichtung gar keine Proben aufgebaut werden. Eine Streckenenergie zwischen $E_s = 0,06$ J/mm und $E_s = 0,14$ J/mm resultierte größtenteils in erfolgreich und vollständig aufgebauten Proben.

Zusätzlich wurde die Menge der Pulveranhaftungen in Abhängigkeit von der Streckenenergie qualitativ anhand von Querschliffen bewertet. Es konnte festgestellt werden, dass bei niedrigen Leistungen im Bereich $P_L = 20$ W bis $P_L = 50$ W die Anzahl an Ansinterungen mit steigender Scangeschwindigkeit tendenziell zunimmt. Bei höheren Leistungen steigt die Anzahl anhaftender Partikel erst ab einer Scangeschwindigkeit von $V_{Scan} = 250$ mm/s an. Ein optimales Prozessfenster, bei dem kaum angesinterte Partikel auftreten, wurde für Laserleistungen $P_L = 30$–50 W und für Scangeschwindigkeiten $v_{Scan} = 200 - 500$ mm/s

Abb. 4 Aufbau dünnwandiger Probenkörper aus Edelstahl (verfärbte (**a**), unregelmäßige (**b**), unvollständig (**c**), erfolgreich (**d**) aufgebaute Proben)

ermittelt. Zur quantitativen Bestimmung des Einflusses der bei der Fertigung eingebrachten Energie auf die Probenbreite wurden die Strukturbreiten der dünnwandigen Probekörper anhand von Schliffbildern vermessen, wie in Abschn. 4.3 beschrieben. Die größte gemessene Strukturbreite beträgt $174{,}36 \pm 11{,}57$ µm ($P_L = 125$ W und $v_{Scan} = 300$ mm/s). Die kleinste Probenwand weist eine Strukturbreite von $48{,}08 \pm 8{,}38$ µm auf ($P_L = 20$ W und $v_{Scan} = 500$ mm/s, $E_s = 0{,}04$ J/mm). Eine Strukturbreite von etwa 50 µm, wie bei konventionellen Stents üblich, bei einer zugleich vollständig und gradlinig aufgebauten Struktur konnte mit keinem der getesteten Parametersätze erreicht werden. Probekörper, die besonders dünne Strukturbreiten aufweisen, zeigten auch viele anhaftende Pulverpartikel und verliefen meist nicht gradlinig bzw. waren unregelmäßig aufgeschmolzen. Breitere Strukturen zeigten weniger Anhaftungen. In Abb. 5 sind Schliffbilder der dünnsten und der breitesten Struktur dargestellt.

Die ermittelten Strukturbreiten werden über der Streckenenergie aufgetragen (siehe Abb. 6), um den Einfluss des Energieeintrages zu prüfen. Es kann bestätigt werden, dass ein steigender Energieeintrag in proportional größeren Strukturbreiten der Proben resultiert. Die kleinste, dichte und durchgehende Strukturbreite von $62{,}58 \pm 4{,}28$ µm wurde für eine Laserleistung von $P_L = 40$ W und eine Scangeschwindigkeit von $v_{Scan} = 500$ mm/s ermittelt.

Abb. 5 Schliffbilder nach Fertigung mit unterschiedlichen Streckenenergien (oben: kleinste Strukturbreite von $48{,}08 \pm 8{,}38$ µm, gefertigt mit $P_L = 20$ W und $v_{Scan} = 500$ mm/s ($E_s = 0{,}04$ J/mm), unten: größte gemessene Strukturbreite von $174{,}36 \pm 11{,}57$ µm ($P_L = 125$ W und $v_{Scan} = 300$ mm/s, $E_s = 0{,}42$ J/mm)

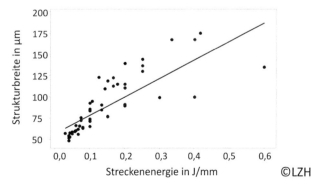

Abb. 6 Darstellung der Strukturbreite in Abhängigkeit von der Streckenenergie bei laseradditiv gefertigten Edelstahl-Proben

5.2   Aufbau dünnwandiger Strukturen aus Nickel-Titan

Das zu prüfende Parameterfenster zum Aufbau dünnwandiger Strukturen aus Nickel-Titan wurde mithilfe der Ergebnisse der Edelstahlstudie auf 20 Einzelproben verringert. Trotz des engeren Parameterfensters konnten unterschiedliche Ergebnisse beobachtet werden, die in drei verschiedene Gruppen unterteilt wurden. Es ist ein deutlicher Einfluss der Streckenenergie auf die Beschaffenheit der Proben zu erkennen. Eine verhältnismäßig hohe Streckenenergie von $E_S > 0,14$ J/mm führte zu goldgelb verfärbten, angelaufenen Proben, ein geringer Energieeintrag von $E_S = 0,1$ J/mm zeigte eine gleichmäßige Wellung der Oberfläche. Bei einer Wölbung von zwei gegenüberliegenden Wänden nach Innen sind die jeweils angrenzenden Bereiche nach Außen verformt. Mit Streckenenergien $E_S = 0,1$ J/mm bis $E_S = 0,14$ J/mm konnten erfolgreich dünnwandige Strukturen aufgebaut werden. Die verschiedenen Ergebnisse sind in Abb. 7 exemplarisch dargestellt.

Lichtmikroskopische Aufnahmen von Nickel-Titan-Proben zeigen, dass wie bei Edelstahl auch, die Probenbreite bei höherem Energieeintrag zunimmt (siehe Abb. 8). Im Schliffbild weisen angelaufene Proben eine höhere Strukturbreite sowie ferner mehrere Poren und Ansinterungen auf. Der wellenförmige Verlauf von Proben mit geringem Energieeintrag während der Fertigung ist im Schliffbild deutlich zu erkennen. Der Verlauf ist sehr ungleichmäßig, die Spur ist nicht durchgehend aufgeschmolzen und weist viele angeschmolzene Partikel auf. Proben mit mittlerem Energieeintrag verlaufen gradlinig mit wenig Ansinterungen.

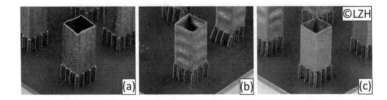

Abb. 7 Darstellung der Ergebnisse zu Nickel-Titan: verfärbte Proben (**a**), gewellte Proben (**b**), erfolgreich aufgebaute Proben (**c**)

Abb. 8 Vergleich verschiedener Schliffbilder von Nickel-Titan-Proben (oben: hoher Energieeintrag, Mitte: mittlerer Energieeintrag, unten: geringer Energieeintrag während der Fertigung)

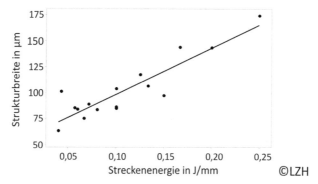

Abb. 9 Abhängigkeit der Strukturbreite von der Streckenenergie bei laseradditiv gefertigten Nickel-Titan-Proben

Die gemittelten Strukturbreiten der vermessenen Proben werden in Abb. 9 über der Streckenenergie aufgetragen. Vergleichbar mit den Edelstahlproben ist auch für Nickel-Titan ein proportionaler Zusammenhang erkennbar, bei einer größeren Streckenenergie resultiert eine größere Strukturbreite. Die höchste gemessene Strukturbreite beträgt gemittelt 173,88 ± 7,43 µm. Hierfür wurden eine Laserleistung P_L = 50 W und eine Scangeschwindigkeit v_{Scan} = 200 mm/s verwendet (E_s = 0,25 J/mm). Mit einer Laserleistung von P_L = 20 W und einer Scangeschwindigkeit von v_{Scan} = 500 mm/s wurde die kleinste Strukturbreite von 63,31 ± 12,72 µm erzielt. Die eingesetzte Streckenenergie betrug E_s = 0,04 J/mm. Die Probe, die bei einem gleichmäßigen, durchgängigen Verlauf mit wenigen Ansinterungen die geringste Strukturbreite aufweist, wurde mit einer Laserleistung von P_L = 50 W und einer Scangeschwindigkeit von v_{Scan} = 500 mm/s gefertigt. Für diesen optimalen Parametersatz mit einer Streckenenergie von E_s = 0,1 J/mm wurde eine Strukturbreite von 103,7 ± 6,14 µm gemessen. Eine angestrebte Strukturbreite von 50 µm konnte, wie auch bei Edelstahl, mit keiner der getesteten Parameterkombinationen erzielt werden.

5.3   Vergleichbarkeit der Nickel-Titan- und Edelstahlparameterstudien

Die Eignung von Edelstahl als Modellwerkstoff zur Vorbereitung der laseradditiven Fertigung von dünnwandigen Strukturen aus Nickel-Titan konnte gezeigt werden. Das, basierend auf den Ergebnissen der Versuche mit Edelstahl festgelegte, Parameterfenster führte bei jeder Parameterkombination zu einem Probenaufbau. Keine Proben wurden überbaut oder waren aufgrund eines zu geringen Energieeintrages nicht fertigbar. Bei beiden Werkstoffen kam es zu Verfärbungen, sobald eine hohe Streckenenergie von E_s > 0,14 J/mm verwendet wurde. Erfolgreich aufgebaute Proben resultieren bei beiden Werkstoffen, wenn ein mittlerer Energieeintrag während der Fertigung besteht. Das Intervall, das zu erfolgreich aufgebauten Strukturen führt, ist bei Nickel-Titan mit E_s = 0,1 – 0,14 J/mm kleiner als bei Edelstahl (E_s = 0,06 – 0,14 J/mm), es ist jedoch eine Teilmenge des Intervalls von Edelstahl (siehe Abb. 10). Unterschiede bestehen hinsichtlich der Probenbeschaffenheit bei

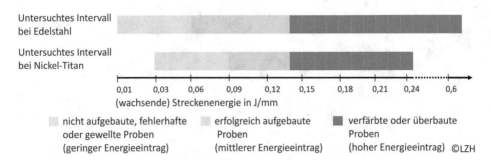

Untersuchtes Intervall bei Edelstahl

Untersuchtes Intervall bei Nickel-Titan

0,01 0,03 0,06 0,09 0,12 0,15 0,18 0,21 0,24 0,6
(wachsende) Streckenenergie in J/mm

☐ nicht aufgebaute, fehlerhafte oder gewellte Proben (geringer Energieeintrag)   ☐ erfolgreich aufgebaute Proben (mittlerer Energieeintrag)   ■ verfärbte oder überbaute Proben (hoher Energieeintrag) ©LZH

Abb. 10 Vergleich der Beschaffenheit der Edelstahl- und Nickel-Titan-Proben in Abhängigkeit der Streckenenergie

bestimmten Laserparametern. Während eine geringe Streckenenergie nur bei dem Werkstoff Nickel-Titan zu welligen Proben führt, entstehen nur bei Edelstahl beim Aufbringen sehr hoher Energieeinträge sehr unregelmäßige Strukturen. Unabhängig vom Werkstoff ist eine deutliche Abhängigkeit der Strukturbreite von der eingebrachten Energie während der Fertigung zu erkennen. Bei beispielsweise gleichbleibender Leistung und verringerter Scangeschwindigkeit, somit einer vergrößerten Streckenenergie, steigt die Strukturbreite proportional an. Jeweils gleiche Prozessparameter führen bei Nickel-Titan in etwa zu um 31 % größeren Strukturbreiten als bei Edelstahl.

5.4   Fertigung stentartiger Strukturen aus Edelstahl

Die Umsetzbarkeit der konstruierten Stentdesigns mittels selektiven Laserstrahlschmelzens wurde anhand des Modellwerkstoffes Edelstahl geprüft. Hierzu wurde der in Abschn. 5.1 ermittelte Parametersatz verwendet. Strukturen mit geschlossenem Zelldesign (Designs (1) und (2) aus Abb. 3) konnten erfolgreich aufgebaut werden (siehe Abb. 11). Entscheidend für das Gelingen ist bei den Stentstrukturen die Modellstrukturbreite. Eine im Modell vorgegebene Wandstärke von 5 μm, die in der Parameterstudie zu erfolgreich aufgebauten Strukturen führte, war nicht ausreichend, um die filigranen Stentstrukturen aufzubauen.

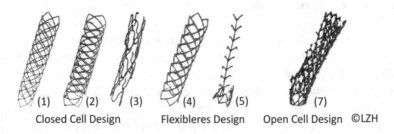

(1)   (2)   (3)   (4)   (5)   (7)

Closed Cell Design   Flexibleres Design   Open Cell Design ©LZH

Abb. 11 Laseradditiv gefertigte Stentstrukturen aus Edelstahl (Designs (1), (2) und (4) erfolgreich aufgebaut; Designs (3), (5) und (7) unvollständig aufgebaut; Design (6) nicht umsetzbar)

Die Strukturbreite des Modells musste auf 90 µm erhöht werden, um die Stentstrukturen ohne Fehlstellen zu fertigen. Die dritte Variante mit geschlossenen Zellen (Design (3)) wurde aufgebaut, zeigte jedoch gelöste Streben und Fehlstellen (siehe Abb. 11).

Bezüglich der flexibleren Designs ist festzustellen, dass bei einer Modellstrukturbreite von 90 µm und mit den empfohlenen Laserparametern weder Design (4) noch Design (5) aufgebaut werden können. Design (5) konnte auch bei einer Variation der Parameter und des Materialaufmaßes nicht erfolgreich aufgebaut werden. Design (4) hingegen zeigt einen gleichmäßigen, stabilen Aufbau bei einer Erhöhung der Modellstrukturbreite auf 150 µm (siehe Abb. 11). Die konstruierten Strukturen mit offenem Zelldesign, die aufgrund einer geringen Anzahl an Verbindungsstreben sehr flexibel sein sollten, konnten nicht erfolgreich mittels selektiven Laserstrahlschmelzens aufgebaut werden. Auch die Versuche, Stützstrukturen zwischen den Streben anzubringen oder die Positionierung der Probe im Bauraum zu modifizieren, konnten aufgrund der hohen Fragilität der Proben keinen erfolgreichen Strukturaufbau bewirken.

5.5   Fertigung stentartiger Strukturen aus Nickel-Titan

Stentdesigns, die mit Edelstahl erfolgreich aufgebaut werden konnten, wurden auch mit Nickel-Titan-Pulver erprobt. Offene Zelldesigns wurden daher nicht getestet. Die geschlossenen Zelldesigns (1) und (2) konnten erfolgreich aus Nickel-Titan aufgebaut werden. Bei den Designs (3) und (4) gelang der Aufbau mit einer vergrößerten Strukturbreite von 150 µm. Die Ergebnisse des laseradditiven Aufbaus von Stentstrukturen aus Nickel-Titan sind in Abb. 12 dargestellt. Im Vergleich zu Edelstahl sind die Strukturen aus Nickel-Titan deutlich breiter.

Bei den im selektiven Laserstrahlschmelzverfahren gefertigten Nickel-Titan-Stentstrukturen wurde das Formgedächtnisverhalten untersucht. Der Einwegeffekt und somit der Erhalt der Formgedächtniseigenschaften während der laseradditiven Verarbeitung konnte bei allen Stentstrukturen aus Nickel-Titan gezeigt werden. Hierzu wurde manuell eine bei Raumtemperatur bestehen bleibende Verformung aufgebracht. Nach dem Erwärmen der Proben mithilfe eines Heißlufttrockners kehrte die Struktur in die Ausgangsform zurück. Dieser Vorgang ist in Abb. 13 dargestellt.

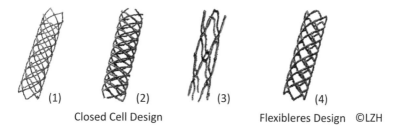

(1)   (2)   (3)   (4)

Closed Cell Design   Flexibleres Design   ©LZH

Abb. 12 Laseradditiv gefertigte Stentstrukturen aus Nickel-Titan (Designs (1), (2), (3) und (4) wurden erfolgreich aufgebaut)

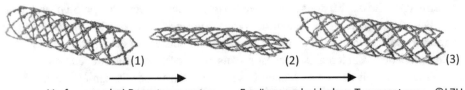

(1)   (2)   (3)

Verformung bei Raumtemperatur   Erwärmung bei hohen Temperaturen   ©LZH

Abb. 13 Prüfung des Formgedächtnisverhaltens: Ausgangszustand (1), Verformung bei Raumtemperatur (2), Zustand nach Erwärmung über die Austenitstarttemperatur (3)

6   Diskussion

Aufbau dünnwandiger Strukturen aus Edelstahl

Bei der qualitativen Beurteilung der Parameterstudie zum dünnwandigen Aufbau von Strukturen aus Edelstahl kann ein Zusammenhang zwischen den Laserparametern und der Probenbeschaffenheit festgestellt werden. Proben, die als „überbaut" bezeichnet werden, erfahren durch eine hohe Streckenenergie einen großen Energieeintrag, der zu einem sehr großen Schmelzbad führt. Die, in einer energetisch günstigen gewölbten Form, erstarrten Strukturen ragen aus dem Pulverbett heraus. Die entsprechenden Prozessparameter sind daher ungeeignet. Die Verfärbung der angelaufenen Proben kann durch eine Oxidation, die bei sehr hohen Temperaturen durch den großen Energieeintrag entsteht, erklärt werden. Ein größeres Schmelzbad führt zu einem verlängerten Abkühlverhalten. Dieser veränderte Abkühlprozess kann als Wärmebehandlung aufgefasst werden, der zu verschiedenen Anlassfarben führen kann [31]. Die sehr ungleichmäßig aufgebauten Proben sind ebenfalls durch hohe Energieeinträge während der Fertigung gekennzeichnet. Der unregelmäßige und schiefe Probenaufbau kann auf ein großes Schmelzbad, das durch die hohen Geschwindigkeiten bewegt wird und dann ungleichmäßig erstarrt, zurückgeführt werden. Die Wahl einer verringerten Streckenenergie konnte diese Effekte verringern (siehe auch Niu et al. [32]). Proben mit sehr geringer Streckenenergie konnten nicht aufgebaut werden, die eingebrachte Energie war hier nicht ausreichend, um die belichteten Pulverpartikel in die Schmelzphase zu überführen. Das Gleiche gilt für eine Fertigung mit $P_L = 10$ W, unabhängig von der Scangeschwindigkeit. Für erfolgreich aufgebaute, dünnwandige Proben wurde eine Streckenenergie zwischen 0,06 J/mm bis 0,14 J/mm aufgebracht. Die jeweilige Laserleistung bzw. Scangeschwindigkeit ist von hoher Bedeutung, da nicht jede beliebige Parameterkombination, die laut Berechnung eine Streckenenergie im empfohlenen Bereich ergibt, zu erfolgreich aufgebauten Proben führt.

Des Weiteren konnte bei der Auswertung der Schliffproben eine proportionale Abhängigkeit der Strukturbreite von der Streckenenergie festgestellt werden. Es war nicht möglich, stabile Strukturen mit Strebenbreiten von 50 µm aufzubauen. Die gemessenen realen Strukturbreiten entsprechen nicht den im Modell vorgegebenen Maßen, sondern sind deutlich breiter. Diese Abweichungen bei sehr filigranen Strukturen traten bereits in vorherigen Arbeiten auf [33] und sind vor allem auf einen unveränderlichen minimalen

Spotdurchmesser sowie auf die verwendete Belichtungsstrategie zurückzuführen. Im Rahmen der Versuche wurden softwarebedingt Konturen von Hohlkörpern belichtet. Bei der eingestellten Wandbreite der Hohlkörper von 5 µm und einem Laserspotdurchmesser von 30 µm kommt es zu einer Überlagerung und somit zu einer teilweise doppelten Belichtung. Der hierdurch höhere Energieeintrag bewirkt ein größeres Schmelzbad. Es ist anzunehmen, dass die Anzahl von Pulverpartikeln, die ins Schmelzbad gelangen, bei steigender Energie zunimmt, wodurch ein größeres Schmelzbad entsteht. Dieses führt zu breiteren Strukturen und kann die erkennbare Proportionalität zwischen Streckenenergie und Strukturbreite begründen. Dieser Effekt wird verstärkt, wenn eine noch höhere Laserleistung oder eine geringere Scangeschwindigkeit eingesetzt wird. Dabei können weitere Pulverpartikel durch Wärmetransport verschmolzen [20] oder von der flüssigen Schmelze benetzt und angesintert werden [11]. Insgesamt konnten mittels des selektiven Laserstrahlschmelzens dichte Bauteile aus Edelstahl mit sehr wenigen Poren gefertigt werden [11].

Aufbau dünnwandiger Strukturen aus Nickel-Titan

Wie auch bei Edelstahl konnte für den Werkstoff Nickel-Titan eine Korrelation zwischen eingebrachter Energie und der Probenbeschaffenheit festgestellt werden. Dieser Zusammenhang wurde ebenfalls durch Haberland aufgezeigt [20]. Für das Entstehen der angelaufenen und auch der gleichmäßig aufgebauten Proben werden die gleichen Ursachen angenommen wie bei Edelstahl. Das Intervall von Streckenenergien, die zu erfolgreich aufgebauten Proben führen, ist mit $E_S = 0,1$ J/mm bis $E_S = 0,14$ J/mm im gleichen Bereich, jedoch etwas kleiner als bei Edelstahl. Optimale Ergebnisse konnten hier bei Laserleistungen von $P_L = 40 - 50$ W und Scangeschwindigkeiten von $v_{Scan} = 300 - 500$ mm/s erzielt werden.

Anders als bei Edelstahl treten bei geringen Streckenenergien von $E_S < 0,1$ J/mm bei Nickel-Titan gleichmäßig gewellte Strukturen auf. Ursache hierfür sind vermutlich Eigenspannungen. Diese treten durch thermische Spannungen aufgrund von hohen Abkühlgeschwindigkeiten bei der laseradditiven Verarbeitung von Nickel-Titan auf [17] und können zu Verzerrungen, Deformationen oder dem Ablösen von Proben führen [34]. Der Abbau der Spannungen kann durch eine Verformung der Wände zu einem wellenförmigen Muster erfolgen. Die welligen Proben, die mit geringer Streckenenergie gefertigt wurden, zeigen auch geringere Strukturbreiten. Dies ist vermutlich die Ursache, warum sich die filigranen Wände durch die entstehenden Spannungen verformen, um Spannungsüberhöhungen auszugleichen. Osakada et al. empfehlen eine wiederholte Belichtung zur Reduzierung der vorliegenden Eigenspannungen [35]. Bei größeren Streckenenergien sind die Probenwände nicht gewellt und die Strukturbreite ist deutlich größer. Die breiteren Strukturen weisen einen höheren Widerstand gegen die Verformung durch Eigenspannungen auf und verhindern somit ein Ausbeulen dieser Probenwände. Lichtmikroskopische Vermessungen der Proben zeigen einen proportionalen Einfluss der Streckenenergie auf die Strukturbreite. Ein höherer Energieeintrag führt zu breiteren Strukturen. Analog zu den Ergebnissen für Edelstahl kann dies auf die jeweilige Belichtungsstrategie beim Aufbau der Probekörper und ein größeres Schmelzbad bei größeren Streckenenergien zurückgeführt werden.

Vergleichbarkeit der Nickel-Titan- und Edelstahlparameterstudien

Bei der Verwendung von Edelstahl zur Einschränkung des Parameterfensters für Nickel-Titan wurde angenommen, dass beide Werkstoffe aufgrund einer ähnlichen Pulverstruktur sowie ähnlichen Schmelzpunkten ein ähnliches Prozessverhalten beim selektiven Laserstrahlschmelzen aufweisen und somit hinreichend vergleichbar sind. Diese Annahme konnte bestätigt werden. Das für Nickel-Titan als optimal ermittelte Prozessfenster ist eine Teilmenge des Streckenenergieintervalls für Edelstahl. Es konnte ferner gezeigt werden, dass für Nickel-Titan bei gleicher Wahl der Parameter stets größere Strukturbreiten resultieren als bei Edelstahl. Als mögliche Ursachen sind zum einen die größeren Pulverpartikel von Nickel-Titan (25–45 µm) im Vergleich zu Edelstahl (5–25 µm) zu nennen, die beim Aufschmelzen und Ansintern zu breiteren Strukturen führen. Zum anderen ist die thermische Leitfähigkeit von Nickel-Titan mit 18 W/(m K) [17] etwas größer als bei Edelstahl mit 15 W/(m K) [27], wodurch größere Schmelzbäder resultieren.

Fertigung stentartiger Strukturen aus Edelstahl

Bei der Fertigung von Stentstrukturen aus Edelstahl im selektiven Laserstrahlschmelzverfahren ist vor allem das Probendesign von hoher Bedeutung. Die geschlossenen Zelldesigns (1) und (2) konnten mit den als optimal ermittelten Prozessparametern erfolgreich aufgebaut werden. Bei geschlossenen Zelldesigns besteht ein für die additive Fertigung günstiger engmaschiger und kontinuierlicher Strukturverlauf. Dies bedeutet, dass jede zu fertigende Schicht Anbindung zur vorherigen Schicht hat und die Struktur somit korrekt entsprechend des Modells aufgeschmolzen werden kann. Das geschlossene Zelldesign (3) konnte nur mit einigen Fehlstellen und Anbindungsfehlern der Streben aufgebaut werden. Die gefertigten Strukturen sind daher sehr instabil. Ursache hierfür sind die geschwungenen Elemente im Design mit flachen Steigungen von unter 20° (siehe Abb. 3). Für die Konstruktion von Bauteilen für die additive Fertigung sollten Überhänge kleiner als 45° vermieden werden [36], um Anbindungsfehler zwischen den einzelnen Schichten und abgelöste Verbindungsstreben zu verhindern.

Das flexiblere Design (4) kann nur mit einem größeren Materialaufmaß erfolgreich aufgebaut werden. Da im flexibleren Design (4) weniger Verbindungsstreben vorhanden sind als bei Design (1), ist das Materialaufmaß erforderlich. Dieses führt zu breiteren und somit stabileren Streben und gleicht somit die verminderte Stabilität durch die verringerte Anzahl an Verbindungsstreben aus. Das flexible Design (5) ist trotz der Einhaltung der Grenze für Steigungen in der Geometrie nicht vollständig umsetzbar. Ursache scheint die designbedingte hohe Instabilität der Verbindungsstreben zu sein. Offene Zelldesigns konnten im selektiven Laserstrahlschmelzverfahren nicht aufgebaut werden. Designbedingt liegen sehr viele Überhänge und Elemente vor, die keine Anbindung zu weiter unten liegenden Schichten aufweisen. Hier müsste eine Fertigung im losen Pulverbett erfolgen. Die eingebrachte Energie ist nicht ausreichend, um gezielt einzelne Punkte im losen Pulverbett in die Schmelzphase zu überführen und anschließend kontrolliert zu erstarren. Das Ergänzen von Stützen innerhalb des Designs kann den Aufbau der Strukturen ermöglichen, allerdings ist das Entfernen der Stützstrukturen aufgrund der sehr geringen Strebenbreiten nicht möglich, ohne dass die filigranen Stentstrukturen beschädigt werden.

Fertigung stentartiger Strukturen aus Nickel-Titan

Alle hinsichtlich der Versuche mit Edelstahl ausgewählten Stentdesigns konnten auch erfolgreich aus Nickel-Titan gefertigt werden. Somit hat sich Edelstahl als Modellwerkstoff zur Erprobung verschiedener Designs im selektiven Laserstrahlschmelzprozess als geeignet erwiesen. Die Fertigung mit dem ausgewählten Parametersatz aus der Nickel-Titan-Studie, der beim Aufbau dünnwandiger Strukturen keine Verfärbungen zeigte, führt bei der stentartigen Geometrie teilweise zu verfärbten Proben. Dies kann auf die veränderte Querschnittgeometrie zurückgeführt werden. Bei den dünnwandigen Proben wird mit der verwendeten Streckenenergie eine Linie belichtet, bei den Stentstrukturen werden mit der gleichen Streckenenergie einzelne Punkte belichtet. Der höhere Wärmeeintrag kann zum Anlaufen der Proben führen. Diese Verfärbungen wurden ebenfalls bei Verwendung von hohen Streckenenergien in den Parameterstudien beobachtet. Bei allen aus Nickel-Titan gefertigten Stentstrukturen konnte nach der Fertigung der Einwegeffekt qualitativ nachgewiesen werden. Die genaue Phasenumwandlungstemperatur wurde im Rahmen dieser Untersuchungen nicht ermittelt. Die Autoren Dudziak [17] und Haberland [20] bestätigen dieses Verhalten laseradditiv gefertigter Nickel-Titan-Bauteile. Haberland konnte nach einer Wärmebehandlung zusätzlich ein pseudoelastisches Materialverhalten nachweisen.

7   Zusammenfassung und Ausblick

Im Rahmen der Arbeiten sollte das Potential der laseradditiven Fertigung für den Aufbau stentartiger Strukturen aus Nickel-Titan bewertet werden. Zuerst wurden für den Modellwerkstoff Edelstahl zum Aufbau einfacher geometrischer, dünnwandiger Körper geeignete Prozessparameter ermittelt. Es wurde der Einfluss der Laserparameter Laserleistung P_L und Scangeschwindigkeit v_{Scan} auf die Beschaffenheit der Proben untersucht. Hierbei konnte gezeigt werden, dass die aufgeschmolzene Strukturbreite proportional zur eingebrachten Energie ansteigt. Eine hohe Laserleistung sowie eine geringe Scangeschwindigkeit führen zu einem höheren Energieeintrag als eine geringere Leistung bzw. eine höhere Geschwindigkeit. Die ermittelten Strukturbreiten variierten zwischen $48,08 \pm 8,38$ µm und $174,36 \pm 11,57$ µm. Durchgängig aufgeschmolzene, filigrane Strukturen aus Edelstahl, die wenige Ansinterungen einzelner Pulverpartikel und eine Strukturbreite von $62,58 \pm 4,28$ µm aufweisen, konnten bei einer Laserleistung von $P_L = 40$ W und einer Scangeschwindigkeit von $v_{Scan} = 500$ mm/s aufgebaut werden. Die für Edelstahl ermittelten Ergebnisse wurden bei der Prozessparameterstudie für Nickel-Titan verwendet. Es konnten vergleichbare Zusammenhänge gezeigt werden. Insgesamt werden bei der Verarbeitung des Nickel-Titan-Pulvers breitere Strukturen aufgebaut als bei Edelstahl. Für Nickel-Titan wurden eine Laserleistung von 50 W und eine Scangeschwindigkeit von 500 mm/s als optimale Parameter ermittelt. Diese führten zu einer Strukturbreite von $109,66 \pm 6,58$ µm.

Es konnten Stentstrukturen mit verschiedenen Zelldesigns erstellt werden. Diese wurden hinsichtlich der Fertigbarkeit im selektiven Laserstrahlschmelzverfahren anhand des Modellwerkstoffes Edelstahl geprüft. Maschenartige Strukturen mit geschlossenem Zelldesign konnten unter Anwendung der ermittelten Laserparameter erfolgreich aufgebaut werden. Aufgrund der für die additive Fertigung ungeeigneten Geometrie mit vielen Überhängen konnten keine offenen Zelldesigns umgesetzt werden. Stentstrukturen mit geschlossenem Zelldesign, die erfolgreich aus Edelstahl gefertigt werden konnten, wurden unter Anwendung der ermittelten Prozessparameter ebenfalls erfolgreich aus Nickel-Titan hergestellt und wiesen außerdem ein Formgedächtnisverhalten in Form des Einwegeffekts auf.

Zusammengefasst zeigen die Ergebnisse ein grundlegend hohes Potential des Einsatzes des selektiven Laserstrahlschmelzverfahrens für die Fertigung von filigranen Stentstrukturen aus Nickel-Titan. Um den Einsatz laseradditiv gefertigter Stentstrukturen zu ermöglichen, ist vor allem die Strukturbreite zu verringern sowie die Oberflächenqualität zu erhöhen. Weiterhin ist die Ermittlung eines offenen oder flexiblen Stentdesigns erforderlich, das sowohl den Ansprüchen der Medizin als auch der laseradditiven Fertigung entspricht, um die erforderlichen mechanischen Kennwerte zu erzielen und somit die Vergleichbarkeit mit konventionellen Stents herzustellen. Dünne Strukturbreiten können beispielsweise durch kleinere Partikelgrößen des verwendeten Pulverwerkstoffes oder einen kleineren Laserfokusdurchmesser erreicht werden. Zur Verbesserung der Oberflächenqualität der Strukturen kann eine Nachbehandlung durch Mikrosandstrahlen oder durch chemisches Entgraten [37] durchgeführt werden, um prozessbedingte Pulveranhaftungen abzutragen, ohne dabei die filigranen Strukturen mechanisch zu belasten. Zudem sind weiterführende Untersuchungen zum Erhalt der Formgedächtniseigenschaften während laseradditiver Fertigungsprozesse erforderlich. Es ist dennoch zu beachten, dass die laseradditive Fertigung von Stentstrukturen aus Nickel-Titan einzig zum Aufbau patientenspezifischer Implantate mit komplexer Geometrie oder zur Herstellung von Prototypen geeignet ist. Unter anderem aus wirtschaftlichen Gründen kann und sollte die laseradditive Fertigung die konventionelle Fertigung von Stents nicht ersetzen, sondern nur ergänzen.

8   Danksagung

Diese Arbeit wurde ermöglicht durch das Bundesministerium für Bildung und Forschung (BMBF) innerhalb von RESPONSE „Partnerschaft für Innovation in der Implantattechnologie" (FKZ: 03ZZ0906H).

Literatur

[1] Gebhardt, A.: Rapid Prototyping – Werkzeuge für die schnelle Produktentwicklung. 2. Auflage, Carl Hanser Verlag, München, 2000

[2] Seitz, H.: Vorlesungsskript Generative Fertigungsverfahren. Lehrstuhl für Fluidmechanik und Mikrofluidtechnik, Universität Rostock, 2011

[3] Zimmer, D.; Adam, G.: Konstruktionsregeln für Additive Fertigungsverfahren. Konstruktion Sonderdruck aus 7–8: 77–82, 2013

[4] Göbner, J.: Mikro-Lasersintern metallischer Mikrobauteile. Mikroproduktion 01/14: 38–40, 2014

[5] N.N.: Laserschmelzen in der Dental- und Medizintechnik. Zeitschrift Laser 3–2013:20–21, 2013

[6] Wehmöller, M. et al.: Implant design and production – a new approach by selective laser melting. International Congress Series 1281: 690–695, 2005

[7] Hoffstetter, M. et al.: Stenting und technische Stentumgebung. Medizintechnik – Life Science Engineering, Hrsg. E Wintermantel und SW Ha, Springer-Verlag, Berlin, 2009

[8] Stöckel, D.: „Umformung von NiTi-Legierungen – Eine Herausforderung," EUROflex G, RAU GmbH, Pforzheim, 2001

[9] Fischer, A. et al.: „Metallische Biowerkstoffe für koronare Stents," Steinkopff Verlag, Essen, 2001

[10] MedicalEXPO: „Online-Messe für medizinische Ausstattungen," [Online]. Available: http:// www. medicalexpo.de/medizin-hersteller/stent. [Zugriff am 12.09.2017]

[11] Gebhardt, A.: Generative Fertigungverfahren, München: Carl Hanser Verlag, 2013

[12] Caffrey, T.;Wohlers, T.: Wohlers Report 2015. Wohlers Associates, 2015. ISBN: 978–0–9913332–1–9

[13] Airbus A350 MSN5 Prototyp fliegt mit Bauteil aus 3D-Drucker. Online verfügbar unter: https://www.3d-grenzenlos.de/magazin/kurznachrichten. [Zugriff am 12.09.2017]

[14] Wessarges, Y. et al.: Entwicklungstrends zum Einsatz des selektiven Laserstrahlschmelzens in Industrie und Biomedizintechnik, Additive Manufacturing Quantifiziert, Springer Berlin Heidelberg, pp. 7–21, 2017

[15] N.N.: Die Kobalt-Chrom-Legierung im SLM-Verfahren. Online verfügbar unter: http://www. bego.com/de/cadcam-loesungen/werkstoffe/edelmetallfreie-legierungen/wirobond-c-plus/. [Zugriff am 12.09.2017]

[16] N.N.: Selektives Laserschmelzen von Titan. SLM Solutions. Online verfügbar unter: http:// www.maschinenmarkt.vogel.de/selektives-laserschmelzen-von-titan-a-402474/. [Zugriff am 12.09.2017]

[17] Dudziak, S.: Beeinflussung der funktionellen Eigenschaften aktorischer Nickel-Titan-Legierungen durch die aktiven Parameter im Mikrolaserschmelzprozess, Garbsen: PZH Produktionstechnisches Zentrum GmbH, 2012

[18] Roos, E.; Maile, K.: Werkstoffkunde für Ingenieure, Springer Verlag, Berlin, 2015

[19] Bram, M.: Pulvermetallurgische Herstellung von porösem Titan und von NiTi-Legierungen für biomedizinische Anwendungen, Bochum: FZ Jülich, 2012

[20] Haberland, C.: Additive Verarbeitung von NiTi-Formgedächtnis-Werkstoffen mittels Selective Laser Melting, Bochum: Shaker Verlag, 2012

[21] Gesundheitsberichterstattung des Bundes: „Sterbefälle für die häufigsten Todesursachen (ab 1998)," [Online]. Available: http://www.gbe-bund.de/oowa921-install/servlet/oowa/aw92/ WS0100/_XWD_PROC?_XWD_214/1/XWD_CUBE.DRILL/_XWD_242/D.100/10102. [Zugriff am 04. Juli 2016]

[22] Stierle, U.; Hartmann, F.: Klinikleitfaden Kardiologie, München, Urban & Fischer Verlag, 2008

[23] Meng, H. et al.: Laser micro-processing of cardiovascular stent with fiber laser cutting system, In: Optics & Laser Technology, 41(3), S. 300–302, 2009

[24] Momma, C. et al.: Laser cutting of slotted tube coronary stents, State of the art and future developments, In: Progress in Biomedical Research, 4(1), S. 39–44, 1999

[25] Cordis: „Endovascular," [Online]. Available: http://emea.cordis.com/emea/endovascular. html. [Zugriff am 12.09.2017]

[26] Isenburg, T.: Geflochtene Implantate, rubin Wissenschaftsmagazin, Bd. 11, pp. 46–49, 2011

[27] Deutsche Edelstahlwerke: Werkstoffdatenblatt X2CrNiMo17-12-2, http://www.dew-stahl. com/fileadmin/files/dew-stahl.com/documents/Publikationen/Werkstoffdatenblaetter/ RSH/1.4404_de.pdf. [Zugriff am 12.09.2017]

[28] Memry GmbH: „Materialzertifikat NiTi-Legierung M," Weil am Rhein, 2012

[29] Pache, J. et al.: „Intracoronary Stenting and Angiographic Results: Strut Thickness Effect on Restenosis Outcome (ISAR-STEREO-2) Trial," American College of Cardiology Foundation, pp. 1283–1288, 2003

[30] Böhlerstahl Vertriebsgesellschaft m.b.H.: „Praxis-Service-Erfolgreiche Edelstahlverarbeitung, http://www.hanshehl.de/bilder/autos/praxisservice.pdf. [Zugriff am 12.09.2017]

[31] Bürgel, R.: Handbuch Hochtemperatur-Werkstofftechnik, Wiesbaden: Friedr.Vieweg & Sohn Verlag, 2006

[32] Niu, H. J.; Chang, T. H.: „Instability of scan tracks of selective laser sintering of high speed steel powder," Scripta Materialia, Vol. 41, pp. 1229–1234, 1999

[33] Wessarges, Y. et al.: „Einsatz des selektiven Lasermikroschmelzens zur Herstellung vaskulärer Implantate," Fachforum „Wissenschaft" – Rapid.Tech, 2015

[34] Kruth, J. P. et al.: „Selective laser melting of iron-based powder," Journal of Materials Processing Technology, Vol. 149, pp. 616–622, 2004

[35] Osakada, K.; Shiomi, M: „Flexible manufacturing of metallic products by selective laser melting of powder," International Journal of Machine Tools and Manufacture, Vol. 46, pp. 1188–1193, 2006

[36] Gieseke, M. et al.: „Laserbasierte Technologien," in 3D-Druck beleuchtet, Heidelberg Berlin, Springer Vieweg, pp. 19–30, 2016

[37] Schuhmann, H.; Oettel, H.:, „Metallographie," Weinheim, WILEY-VCH Verlag Gmbh & co. KGaA, pp. 207–209, 2005

Validierung laserstrahlgeschmolzener Strukturbauteile aus AlSi10Mg

Rene Bastian Lippert und Roland Lachmayer

Inhaltsverzeichnis

Zusammenfassung

Selektives Laserstrahlschmelzen ermöglicht die Herstellung komplizierter Geometrien und eröffnet damit neue Leichtbaupotentiale für Strukturbauteile. Zur Maximierung der Gewichtsersparnis müssen die Randbedingungen, wie z. B. relevante Belastungsfälle oder das Bauteilverhalten, exakt bekannt sein. Vor diesem Hintergrund können Simulationswerkzeuge eingesetzt werden, um Fehlentwicklungen zu reduzieren und Entwicklungsiterationen zu minimieren. Herausfordernd bei Selektivem Laserstrahlschmelzen ist dabei die Berücksichtigung des anisotropen Materialverhaltens. Spezifischen Maschinenparameter und weitere Materialeigenschaften können weiterhin einen Einfluss auf die Bauteileigenschaften haben.

Im vorliegenden Beitrag werden strukturmechanische Simulationen ausgewertet und mit Ergebnissen aus statischen Prüfstandversuchen verglichen. Neben der Durchführung

R. B. Lippert (✉) · R. Lachmayer
Institut für Produktentwicklung und Gerätebau (IPeG), Gottfried Wilhelm Leibniz Universität Hannover, Welfengarten 1A, 30167 Hannover, Deutschland
e-mail: lippert@ipeg.uni-hannover.de; lachmayer@ipeg.uni-hannover.de

© Springer-Verlag GmbH Deutschland, ein Teil von Springer Nature 2018
R. Lachmayer et al. (Hrsg.), *Additive Serienfertigung*,
https://doi.org/10.1007/978-3-662-56463-9_3

von Zugversuchen zur Ermittlung relevanter Materialdaten wird die Untersuchung genormter Biegeproben beschrieben. Basierend auf den erlangten Erkenntnissen erfolgt die Untersuchung einer Fahrradtretkurbel als Demonstrator. Anhand von drei virtuellen Modellen wird die Simulation beschrieben, sowie die Fertigung von Prototypen und die Durchführung statischer Prüfstandversuche dargestellt. Abschließend erfolgt die Zusammenfassung relevanter Einflussgrößen für die Simulation von laserstrahlgeschmolzenen Strukturbauteilen zur Reduzierung von Entwicklungszeiten.

Schlüsselwörter

Selektives Laserstrahlschmelzen · Strukturmechanische Simulation · Validierung · Prüfstandversuche · Finite-Elemente-Methode

1   Einleitung

Eine der maßgebenden Zielsetzungen bei der Optimierung von Strukturbauteilen ist die Reduktion des Bauteilgewichts [1]. Durch die Gewichtsoptimierung werden eine ressourcenschonende Herstellung sowie ein effizienter Einsatz während des Produktlebenszyklus angestrebt [2–4]. Selektives Laserstrahlschmelzen weist vor diesem Hintergrund großes Potential auf, da komplizierte Geometrien hergestellt werden können, wie z. B. beliebige Freiformflächen oder Kavitäten [5]. Die Materialverteilung eines Strukturbauteils kann folglich kraftflussangepasst gestaltet werden, ohne konventionelle Einschränkungen aus dem Fertigungsprozess zu berücksichtigen [6].

Ein Ansatz zum Gestalten gewichtsoptimierter Bauteile für Selektives Laserstrahlschmelzen ist die Verwendung innerer Strukturen [7, 8]. Basierend auf biologischen Vorbildern können mechanische Aufgaben mit minimalem Materialeinsatz erfüllt werden. Im Vergleich zu soliden Volumenkörpern entsteht eine ähnliche Bauteilsteifigkeit bei geringerem Materialeinsatz [6].

Zum Gestalten gewichtsoptimierter Bauteile sind Informationen über die exakten Einsatzbedingungen notwendig, sodass eine Auslegung für relevante Belastungsfälle ohne Überdimensionierung möglich ist [9]. Neben Informationen aus dem Lebenszyklus sind bei der Bauteilsimulation die Charakteristiken des Fertigungsverfahrens zu berücksichtigen [10, 11]. Vor diesem Hintergrund werden Rechnerwerkzeuge eingesetzt, um Fehlentwicklungen vorzubeugen und folglich Entwicklungszyklen zu reduzieren. Im vorliegenden Beitrag werden dafür Simulationsmodelle zur Abbildung der verfahrensspezifischen Charakteristiken des Selektiven Laserstrahlschmelzens untersucht. Die durchgeführten Untersuchungen beziehen sich auf die Aluminiumlegierung AlSi10Mg, welche als Standardlegierung erforscht ist und im Schmelzprozess kontrolliert verarbeitet werden kann. Aufgrund des Festigkeit/Dichte-Verhältnisses ist der Einsatz von Aluminium als Konstruktions- und Leichtbaumaterial sinnvoll [12].

2   Simulation laserstrahlgeschmolzener Strukturbauteile

Strukturbauteile sind technische Systeme, deren wesentliche Aufgabe es ist, mechanische Energie aufzunehmen und weiterzuleiten. Die Gestalt eines Strukturbauteils ist durch die Orientierung und Größe der wirkenden Lasten geprägt. Die Krafteinleitung und -aufnahme erfolgt an den Wirkflächen eines Bauteils, welche durch Bauraumrestriktionen und Schnittstellen definiert und vorgegeben sind. Wirkräume dienen der Verbindung der Wirkflächen zur beanspruchungsgerechten Weiterleitung der mechanischen Energie [13–15].

Zur Auslegung von Strukturbauteilen ist die Betrachtung der lokalen Festigkeit ein maßgebendes Kriterium. Um eine Aussage über die Festigkeit zu erhalten, werden die Beanspruchungen mit den Materialgrenzwerten Zugfestigkeit, Fließgrenze, Dauer- und Betriebsfestigkeit usw. unter Beachtung von Kerbwirkung, Oberflächen- und Größeneinfluss nach Festigkeitshypothesen verglichen. Des Weiteren muss die Steifigkeit bei der Auslegung berücksichtigt werden. Dabei setzt sich die Steifigkeit aus der Elastizität des verwendeten Materials sowie der für den Belastungsfall relevanten Querschnittsfläche zusammen [15].

Zur Vorhersage des realen Bauteilverhaltens werden im vorliegenden Beitrag Simulationsmodelle mit Prüfstandversuchen verglichen. Die Finite-Elemente-Methode, kurz FEM, ist ein numerisches Näherungsverfahren, um technische Fragestellungen zu lösen. Es ermöglicht die Reduzierung von aufwändigen Experimenten. Häufig wird sie in der Strukturmechanik zur Auslegung von sicherheitsrelevanten Bauteilen angewendet. Des Weiteren ermöglicht die Methode eine Konstruktionsoptimierung zur Qualitätsverbesserung und damit einhergehend eine Verkürzung in der Entwicklungszeit [16].

Ausgangspunkt der Modellbildung ist eine Differentialgleichung, welche das physikalische Verhalten in einem Berechnungsgebiet mathematisch beschreibt. In der Festkörperberechnung wird für die Differentialgleichung das Elastizitätsgesetz von Lamé für das Verhalten eines Festkörpers unter einer Beanspruchung verwendet; das Berechnungsgebiet stellt das zu untersuchende Bauteil dar. Die Lösung der Differentialgleichung ist die Verschiebung bzw. die Verformung. Die Lösung der Differentialgleichung kann nur in stark vereinfachten Problemen analytisch bestimmt werden, sodass man in der Praxis numerische Verfahren zur Berechnung einer Näherungslösung verwendet. Dabei wird das Berechnungsgebiet in endlich kleine Einheiten, den sogenannten finiten Elementen, aufgeteilt. Zur Berechnung der näherungsweisen Lösung ist das Aufstellen von Ansatzfunktionen für jedes einzelne Element notwendig. Diese bereichsweisen Ansatzfunktionen besitzen die Eigenschaft, an den Knotenpunkten kontinuierlich zu den angrenzenden Bereichen zu sein. Aus der Summe der Teilgebiete lässt sich später die Näherungslösung für das Gesamtgebiet ermitteln [16, 17].

Bei der Simulation laserstrahlgeschmolzener Strukturbauteile sind die Materialeigenschaften zu berücksichtigen. Hierbei ist auf die Besonderheit zu achten, dass die Bauteile anisotropes Verhalten zeigen. Aufgrund des Schichtaufbaus sind folglich ebenfalls die mechanischen Eigenschaften in x-, y- und z-Richtung zu differenzieren. In einigen Arbeiten wurden die Materialeigenschaften für laserstrahlgeschmolzene Pulverlegierungen untersucht [18, 19]. Dabei zeigen einige Untersuchungen die mechanischen Eigenschaften von AlSi10Mg [20, 21]. Bei den Untersuchungen wird deutlich, dass Abweichungen der Materialdaten zueinander vorliegen. Grund ist, dass die Ausgangsmaterialien von unterschiedlichen Zuliefern bezogen und auf unterschiedlichen Anlagen verarbeitet wurden [10]. Da für eine exakte Berechnung des Bauteilverhaltens die mechanischen Eigenschaften des Materials möglichst exakt bekannt sein müssen, ist folglich die Berücksichtigung des spezifischen Einflusses der verwendeten Maschine sowie der Zusammensetzung und Beschaffenheit des Ausgangsmaterials zu achten.

3   Materialdaten für AlSi10Mg

Für die Ermittlung relevanter Materialdaten werden Zugproben untersucht. Ziel ist der Aufbau einer Materialdatenbank (z. B. E-Modul, Dehngrenze, etc.) für die strukturmechanische Simulation. Für die Zugversuche werden Zugproben der Art DIN 50125 – B 6 × 30 verwendet [22]. Zur Untersuchung der Anisotropie werden die Zugproben gemäß Abb. 1 in drei unterschiedlichen Orientierungen im Bauraum platziert. Dabei ist das Achsenkreuz so gelegt, dass die z-Achse der Aufbaurichtung sowie die x-Achse der Beschichtungsrichtung im Bauprozess entsprechen.

Die Zugproben werden mit einer Losgröße von je drei Stück hergestellt. Weiterhin werden je zwei der Zugproben spannungsarmgeglüht (200 °C für 3 Stunden nach DIN 515 [23]) um den Einfluss einer Wärmebehandlung auf die Materialdaten zu untersuchen. In der Praxis werden laserstrahlgeschmolzene Aluminiumbauteile fast ausschließlich nach einem Spannungsarmglühen eingesetzt, da die Anisotropie vergleichsweise reduziert werden kann.

Für die Untersuchungen werden Near-Net-Shape Geometrien der Zugproben in der CAD-Software modelliert, entsprechend der Randbedingungen hergestellt sowie thermisch und spanend nachbearbeitet (siehe Abb. 2). Dabei werden die Standardparameter für AlSi10Mg unter einer Argon-Schutzgasatmosphäre verwendet [20].

Tab. 1 zeigt die Ergebnisse der Zugversuche nach Prüfnorm DIN EN 6892-1 B. Es wird deutlich, dass die mechanischen Eigenschaften abhängig von der Baurichtungen sind.

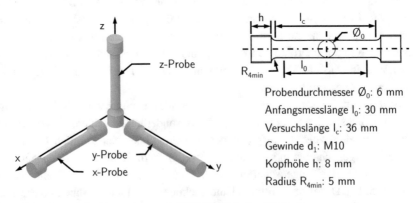

Probendurchmesser $\varnothing_0$: 6 mm

Anfangsmesslänge l_0: 30 mm

Versuchslänge l_c: 36 mm

Gewinde d_1: M10

Kopfhöhe h: 8 mm

Radius R_{4min}: 5 mm

Abb. 1 Orientierung der Zugproben nach DIN 20125 (B6 × 30) im Bauraum

Abb. 2 Zugproben nach DIN 20125 (B6 × 30), Vor/Nach der Bearbeitung

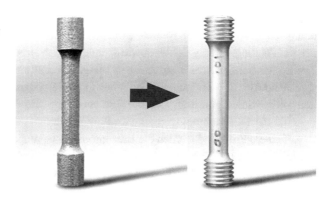

Tab. 1 Mechanische Eigenschaften von AiSi10Mg vor und nach dem Spannungsarmglühen (Spg. Gl.)

	Symbol	Vor Spg.Gl.	Nach Spg.Gl.	Einheit
E-Modul (XY)	E_{xy}	66–69	60	kN/mm²
E-Modul (Z)	E_z	64	65	kN/mm²
Zugfestigkeit (XY)	$R_{m\,xy}$	328	260	N/mm²
Zugfestigkeit (Z)	$R_{m\,z}$	365	290	N/mm²
Dehngrenze (XY)	$R_{p0,2\,xy}$	192	150	N/mm²
Dehngrenze (Z)	$R_{p0,2\,z}$	195	150	N/mm²
Bruchdehnung (XY)	A	9,8	17,5	%
Bruchdehnung(Z)	A	4,9	9	%

Dabei sinkt die Bruchdehnung der z-Zugproben im Vergleich zu den x- und y-Zugproben. Auch die Auswirkung auf das E-Modul ist erkennbar.

Die ermittelten Materialdaten werden als Datenbank in einer .xml-Datei für Ansys Workbench v17 definiert. Für eine korrekte Verwendung der Materialdaten ist darauf zu achten, dass die Koordinatensysteme der Rechnerwerkzeuge für die Modellierung und die Simulation identisch ausgerichtet werden. Ferner muss bei der Modellierung darauf geachtet werden, dass das Koordinatensystem dem Schichtaufbau im In-Prozess entspricht. Ausgehend vom Nullpunkt muss die z-Koordinate in positive Baurichtung zeigen.

4   Untersuchung genormter Prüfkörper

Unter Berücksichtigung der Materialdaten, welche die Eigenschaften des gewählten Parametersets abbilden, werden Biegeversuche durchgeführt. Ziel ist der Vergleich der Simulationen mit dem realen Bauteilverhalten und somit die Validierung der Simulationsumgebung.

Für die Biegeversuche werden Proben mit den Maßen H × B × T = 10 × 10 × 100 mm³ untersucht [24]. Es werden Near-Net-Shape Geometrien im CAD modelliert, entsprechend der Randbedingungen gefertigt sowie spanend nachbearbeitet und spannungsarmgeglüht. Zur Berücksichtigung des anisotropen Materialverhaltens werden die Biegeproben entsprechend Abb. 3 in drei unterschiedlichen Orientierungen im Bauraum zu einer Losgröße von je drei Stück gefertigt. Die z-Achse entspricht dabei der Aufbaurichtung sowie die y-Achse der Beschichtungsrichtung im Bauprozess.

Auf einem Prüfstand werden die Biegeproben entsprechend Abb. 4 gelagert sowie mittig bei $l_c/2$ mit der Last F belastet. Dabei wird eine Biegevorrichtung mit zwei Auflagerollen und einem Biegestempel verwendet [24]. Als Messwerte werden die Last F sowie die resultierende Durchbiegung w im Punkt der Krafteinleitung dokumentiert. Die Last zur Erreichung der maximalen Durchbiegung in elastischen Bereich ohne plastische Verformung wird entsprechend Gl. (1) ermittelt.

$$F_{Prüf} = \frac{\sigma_{zul} * W_b * 4}{l_0} \approx 1.250\,N \tag{1}$$

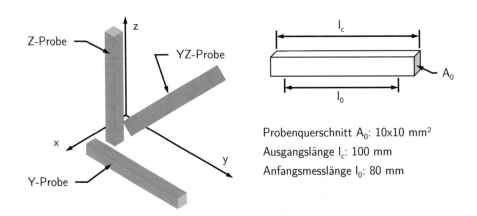

Probenquerschnitt A_0: 10×10 mm²
Ausgangslänge l_c: 100 mm
Anfangsmesslänge l_0: 80 mm

Abb. 3 Orientierung der Biegeproben nach ISO 7438 im Bauraum

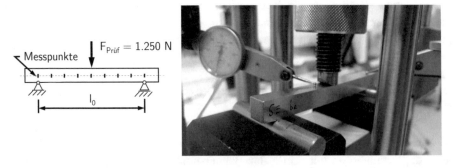

Abb. 4 Prüfstandaufbau für Biegeproben nach ISO 7438

Zur Bestimmung der Biegelinien werden Segmente von je 10 mm Auf den Proben markiert. Messtaster dokumentieren entsprechend der Markierungen die Biegelinien. Bei den Prüfstandversuchen wird die Last $F_{Prüf}$ mit einer Schrittweite $\Delta F = 250$ N bis $F_{max} = 1.250$ N erhöht. Für jeden Lastfall wird die Biegelinie dokumentiert.

Neben den Prüfstandversuchen werden Simulationen entsprechend Abb. 5 durchgeführt. Dabei werden die im Zugversuch ermittelten Materialdaten aus Tab. 1 eingestellt. Zur realitätsnahen Abbildung der Prüfstandversuche werden die Auflager sowie die Krafteinleitung als Zylinder mit Linienkontakt modelliert und mit gehärtetem Stahl als Material versehen. Auch bei der Simulation werden die Biegelinien der Prüfkörper für die Außenflächen in Abhängigkeit der aufgebrachten Last F berechnet.

Abb. 6 zeigt die ermittelten Biegelinien aus der Simulation und den Prüfstandversuchen. Die berechneten Werte zeigen dabei eine hohe Korrelation mit den gemessenen Werten. Lediglich der Messpunkt bei $l_C/2 = 50$ mm zeigt eine erhöhte Durchbiegung im Vergleich zur Simulation. Der Grund dafür ist die Messung über die Krafteinleitung. Im Vergleich zu den restlichen Messpunkten werden somit lokale Verformungen in Folge des einwirkenden Stempels gemessen. Weiterhin wird an den Messwerten die Anisotropie des Materials deutlich. Dabei ist erkennbar, dass die y-Biegeproben die größte Durchbiegung aufweisen und folglich die geringste Steifigkeit besitzen. Die Simulation zeigt, dass die korrekte Verwendung der Materialdatenbank unterschiedliche Biegelinien für dasselbe CAD-Modell liefern, wenn die Materialzuweisung in unterschiedlichen Orientierungen erfolgt. Vor dem Hintergrund variierender Elastizitätsmodule in den Materialdaten erscheint diese Differenz plausibel.

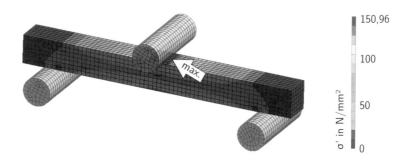

Abb. 5 Simulationsmodell der Biegeproben

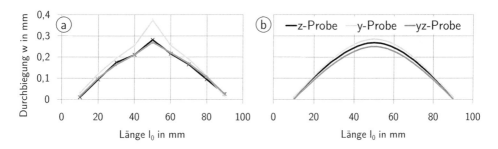

Abb. 6 Anisotrope Charakteristik der Biegeproben bei F = 1.250 N (**a**) Prüfstand (**b**) Simulation

5   Validierung eines Demonstrators

Als Demonstrator wird die Tretkurbel eines Fahrrads untersucht, dargestellt in Abb. 7. Ziel ist der Abgleich von Prüfstandversuchen mit Simulationsergebnissen, um eine Aussage über die Validität der Materialdatenbank zu erhalten.

Eine Tretkurbel unterliegt verschiedenen Belastungen in Abhängigkeit des Drehwinkels α_i, welcher die Rotationsbewegung um das Tretlager beschreibt [25]. So wird eine Tretkurbel auf Druck, Biegung und auf Zug beansprucht. Durch die außermittige Krafteinleitung über die Pedale liegt weiterhin eine geringe Torsionsspannung vor [26]. Untersuchungen zeigen, dass die maximalen Spannungen und Verformungen einer Tretkurbel bei reiner Biegebelastung auftreten, welche folglich für die Auslegung verwendet werden sollte [8]. Dies entspricht einem Drehwinkel von 90°, also einer horizontalen Ausrichtung.

Nach DIN 345 ist dieser Belastungsfall entsprechend Abb. 8 zu prüfen [27]. Dabei wird die angreifende Last auf F = 1.250 N festgelegt, was zu einer elastischen Verformung des Bauteils führt.

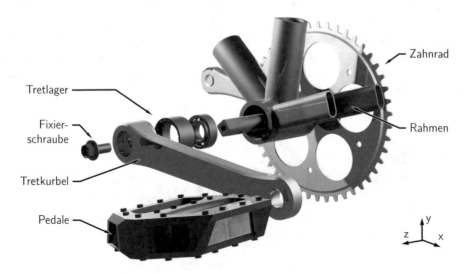

Abb. 7 Komponentendarstellung der Kurbelgarnitur eines Fahrrads

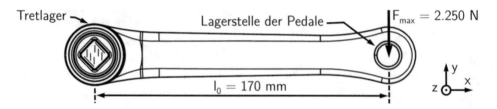

Abb. 8 Lagerung und Kräfte an der Tretkurbel

Untersuchungen haben gezeigt, dass erhebliches Leichtbaupotential für Tretkurbeln besteht, wenn die Möglichkeiten des Selektiven Laserstrahlschmelzens ausgeschöpft werden [26, 28]. Vor diesem Hintergrund wurden in vorangegangenen Arbeiten zwei Modelle ausgelegt, welche die Gestaltungsfreiheit des Selektiven Laserstrahlschmelzens adressieren und konventionell nicht herstellbar sind. Die aufgebauten Modelle besitzen Kavitäten und inneren Strukturen und sind an den Kraftfluss im Bauteil angepasst [26, 28].

Abb. 9 zeigt das Ausgangsmodell (1) sowie die optimierten Modelle (2) und (3). Unter Verwendung der Materialdatenbank aus Tab. 1 werden die Spannungsverteilungen nach van Mises dargestellt. Bei der Simulation wird von einer liegenden Platzierung der Bauteile im Bauprozess ausgegangen. Die z-Achse entspricht folglich der Aufbaurichtung im In-Prozess.

Bei der Simulation werden die einwirkende Last F, die maximalen Spannungen und Verformungen sowie die Biegelinie auf der Bauteiloberfläche dokumentiert. Diese Ergebnisse sind in Tab. 2 dargestellt.

Zur Erprobung der Prototypen und folglich zur Validierung der Prüfstandergebnisse wird ein statischer Prüfstand aufgebaut. Abb. 10 zeigt das virtuelle Modell der

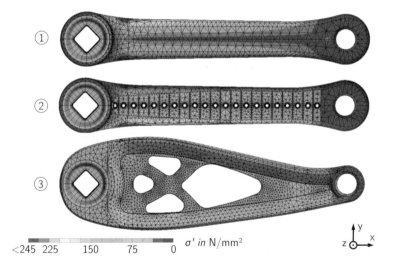

Abb. 9 Spannungsverteilung in den virtuellen Modellen

Tab. 2 Optimierungsergebnisse der virtuellen Modelle

	Modell 1	Modell 2	Modell 3
Gewicht m	217,5 g	148,9 g	88,1 g
Spannungen σ'_{max}	115,8 N/mm²	135,1 N/mm²	139,8 N/mm²
Durchbiegung w_{max}	0,96 mm	1,31 mm	0,63 mm

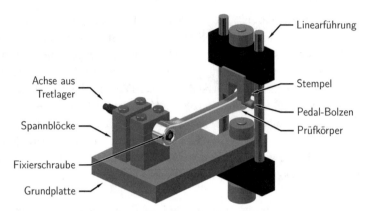

Linearführung

Achse aus
Tretlager

Spannblöcke

Fixierschraube

Grundplatte

Stempel

Pedal-Bolzen

Prüfkörper

Abb. 10 Komponentendarstellung des Versuchsaufbaus für statische Biegelast

Komponentendarstellung. Der Prüfkörper, also der jeweilige Prototyp, wird mit einer Fixierschraube auf die Achse eines Tretlagers montiert. Dadurch entsteht ein Flächenkontakt in der Einspannung, was zu einer form- und kraftschlüssigen Verbindung führt. Die modifizierte Achse wird durch Spannblöcke mit einer Vierkantaufnahme fixiert. Eine Grundplatte aus gehärtetem Stahl dient der Kraftleitung. Der eingespannte Prüfkörper wird über einen Bolzen mit einem Stempel belastet, welcher an einer Linearführung montiert ist.

Der Versuchsablauf sieht die Dokumentierung der einwirkenden Last F sowie die Verschiebung im Punkt der Krafteinleitung vor. Darüber hinaus wird die Biegelinie auf der Bauteiloberfläche gemessen. Dafür werden die Messpunkte a = 56,5 mm, b = 113,5 mm und c = 170 mm auf dem Prüfkörper festgelegt.

Im nächsten Schritt werden die Prüfstandversuche mit den Simulationen abgeglichen. In Abb. 11 werden die simulierten und realen Biegelinien der Modelle für die einwirkenden Lasten F_1 = 750 N und F_2 = 1.250 N gegenübergestellt. Abb. 11a zeigt die simulierten Biegelinien der drei virtuellen Modelle. In Abb. 11b werden die Biegelinien der Prototypen dargestellt.

Die Ergebnisse zeigen eine hohe Korrelation zwischen den Prüfstandergebnissen und den Simulationen. Geringe Abweichungen der Messergebnisse begründen sich aus dem Einfluss des In-Prozesses auf die Bauteilqualität. So können sich beispielsweise die Eigenschaften eines laserstrahlgeschmolzenen Bauteils in Abhängigkeit der Platzierung im Bauraum unterscheiden. Geringe Messungenauigkeiten sind weiterhin durch den Versuchsaufbau begründet. Die Ergebnisse zeigen, dass die Verwendung innerer Strukturen im erweiterten Wirkraum zu der höchsten Steifigkeit führt. Das Ausgangsmodell unterliegt im Vergleich einer höheren Durchbiegung. Das Modell mit inneren Strukturen im bestehenden Wirkraum weist hingegen die höchste Durchbiegung und folglich die geringste Steifigkeit auf. Somit wird deutlich, dass ein maßgebliches Optimierungspotential mechanischer Strukturbauteilen im Loslösen von bestehenden Wirkräumen liegt.

Basierend auf den erlangten Erkenntnissen der Demonstratoren wird deutlich, dass die Steifigkeit bei gleichzeitig geringerem Materialeinsatz verbessert werden kann. Die Spannungen im Bauteil bleiben nahezu konstant.

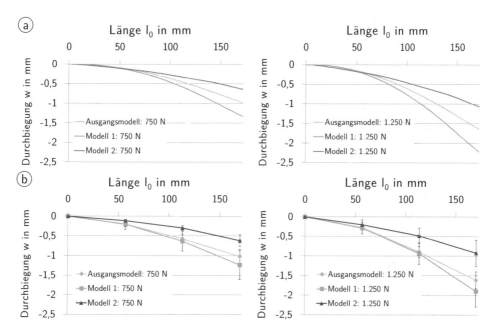

Abb. 11 Vergleich der Biegelinien (**a**) der virtuellen Modelle (**b**) der Prototypen

6   Zusammenfassung und Ausblick

Die Untersuchungen haben gezeigt, dass die mechanischen Eigenschaften von AlSi10Mg einem Einfluss der spezifischen Maschine sowie der Materialbeschaffenheit und -zusammensetzung unterliegen. Ferner wurde bestätigt, dass die hergestellten Bauteile ein anisotropes Materialverhalten aufweisen. Vor diesem Hintergrund wurde eine Datenbank mit anisotropen Materialverhalten in Ansys Workbench v17 aufgebaut, welche zur strukturmechanischen Simulation verwendet werden kann.

Auf Basis der Materialdatenbank und unter Verwendung von Simulationsmodellen, wurden Untersuchungen an genormten Biegeproben durchgeführt. Dabei wurde gezeigt, dass die Anisotropie in der Simulation abgebildet werden kann, welche eine nicht vernachlässigbare Auswirkung auf die Ergebnisse hat. So unterscheiden sich die simulierten Biegelinien in Abhängigkeit der Orientierung bei der Materialzuweisung. Zur Validierung der durchgeführten Untersuchungen wurden Biegeproben aus AlSi10Mg nach ISO 7438 hergestellt und erprobt. Bei den Versuchen wurden dabei die Biegelinien in Abhängigkeit der aufgebrachten Last bestimmt. Der Vergleich aus simulierten und experimentell ermittelten Biegelinien zeigt, dass eine hohe Abbildungsqualität gegeben ist. Folglich ist eine Vorhersage von biegebelasteten Bauteilen unter Verwendung der Materialdatenbank gegeben.

Vor diesem Hintergrund wurden Demonstratoren mit komplizierten Geometrien untersucht. Dabei wurde die Tretkurbel eines Fahrrades verwendet, dessen Hauptaufgabe die

Aufnahme und Weiterleitung mechanischer Energie ist. Unter Verwendung von drei unterschiedlichen Tretkurbeln wurden sowohl Simulationen als auch Prüfstandversuche für Biegelast durchgeführt. Im Ergebnis wurden die simulierten und experimentell ermittelten Biegelinien gegenüber gestellt. Es wurde deutlich, dass auch bei komplizierten Geometrien eine hohe Abbildungsgenauigkeit der Bauteilsteifigkeit möglich ist.

Beim Aufbau der Materialdatenbank sowie der anknüpfenden Untersuchungen konnten Einflussfaktoren gefunden werden, welche bei der Simulation von laserstrahlgeschmolzenen Strukturbauteilen zu berücksichtigen sind.

- **Datenerfassung**: Vor dem Hintergrund der eingangs aufgeführten Literaturuntersuchung hat sich gezeigt, dass eine Schwankung der mechanischen Eigenschaften für AlSi10Mg in Abhängigkeit der verwendeten Maschine sowie der Materialbeschaffenheit und -zusammensetzung bestehen. Folglich ist eine möglichst exakte Bestimmung der Materialkennwerte ratsam, welche sich auf die eigens verwendeten Fertigungsparameter beziehen. Ein Lösungsansatz ist die Herstellung von repräsentativen Prüfkörpern für jeden Baujob.
- **Richtungsabhängigkeit**: Bei der Schnittstelle zwischen CAD-Modellierung und Simulation ist auf die Ausrichtung der Modelle entsprechend der späteren Herstellung zu achten. Folglich muss bei der Auslegung eines Bauteils bereits bekannt sein, in welcher Orientierung das Bauteil im In-Prozess gefertigt wird.
- **Vernetzung**: Selektives Laserstrahlschmelzen ermöglicht die Herstellung von filigranen inneren Strukturen. Neben der Abbildungsgenauigkeit des In-Prozesses ist bei der Simulation auf eine korrekte Vernetzung im FE-Modell zu achten. Eine zu grobe Netzbildung führt unter Umständen zu Singularitäten, sodass lokale Spannungsspitzen falsch abgebildet werden. Anhand von Netzstudien und Konvergenzuntersuchung kann die Auswirkung in der Simulation abgesichert werden.
- **Prozessparameter**: Die Manipulation der Prozessparameter im In-Prozess hat eine Auswirkung auf die mechanischen Eigenschaften der Bauteile. Folglich ist nach jeder Änderung der Parameter eine Anpassung der Simulationsmodelle notwendig. Neben dem In-Prozess ist weiterhin die Einhaltung der thermischen Nachbehandlung relevant.

Um die Bauteilvorhersage weiter zu präzisieren und somit Entwicklungszyklen zu reduzieren, sind künftig Untersuchungen hinsichtlich der Spannungen vorgesehen. Dabei werden die Dehnungen mittels Dehnungsmessstreifen im Bauteil ermittelt und mit simulierten Werten gegenübergestellt. Darauf aufbauend sind die Untersuchung überlagerter Belastungsfälle und Lebensdauerprüfungen geplant.

Langfristiges Forschungsziel ist die Erarbeitung der mathematischen Zusammenhänge zwischen den Parametereinstellungen und den mechanischen Bauteileigenschaften sowie die Ableitung eines Sicherheitsfaktors für die Konstruktion.

Literatur

[1] Klein, B.: Leichtbaukonstruktion – Berechnungsgrundlagen und Gestaltung, 9. Auflage, Vieweg Teubner Verlag, 2000, ISBN: 978–3–8348–1604–7

[2] Emmelmann, C.; Sander, P.; Kranz, J.; Wycisk, E.: Laser Additive Manufacturing and Bionics: Redefining Lightweight Design, Physics Procedia 12, S. 364–368, 2011, ISSN: 1875–3892

[3] Ohlsen, J.; Herzog, F.; Raso, S.; Emmelmann, C.: Funktionsintegrierte, bionisch optimierte Fahrzeugleichtbaustruktur in flexibler Fertigung, Automobiltechnische Zeitschrift (ATZ), Entwicklung Werkstoffe, Vol. 10, 2015, ISSN: 0001–2785

[4] Lachmayer, R.; Gottwald, P.; Lippert, R. B.: Approach for a comparatively evaluation of the sustainability for additive manufactured aluminum components, Proceedings of the 20th International Conference on Engineering Design (ICED), Milan, Italy, 27.-30. Juli 2015; ISBN: 978-1-904670-67-4, 2015

[5] Lachmayer, R.; Lippert, R. B.; Fahlbusch, T. (Hrsg.): 3D-Druck beleuchtet – Additive Manufacturing auf dem Weg in die Anwendung, Springer Vieweg Verlag, Berlin Heidelberg, Mai 2016; ISBN: 978-3-662-49055-6, 2016

[6] Lippert, R. B.; Lachmayer, R.: Bionic inspired Infill Structurs for a Light-Weight Design by using SLM, Proceedings of the 14th International Design Conference (DESIGN), S.331-340, Dubrovnik, Croatia, 16.-19. Mai 2016, ISBN: 1847–9073, 2016

[7] Teufelhart, S.: Geometrie- und belastungsgerechte Optimierung von Leichtbaustrukturen für die additive Fertigung, Seminarbericht: Additive Fertigung, 2012

[8] Lachmayer, R.; Lippert, R. B. (Hrsg.): Additive Manufacturing Quantifiziert: Visionäre Anwendungen und Stand der Technik, Springer Verlag, Deutschland Hannover, 2017; ISBN: 978–3–662–54112–8

[9] Mozgova, I.: Intelligente Datenanalyse für die Entwicklung neuer Produktgenerationen, Wissenschaftsforum Intelligente Technische Systeme (WInTeSys), Band 369 der Verlagsschriftenreihe des Heinz Nixdorf Instituts, Deutschland Paderborn, 2017, ISBN: 978–3–942–64788–5

[10] Gebhardt, A.: Generative Fertigungsverfahren – Additive Manufacturing und 3D Drucken für Prototyping, Tooling, Produktion, Carl Hanser Verlag, Deutschland München, 2013, ISBN: 978–3–446–43651–0

[11] Lippert, R. B.; Lachmayer, R.: Einflussfaktoren innerer Strukturen im Gestaltungsprozess von Strukturbauteilen für das selektive Laserstrahlschmelzen, Proceedings of the 14th Rapid. Tech International Trade Show & Conference for Additive Manufacturing (Rapid.Tech), Erfurt, Germany, 20.-22. Juni 2017, ISBN: 978–3–446–45459–0

[12] Antrekowitsch, H.; Koch, S.; Paulitsch, H.; Pogatscher, S.; Pucher, P.; Stadler, F.; Wagner, C.: Recycling und Werkstoffentwicklung von Aluminium, Springer-Verlag, 2011, ISSN: 0005–8912

[13] Roth, K.: Konstruieren mit Konstruktionskatalogen – Band 1: Konstruktionslehre, 3. Auflage, Springer-Verlag, Deutschland Berlin/Heidelberg, 2000, ISBN: 978–3–642–17466–7

[14] Scharnowski, E. B.: Gestalt und Deformation: Elementare Tragwerke und Rechengrößen aus Natur, Technik und Design, 2005, ISBN: 978–3–936–22814–4

[15] Feldhusen, J.; Grote, K.-H.: Pahl/Beitz Konstruktionslehre: Methoden und An-wendung erfolgreicher Produktentwicklung, 8. Auflage, Springer Verlag, 2013, ISBN: 978–3–642–29568–3

[16] Müller, G.; Groth, C.: FEM für Praktiker – Band 1: Grundlagen, Expert Verlag Renningen, 2007, ISBN: 978–3–816–92685–6

[17] Gebhardt, C.: Praxisbuch FEM mit ANSYS Workbench, Carl Hanser Verlag GmbH & Co. KG, 2. Auflage, Deutschland München, 2014, ISBN: 978–3–446–43919–1

[18] Yap, C. Y.; Chua, C. K.; Dong, Z. L.; Liu, Z. H.; Zhang, D. Q.; Loh, L. E.; Sing, S. L.: Review of selective laser melting: Materials and applications; Applied Physics Reviews 2, Volume 2, Issue 4, ISSN: 1931-9401, 2015

[19] Mower, T. M.; Long, M. J.: Mechanical behavior of additive manufactured, powder-bed laser-fused materials, Materials Science & Engineering A 651 (2016), S. 198–213; ISSN: 0921–5093, 2016

[20] EOS GmbH e-Manufacturing Solutions: EOS Aluminium AlSi10Mg, Deutschland Krailling, 2014

[21] Rosenthal, I.; Stern, A.; Frage, N.: Microstructure and Mechanical Properties of AlSi10Mg Parts Produced by the Laser Beam Additive Manufacturing (AM) Technology; Metallography, Microstructure, and Analysis, Volume 3, Issue 6, S. 448–453; ISSN: 2192–9270, 2014

[22] DIN 50125:2016-12: Prüfung metallischer Werkstoffe – Zugproben, Beuth Verlag, 2016

[23] DIN EN 515:2016-01: Aluminium und Aluminiumlegierungen – Halbzeug – Bezeichnungen der Werkstoffzustände, Beuth Verlag, 2015

[24] DIN EN ISO 7438:2016-07: Metallische Werkstoffe – Biegeversuch, Beuth Verlag, 2016

[25] Lippert, R. B.; Lachmayer, R.: A design method for restriction oriented lightweight design by using selective laser melting, Proceedings of the 21st International Conference on Engineering Design (ICED17), Vol. 5: Design for X, Design to X, Vancouver, Canada, 21.-25.08.2017; ISBN: 978-1-904670-93-3, 2017

[26] Sullivan, S.; Chris, H.: Weight Reduction Case Study of a Premium Road Bicycle Crank Arm Set by Implementing Beralcast® 310, Kanada Vancouver, 2013

[27] DIN Taschenbuch 345: Fahrräder Normen, Beuth Verlag, Berlin, 2006, ISBN: 978–3–410–16342–8

[28] Lippert, R. B.; Lachmayer, R.: A Design Method for SLM-Parts Using Internal Structures in an Extended Design Space, M. Meboldt and C. Klahn (eds.), Industrializing Additive Manufacturing – Proceedings of Additive Manufacturing in Products and Applications – AMPA2017, Zürich, Schweiz, 12.-15.09.2017; ISBN: 978-3-319-66865-9, 2017

Qualitätssicherung in der Additiven Serienfertigung von Polymerbauteilen

Gerrit Hohenhoff, Heiko Meyer, Oliver Suttmann, Tammo Ripken, Kotaro Obata, Dietmar Kracht und Ludger Overmeyer

Inhaltsverzeichnis

G. Hohenhoff (✉) · O. Suttmann · K. Obata
Produktions- und Systemtechnik, Laser Zentrum Hannover e.V., Hollerithallee 8, 30419 Hannover, Deutschland
e-mail: g.hohenhoff@lzh.de; o.suttmann@lzh.de; k.obata@lzh.de

H. Meyer · T. Ripken
Biomedizinische Optik, Laser Zentrum Hannover e.V., Hollerithallee 8, 30419 Hannover, Deutschland
e-mail: h.meyer@lzh.de; t.ripken@lzh.de

D. Kracht · L. Overmeyer
Geschäftsführung, Laser Zentrum Hannover e.V., Hollerithallee 8, 30419 Hannover, Deutschland
e-mail: d.kracht@lzh.de; l.overmeyer@lzh.de

© Springer-Verlag GmbH Deutschland, ein Teil von Springer Nature 2018
R. Lachmayer et al. (Hrsg.), *Additive Serienfertigung*,
https://doi.org/10.1007/978-3-662-56463-9_4

Zusammenfassung

Die Additive Fertigung war in den letzten Jahren einer rasanten Entwicklung unterworfen. Sowohl bei metallischen Bauteilen, als auch bei Polymeren hält dieses Verfahren immer mehr Einzug in die Produktion. Große Unternehmen fertigen bereits täglich Bauteile in additiven Prozessen. Eine große Herausforderung für den Einsatz in der Serienfertigung ist die notwendige Qualitätskontrolle. Dies betrifft sowohl die On-the-Fly-Kontrolle im laufenden Fertigungsprozess, als auch und im Besonderen die Kontrolle fertiger Bauteile. Gerade Letzteres ist für eine zuverlässige Serienfertigung unerlässlich.

Insbesondere bei komplexen Strukturen bereits gefertigter Bauteile ist bislang eine Qualitätskontrolle nur stichprobenartig mit ionisierender Strahlung oder mittels invasiven Testmethoden möglich. Dies führt insbesondere bei Kleinserien zu hohen Ausschussraten. Optische Verfahren wie die Laserrastertomografie oder die optische Kohärenztomografie können unter Nutzung des entsprechenden Spektralbereichs nicht-invasiv zur volumetrischen Visualisierung von 3D additiv gefertigten Bauteilen eingesetzt werden. Diese komplexen 3D Informationen können subsequent zur Nachbearbeitung und Qualitätssteigerung herangezogen werden.

Schlüsselwörter:

Qualitätssicherung · Polymerdruck · Laserrastertomografie · optische Kohärenztomografie

1   Einleitung

Bereits im Jahr 1986 wurde durch Charles W. Hull die Grundlage für den heutigen 3D-Druck gelegt. Der schichtweise Aufbau durch Aushärtung von flüssigem Polymer durch UV-Bestrahlung im Polymerbad, bekannt als Stereolithographie, war das erste additive Fertigungsverfahren, das komplette Bauteile hervorbrachte [1]. In den vergangenen 30 Jahren wurden die unterschiedlichsten Verfahren wie Stereolithographie, Selektives Laser Sintern oder Schmelzen, Laserstrahlauftragschweißen und andere für die additive Fertigung der verschiedensten Werkstoffe wie Polymere, Metalle und Keramiken entwickelt.

Anfangs wurden diese Prozesse unter dem Oberbegriff Rapid Prototyping zusammengefasst, da mit den damaligen Möglichkeiten lediglich Prototypen, Baumuster und Ansichtsexemplare erstellt werden konnten. Heute werden diese Verfahren unter Begriffen wie Rapid Manufacturing [2] oder Rapid Tooling zusammen gefasst und ermöglichen die Herstellung fertiger Funktionsteile. Gerade durch die Herstellung von Funktionsteilen, wird jedoch eine entsprechende Normung und damit einhergehend Qualitätssicherung zwingend erforderlich. Während sich einzelne Bauteile noch in individuellen Prüfungen qualifizieren lassen, erfordert die Additive Serienfertigung die Möglichkeit einer automatisierten Qualitätskontrolle. Im laufenden Prozess wird bereits mit Kameras zur Prozessüberwachung gearbeitet, die die einzelnen Schichten während des Aufbaus zweidimensional prüfen. Eine Prüfung des gefertigten Endprodukts wird derzeit meist lediglich im Einzelfall durchgeführt. Üblicherweise wird hierzu das vergleichsweise teure Verfahren Mikrocomputertomografie (μ-CT) eingesetzt, das zudem zur Alterung und damit zur Schädigung des Polymerbauteils führt. Grundsätzlich besteht noch erheblicher Bedarf bei der Qualitätssicherung additiv gefertigter Bauteile [3, 4].

Der Einsatz optischer Verfahren, wie der Laserrastertomografie oder der optischen Kohärenztomografie, unter Verwendung des entsprechenden Spektralbereichs, ermöglichen eine nicht-invasive volumetrische Visualisierung von 3D additiv gefertigten Bauteilen. Diese Verfahren sind zudem dazu geeignet in einer Fertigungslinie automatisiert jedes Bauteil zu prüfen und ermöglichen somit eine qualifizierte Serienfertigung von additiv gefertigten Polymerbauteilen.

2   Fertigungsverfahren

Zur additiven Fertigung von Polymerbauteilen kommen je nach Material und Zielsetzung unterschiedliche Verfahren zum Einsatz, die im Folgenden kurz dargestellt werden.

2.1   Stereolithographie

((SL, STL), μ-Stereolithographie (μ-SL), 2-Photonen-Polymerisation (2PP), Digital Light Processing (DLP))

Bei den Verfahren Stereolithographie, Mikrostereolithographie und 2-Photonen-Polymerisation handelt es sich um Lithographie-Verfahren, bei denen photosensitive, polymerisierbare, flüssige Materialien durch UV-Bestrahlung oder im Fall der 2PP Ultrakurzpulslaser vernetzt werden. Durch die Vernetzung härtet das Material im bestrahlten Bereich aus. Der Hauptunterschied der drei Verfahren liegt in der Auflösung und der daraus resultierenden Geschwindigkeit, mit der Bauteile gefertigt werden können. Je höher die Auflösung, desto länger dauert der Prozess. Bei der 2PP kommt hinzu, dass die Struktur nicht Schichtweise erstellt werden muss, sondern direkt dreidimensional in das Polymerbad geschrieben wird [5].

Bei der (μ)-Stereolithographie wird das Bauteil an eine Plattform angebunden und das Polymer wird an der Grenzfläche zum anliegenden Medium schichtweise polymerisiert. In Abb. 1 ist links ein Verfahren zu sehen, bei dem die Aushärtung durch einen transparenten Boden erfolgt. Der Vorteil hierbei ist, dass die Bauteilgröße nicht durch die Tiefe des Polymerbads limitiert wird. Zudem wird bei diesem Verfahren kein zusätzlicher Wischer benötigt und die Schichtdicke ist durch die Distanz zwischen Bauteil und Boden klar definiert. Nachteil dieses Verfahrens sind die Abzugkräfte, die beim Ablösen des Bauteils von der transparenten Platte auftreten und zur Beschädigung filigraner Strukturen führen können. Auf der rechten Seite ist das ursprüngliche Verfahren dargestellt, bei dem das Bauteil in das Polymerbad abgesenkt wird. Hierfür ist ein hinreichend tiefes Polymerbad und damit entsprechend viel flüssiges Polymer erforderlich [6–9].

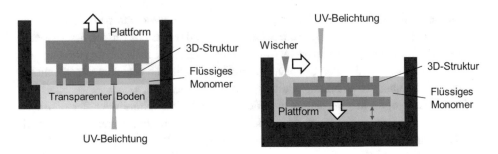

Abb. 1 Stereolithographie Prinzipskizzen, links mit UV-Bestrahlung von unten, rechts mit UV-Bestrahlung von oben

Das Digital Light Processing ist ein spezielles Stereolithographie-Verfahren. Das Bauteil wird ebenfalls aus flüssigem Polymer durch UV-Bestrahlung ausgehärtet. Der Unterschied zu den in 2.1 genannten Verfahren ist, dass die zu belichtende Struktur nicht selektiv und punktuell bestrahlt wird, sondern direkt flächig. Hierbei kommt als Lichtquelle z. B. ein UV-LED-Array zum Einsatz. Die zu belichtende Struktur wird über zahlreiche steuerbare Mikrospiegel vorgenommen, die das Licht entweder auf das flüssige Polymer oder in einen Lichtabsorber reflektieren. Das DLP-Verfahren ähnelt damit einem Maskenverfahren mit flexiblen Masken. Der Vorteil dieses Prozesses gegenüber der konventionellen Stereolithographie ist die definierte flächige Belichtung, die eine erhebliche Zeitersparnis mit sich bringt. Die Herstellung im flüssigen Polymer ermöglicht durch die Polymerisation dünner Schichten eine hohe vertikale Auflösung von 0,012 mm Schichtdicke. Die horizontale Auflösung wird durch den Projektor limitiert. Mit hochauflösenden Projektoren sind auch horizontal vergleichbare Auflösungen möglich. Dennoch bleibt die charakteristische Clusterstruktur erkennbar [8].

2.2 Material Jetting
(Multi-Jet Modeling (MJM), Poly-Jet Modeling (PJM), Aerosol-Jet)

Beim Material Jetting handelt es sich um Direktdruckverfahren. Diese Verfahren ermöglichen durch den direkten Materialauftrag besonders feine Strukturen und eignen sich daher für Feingussteile. Ähnlich einem konventionellen Tintendrucker wird flüssiges Polymer durch einen Druckkopf auf eine Bauplattform gedruckt. Nach dem Druck einer Schicht wird das Material durch z. B. UV-Bestrahlung polymerisiert. Abschließend wird die Z-Achse um einen Layer verschoben, um die Bau-Ebene anzupassen und die nächste Schicht wird gedruckt. Alternativ gibt es den Direktdruck als thermische Verfahren, bei denen das zu druckende Material in der Düse aufschmilzt und auf der Bauplattform durch Abkühlung aushärtet. Durch die Verwendung mehrerer Druckdüsen ist es möglich, wie bei einem Tintendrucker unterschiedliche Farben zu drucken [8]. Der Hauptunterschied zwischen Poly-Jet und Multi-Jet ist der Hersteller. Poly-Jet heißt das Verfahren bei Stratasys und Multi-Jet bei 3D-Systems. In beiden Anlagen wird das Material ohne weitere Zugaben

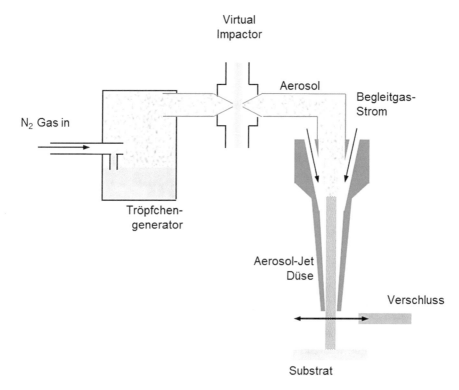

Abb. 2 Beispiel für Material Jetting: Aerosol-Jet

gedruckt [9]. Für die Stützstrukturen wird meist Stützmaterial mit niedrigem Schmelzpunkt verwendet, teilweise ist das Stützmaterial sogar wasserlöslich. Die Abreinigung erfolgt entsprechend entweder in einem warmen Bad mit Lösungsmittel, z. B. Petroleum bei 55 °C oder mit einem Wasserstrahl. Weitere Nachbehandlungen sind nicht erforderlich [8].

In Abb. 2 ist als Beispiel für ein Material Jetting Verfahren der Aerosol-Jet dargestellt. Ähnlich wie bei einem Airbrush-Gerät wird das flüssige Polymer in Tröpfchenform in einem Gasstrom mitgerissen und als Aerosol über eine Aerosol-Jet Düse auf das Substrat fokussiert. Dies ermöglicht unter Verwendung verschiedener Materialien auch einen Multimaterial- oder Gradientendruck. Die Polymerisation erfolgt anschließend durch UV-Bestrahlung [10].

2.3 3D-Direktdruck
(Fused Layer Modeling (FLM), Fused Deposition Modeling (FDM))

Beim Fused Layer Modelling oder Fused Deposition Modelling handelt es sich um ein Verfahren, bei dem ein Polymerdraht in einer Extruderdüse aufgeschmolzen und in der das Modell im Direktdruck schichtweise aufgebaut wird. Die Vorteile des Verfahrens sind eine hohe Reproduzierbarkeit, eine gute Prozessstabilität und die Verwendbarkeit

Abb. 3 3D-Direktdruck unter Verwendung von Polymerdraht

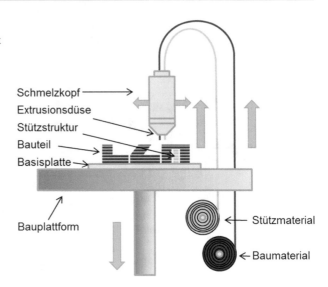

Schmelzkopf
Extrusionsdüse
Stützstruktur
Bauteil
Basisplatte
Bauplattform
Stützmaterial
Baumaterial

von technischen Kunststoffen wie ABS, PC und dem Hochleistungskunststoff ULTEM. In beheizbaren Düsen werden amorphe Thermoplaste aufgeschmolzen und die Polymerschmelze direkt in der Bauteilgeometrie schichtweise abgelegt. Teilweise sind zur Stabilisierung der Bauteile während des laufenden Prozesses Stützstrukturen erforderlich, die den Aufbau von überhängenden Strukturen ermöglichen. Die Stützstrukturen müssen in einem nachgeschalteten Arbeitsschritt entfernt werden [8].

In Abb. 3 ist der 3D-Direktdruck schematisch dargestellt. Die unterschiedlichen Polymere, die als Stützmaterial und Baumaterial verwendet werden, werden von einer Rolle dem Schmelzkopf zugeführt und über die Extrusionsdüse dem Prozess zugeführt. Die Bauplattform wird schichtweise abgesenkt und die Struktur wird durch Steuerung der Düse in der Ebene aufgebaut.

2.4 Pulverbettverfahren

(Laser Sintern (LS, SLS), Thermotransfer-Sintern (TTS, SMS, SHS); Binder-Jetting)

Das Pulverbettverfahren weist einige Parallelen zur Stereolithographie auf. Das Bauteil entsteht hier nicht durch den schichtweisen Aufbau an der Oberfläche eines Polymerbads, sondern an der Oberfläche eines Pulverbetts. In beiden Fällen sind wenige oder keine Stützstrukturen erforderlich, da das umgebende Material eine entsprechende Stützwirkung bietet. Im Gegensatz zum Polymerbadverfahren wird beim Pulverbettverfahren keine Polymerisation durch UV-Bestrahlung induziert, sondern das in Pulverform vorliegende Material ähnlich wie beim 3D-Direktdruck thermisch versintert. Im Gegensatz zum Harz im Polymerbad ermöglich dies den Einsatz verschiedener Materialien. Das Aufschmelzen des Pulvers erfolgt beim SLS-Verfahren wie in Abb. 4 dargestellt, mittels eines Laserstrahls [8].

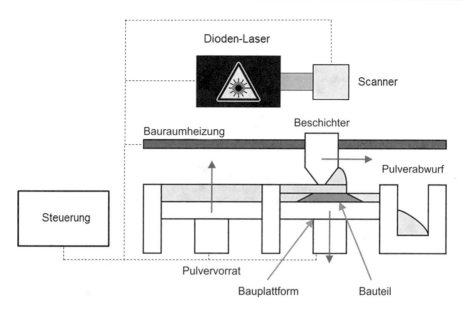

Abb. 4 Selektives Lasersintern als Beispiel für ein Pulverbettverfahren

Beim Binder-Jetting wird das Pulver schichtweise durch ein Bindemittel verbunden und nicht aufgeschmolzen. Anstelle des Laserstrahls wird die Pulverschicht mit dem Binder ähnlich wie bei einem Tintenstrahldrucker bedruckt. Der Vorteil beim Binder-Jetting ist, dass unter Verwendung von farbigen Bindern sogar die Möglichkeit besteht, 3D-Druck mehrfarbig vorzunehmen [8, 9].

Da die verklebten und versinterten Druckteile häufig noch Hohlräume vorweisen, gibt es verschiedene Möglichkeiten zur Nachbearbeitung. Eine Möglichkeit ist das verschmelzen in einem Ofenprozess, das einen Materialschrumpf mit sich bringt. Dies hat zur Folge, dass bei der Auslegung des Bauteils der zu erwartende Schrumpf durch das Verfestigen bereits konstruktiv berücksichtigt werden muss. Eine andere Möglichkeit ist das Infiltrieren der finalen Bauteile mit unterschiedlichen Materialien wie zum Beispiel Wachs, Epoxid-Harze, Acryl, Polyurethane oder andere. Durch das Infiltrieren mit unterschiedlichen Materialien können die Materialeigenschaften angepasst und die Oberflächen verbessert werden [8].

2.5 Layer Laminated Manufacturing

(LLM) (Laminated object Modeling (LOM), Mcor-Verfahren)

Beim Layer Laminated Manufacturing werden Folien, Papier oder Bleche schichtweise zusammengesetzt. Zunächst werden die Konturen der jeweiligen Schicht zugeschnitten und im Anschluss werden die einzelnen Bauteilquerschnitte zusammen gefügt.

In Abb. 5 ist ein automatisiertes LOM Verfahren dargestellt, bei dem von einer Rolle die Folie dem Prozess zugeführt wird und auf der anderen Rolle die Restfolie wieder aufgewickelt wird. Über die angetriebene Rolle mit dem Verschnittmaterial wird die Folie über

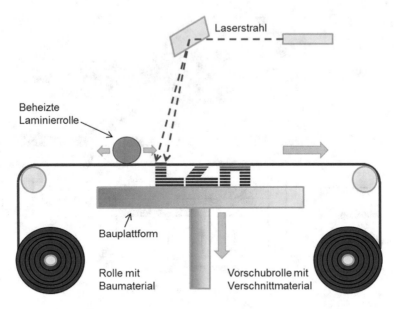

Abb. 5 Layer Laminated Manufacturing

das Bauteil gezogen, dann wird die Folie über eine beheizte Laminierrolle mit dem Bauteil verbunden und zuletzt über einen Laser die genaue Kontur zugeschnitten. Basierend auf dem Folienlaminierprozess entstand der Name Laminated Object Modeling (LOM).

Beim Mcor-Verfahren können sogar mehrfarbige Objekte aus Papier gedruckt werden. Dazu werden zunächst alle für das Objekt notwendigen Blätter mit den Konturen farbig bedruckt, dann werden die Konturen entlang des Drucks ausgeschnitten und schließlich das farbige Papier so miteinander verklebt, dass ein vollfarbiges Objekt entsteht [8].

3   Verfahren zur Qualitätssicherung

Zur Qualitätssicherung in der additiven Fertigung können unterschiedliche Verfahren Verwendung finden, die sich nach der Fertigungsart der Bauteile richten, d. h. ob es nach der Fertigung noch zu Materialveränderungen kommt oder ob es Hinterschneidungen gibt, welche während der Prozessierung nicht visualisiert werden können. Im Wesentlichen ist hier zwischen 2D- und quasi-3D-Verfahren (letztere errechnen beispielsweise ein 3D Volumen aus einzelnen 2D Bildern) sowie echten 3D Verfahren (wie beispielsweise die Computertomografie) zu unterscheiden.

3.1   2D-Bildgebung

2D-Bildgebungsverfahren basieren grundlegend auf der Erzeugung eines zweidimensionalen Bildes ohne jegliche Tiefeninformation. Dies kann entweder instantan

(Fotografie) oder über eine punktuelle Abrasterung der Oberfläche (bspw. Laserraster-mikroskopie) und dem subsequenten Aneinanderordnen der Bildpunkte zu einem 2D Bild erfolgen. Letzteres findet aber im Wesentlichen in Mikroskopieverfahren wie der Konfokalmikroskopie oder der Zweiphotonenmikroskopie Verwendung. Der Vorteil fotografischer Verfahren bedingt eine sehr schnelle Aufnahme der einzelnen Ebenen und ist bereits industriell vollständig automatisiert umsetzbar und akzeptiert. Diese Verfahren sind gesamtheitlich unter dem Begriff des maschinellen Sehens zusammengefasst und finden im Bereich der automatisierten Qualitätssicherung mit multiplen Einsatz-gebieten eine breitbandige Anwendung. So können neben der Defektanalyse auch Form und Maßhaltigkeit überprüft werden. Diese ist insbesondere bei additiv gefertigten Polymerbauteilen wichtig, welche nach der Fertigstellung des Bauteils noch Artefakte wie Schrumpfung oder Verformung aufweisen können. Ebenfalls spielen diese Verfahren in der Oberflächeninspektion eine große Rolle, um beispielsweise eine Bewertung der Oberflächenrauheit zu ermöglichen.

Quasi 3D-Verfahren nutzen entweder die Überlagerung zweidimensionaler telezentri-scher Bilder in einem bestimmten Abstand zueinander oder aber basieren auf Projektions-verfahren, die unter definierten Winkeln arbeiten. Zu letzteren zählt neben der Streifen-projektion auch die Anordnung zweier oder mehrerer Kameras (3D-Kamera), die Bilder aus unterschiedlichen Perspektiven aufnehmen, welche später miteinander verrechnet werden. Jedoch bedingen diese Verfahren alle den Nachteil, dass sie im Wesentlichen auf die Oberfläche des jeweiligen Bauteils begrenzt sind und keinen echten Einblick in das Bauteil erlauben. Hierzu bedarf es tomografischer Verfahren, welche die Probe in Gänze durchstrahlen und damit auch eine Betrachtung und Bewertung innenliegender Strukturen ermöglichen.

3.2 3D-Bildgebung

Tomografische Verfahren sind im Wesentlichen aus den medizinischen Anwendungen (beispielsweise der CT beim Menschen) heraus in technische Bereiche vorgedrungen. So werden vielfach kleine Bauteile aus dem Automotivbereich, die sich noch im Entwick-lungsmodus befinden, wie zum Beispiel Einspritzdüsen, hinsichtlich der Anwendungs-möglichkeit verschiedener Fertigungsverfahren in (Mikro-) Computertomografen ((μ)CT) untersucht. Aber auch die hier verwendete und stark ionisierende Röntgenstrahlung gerät bei Metallen mit zunehmender Materialstärke an ihre Grenzen. Bei Kunststoffbauteilen ist die Durchdringung aufgrund der deutlich geringeren Kernladungszahl gegenüber Metal-len zwar deutlich höher, jedoch kann diese ionisierende Eigenschaft zu ungewünschten Nebeneffekten wie der vorzeitigen Materialalterung und -ermüdung führen. Daher ist hier die Verwendung von nichtionisierender Strahlung zu bevorzugen. Bei Metallen ist diese Beeinflussung weitestgehend vernachlässigbar. Allerdings weisen nicht alle Kunst-stoffe die gleichen Absorptions- oder Streueigenschaften auf, weshalb immer eine genaue Betrachtung der Materialeigenschaften bezüglich der einzusetzenden Beleuchtungsquelle erfolgen muss.

3.2.1   Computertomografie/Mikrocomputertomografie (CT/µCT)

Das Prinzip der Computertomografie basiert auf Integraltransformation mit zwei Variablen (Abb. 6), der Radon-Transformation [11].

$$R(p,\varphi) = \int_{-\infty}^{\infty} ds\ f(x(p,\varphi),(y(p,\varphi)) \tag{3.1}$$

Da gemäß Lambert-Beer für die Intensität

$$I(d) = I_0 e^{-\mu d} \tag{3.2}$$

folgt, resultiert mit 3.1 für $I(p,\varphi)$ folglich

$$I(p,\varphi) = I_0 e^{-\int_{-\infty}^{\infty} ds\ f(x(p,\varphi),(y(p,\varphi))} \tag{3.3}$$

Die Überlagerung aller Projektionen (Linienintegrale) führt zum Sinogramm (Abb. 7), einem 2D Datensatz von I als Funktion von p und ϕ. Zum besseren Verständnis kann man sich einen Punkt auf einem Kreis vorstellen. Die Funktion I(p,ϕ) beschreibt dann eine Sinusfunktion (Abb. 8).

Trotzdem die beiden wesentlichen Bestandteile der modernen Computertomografie bereits seit 1896 und 1917 der Öffentlichkeit bekannt sind, wurde die mannigfaltige Verwendungsmöglichkeit erst viel später realisiert [12]. Der erste kommerzielle Computertomograf

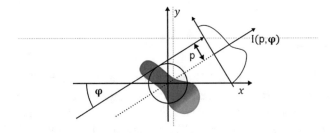

Abb. 6 Tomografieprinzip nach Radon

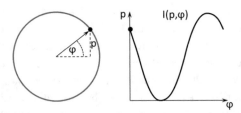

Abb. 7 Entwicklung eines Sinogramms anhand eines Punktes auf einer Kreisbahn

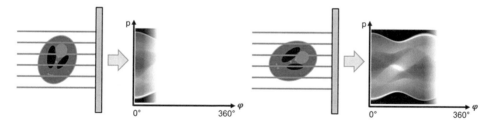

Abb. 8 Aufbau des Sinogramms aus verschiedenen Projektionswinkeln

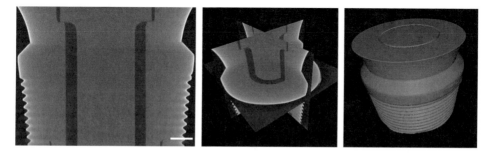

Abb. 9 Teildarstellung eines Dentalimplantates aus CT Daten. Schnittbild (li.), Orthogonales Schnittebenen (mi.) und gerenderte Oberfläche (re.) (Maßstab 500 μm)

wurde erst 1972 installiert. Mit stetig steigender Leistung der modernen Computer wächst auch die Leistungsfähigkeit moderner CTs. Darüber hinaus sind mit den Jahren auch andere auf der Radontransformation basierte Tomografieverfahren entstanden [13, 14].

Der Einsatz der Mikrocomputertomografie (μCT) und der Computertomografie (CT) richtet sich im Wesentlichen nach der Größe des zu untersuchenden Bauteils. Diese reichen bei der μCT üblicherweise bis 20 cm Durchmesser und 20 cm in der Länge, bei der CT üblicherweise ab 20 cm bis ca. 60 cm im Durchmesser. Die Möglichkeit, diese Objekte in Gänze zu vermessen, richtet sich jedoch nicht nur nach ihrer Größe, sondern hängt erheblich von den physikalischen Eigenschaften der Einzelkomponenten der Probe, deren Kernladungszahl und von der verwendeten Energie der Röntgenstrahlung ab. Entsprechend zur Größe des Bauteils ergibt sich daraus die maximal zu erreichende optische Auflösung im Tomogramm. Das Tomogramm beschreibt die volumetrische Intensitätsverteilung einzelner Voxel und entspricht der Rückprojektion der Radontransformation, also dem 3D Datensatz. Ein besonderes Augenmerk bei der Verwendung von ionisierender Strahlung ist jedoch auf die physikalische und chemische Beeinflussung von Polymeren zu richten (Abb. 9).

3.2.2 Laserrastertomografie (SLOT)

Die Laserrastertomografie *(engl. Scanning Laser Optical Tomography – SLOT)* [14] ist ein noch relativ junges Verfahren äquivalent zur Computertomografie. Alternativ zu Röntgenquellen finden hier jedoch Laserstrahlquellen Verwendung. Daher müssen die zu

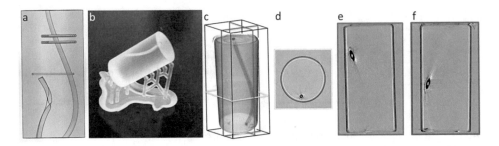

Abb. 10 3D CAD Konstruktion (**a**) eines artifiziellen Bauteils mit Mikrokanälen unterschied-licher Grundform, Größe und Anordnung. Gefertigtes Bauteil aus dem 3D-Drucker (**b**) und rekonstruiertes Volumen aus SLOT-Daten (**c**) und farbig codierte Schnittebenen (**d–f**). Bereits in der Volumenrekonstruktion ist erkennbar, dass nicht alle Mikrokanäle funktionsgemäß gefer-tigt wurden. Die optische Auflösung der Methode lag hier bei 16 µm bei einer Pixelgröße von 12,74 µm. Die Auflösung des Druckers liegt laut Hersteller bei 50 µm, d. h. die Kanäle hätten deutlich sichtbar sein müssen

untersuchenden Proben für die verwendete Wellenlänge hinreichend transparent sein. Als Kontrastmechanismen stehen Absorption, Streuung und Autofluoreszenz zur Verfügung. Damit liefert SLOT auch die Option der Untersuchung von Multimaterialkomponenten, bei denen die unterschiedlichen Materialien spektral voneinander verschieden fluoreszie-ren. Abb. 10 zeigt die beispielhafte Anwendung von SLOT anhand eines 3D gedruckten Polymerbauteils. Die eingebrachten Kanäle reichten dabei von 250 µm Durchmesser über 500 µm Durchmesser bis hin zu 1 mm Durchmesser. Die Auflösung des 3D Druckers ist mit 50 µm angegeben.

3.2.3   Optische Kohärenztomografie (OCT)

Die optische Kohärenztomografie *(engl. Optical Coherence Tomography – OCT)* ist eine 3D Bildgebungstechnik basierend auf der konstruktiven Kohärenz zurückgestreuter Photonen und kann als lichttechnisches Äquivalent der Sonografie (Ultraschall) betrach-tet werden (Abb. 11). Dabei ist die OCT noch eine relativ junge Technologie, die erst in den späten 1980er Jahren entwickelt wurde [15]. Beginnend und fortlaufend mit dem Einsatz in medizinischen Fragestellungen [16], erfährt die OCT derzeit ihre Etablierung in verschiedenen rein technischen Gebieten [17–20]. Dabei sind noch lange nicht alle technischen Möglichkeiten der OCT ausgeschöpft. Während in industriellen standardi-sierten Schweißprozessen die OCT ein nicht mehr wegzudenkendes Hilfsmittel in der Kontrolle der Fügenaht ist, schöpft diese weitverbreitete Anwendung nicht Ansatzweise das Potenzial der OCT aus. Vielmehr wird sie hier zu einem kohärenten Abstandssen-sor degradiert. Die geringe Belastung des Untersuchungsobjekts, die hohe Auflösung und zunehmende Geschwindigkeit machen das Verfahren insbesondere für die 3D-Qualitäts-sicherung und 3D-Prozesskontrolle in der Serienfertigung von Polymerbauteilen sehr attraktiv (Abb. 12). Darüber hinaus können, je nach verwendeter Wellenlänge, Bauteile

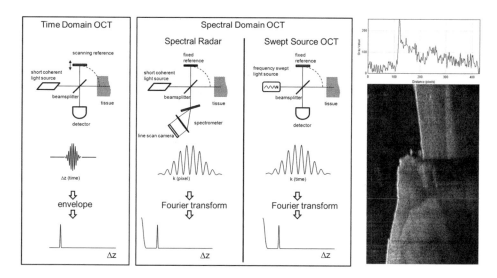

Abb. 11 Schematischer Aufbau der Time Domain OCT im Vergleich zur Spectral Domain OCT Beispielshaft sind hier schematisch die Time Domain OCT (TD-OCT) und die Spectral Domain OCT (SD-OCT) dargestellt. Das Bild rechts zeigt die Tiefeninformation im Schnitt am Übergang des Nagelwalls zum Fingernagel (human) dar, den sogenannten Brightness-Scan oder kurz B-Scan. Das Intensitätsprofil über dem Bild stellt das Amplitudenprofil in einem Punkt in die Tiefe dar. Dies repräsentiert den Amplituden-Scan oder kurz A-Scan. Legt man nun viele B-Scans aneinander, erhält man einen vollständigen Volumendatensatz des zu untersuchenden Objektes

Abb. 12 OCT Vermessung einer Durchstrahl geschweißten (LDS) Naht zweier Polymerbauteile mit 3 mm Dicke. Schnittbild (li.), Maximumintensitätsprojektion (MIP) (mi.) und isometrische 3D Volumendarstellung (re.). In der Schnittbilddarstellung sind kleine Streuzentren im oberen Drittel des Bildes zu erkennen, während in der MIP alle Streuzentren im transparenten Fügepartner deutlich werden. Mittels OCT können so Störfaktoren in einem oder je nach Beschaffenheit auch in beiden Fügepartnern visualisiert werden (LZH, unpublished data, Maßstab 500 μm)

aus anderen Materialen, wie beispielweise Verbundwerkstoffen, Glas und Keramiken volumetrisch hinsichtlich innenliegender Geometrien und Defekte, Spannungen und deren Topografie charakterisiert werden.

Immer effizientere und schnellere Licht- und Strahlquellen (schnell durchstimmbare Laser, alternative Wellenlängenbereiche) und schnelle Scanner (beispielsweise MEMS) eine große Rolle in der Etablierung zukünftiger Anwendungsgebiete beinhalten. Bereits heute kann lebendes Gewebe deutlich oberhalb der Videogeschwindigkeit tomografisch erfasst werden, was wiederum sehr hohe Durchstimmraten des Spektrums (Sweep-Raten) in der Swept Source OCT erfordert. Dies kann mit Fourier-Domain modengekoppelten Lasern (Fourier-domain mode-locked – FDML) erfolgen [21]. Mit diesem Verfahren können bis zu $20{,}8{\cdot}10^6$ A-Scans in einem Volumen von $950 \times 640 \times 360$ Voxeln innerhalb von 25 ms aufgenommen werden [22]. Das entspricht einem Datenvolumen von 4,5 GVoxeln bei einer Rate von 14.600 Bildern pro Sekunde (fps).

4   Zusammenfassung

Die in Kap. 2 aufgeführten Verfahren zur Additiven Fertigung von Polymeren ermöglichen die Herstellung von funktionalen Bauteilen. In den Pulverbettverfahren ist eine Qualitätssicherung durch permanente Überwachung und Beobachtung des Prozesses und automatisierter Prüfung der einzelnen Layer möglich. Für finalisierte Bauteile gibt es derzeit kein etabliertes Verfahren, das eine zerstörungsfreie Qualifizierung ermöglicht.

Mit den in Kap. 3 aufgeführten optischen Verfahren der Computertomografie, der Laserrastertomografie und der Optischen Kohärenztomografie zur Qualitätssicherung können Polymerbauteile aus Einzelmaterilien aber auch aus Multimaterialkomponenten sowohl in Bezug auf die Außenmaße, vor allem aber für die Sicherung eines fehlerfreien additiven Aufbaus im Inneren überprüft werden.

Sowohl die OCT als auch die Laserrastertomografie eignen sich zudem zur Einbindung in eine Prozesskette, um jedes Bauteil automatisiert in der Additiven Serienfertigung qualifizieren zu können. Die Verfahren sind hierbei auf den Ablauf der Fertigung und dem Aufbau der Prozesskette hin zu wählen, um die jeweiligen Vorzüge der Verfahren ideal zu nutzen.

Die Risikominimierung einer wirtschaftlichen Automatisierung der Produktion komplexer Polymerbauteile erfordert eine deutliche (Weiter-)Entwicklung von Schlüsselprozessen für zukunftsfähige Produktionslösungen. Dazu ist eine Fokussierung hin zu einer wirtschaftlich ausgerichteten Herstellautomation für individualisierte Produkte unabdingbar, was wiederum die Weiterentwicklung und Etablierung hochindividualisierbarer laserbasierter Verfahren zur additiven Serienfertigung erfordert. Um hierbei jederzeit eine vollständige Prozess-und Qualitätskontrolle zu erreichen, müssen zusätzliche schnelle hochauflösende und nichtinvasive Visualisierungsverfahren entwickelt und eingesetzt werden, um auch Produkte in Mittel- und Kleinserien zeit- und kosteneffizient produzieren zu können.

Literatur

[1] Hull, C. W.: US Patent 4,575,330, United States of America, California, March, 11th, 1986

[2] Meyer, R.: Werkzeugloses Fertigen als Konstruktionstrick. Industrieanzeiger 20, S. 22–25, 2007

[3] Körner, C.: Lightweight Des 9(Suppl2): 54.

[4] Möhrle, M.; Müller, J.; Emmelmann, C.: Industrialisierungsstudie Additive Fertigung – Herausforderungen und Ansätze. RTeJournal - Fachforum für Rapid Technologie, Vol. 2017. (urn:nbn:de:0009-2-44939), 2017

[5] El-Tamer, A.; und Hinze, U.; Chichkov, B. N.: 3D Mikro- und Nano-Strukturierung mittels Zwei-Photonen-Polymerisation in Lachmayer, R. und Lippert, R.B. (Hrsg.): Additive Manufacturing Quantifiziert: Visionäre Anwendungen und Stand der Technik; Springer Verlag, Deutschland Hannover, ISBN: 978-3-662-54112-8, S. 117 – 132, 2017

[6] Gebhardt, A.: Generative Fertigungsverfahren: Additive Manufacturing und 3D Drucken für Prototyping, Tooling, Produktion, Carl Hanser, München, ISBN: 9783446436510, 2013

[7] Gibson, I.; Rosen, D. W.; Stucker, B.: Additive manufacturing technologies, Springer, New York/Heidelberg/Dordrecht/London, 2010

[8] Berger, U.; Hartmann, A.; Schmid, D.: 3D-Druck – Additive Fertigungsverfahren, 2, Auflage, EUROPA-LEHRMITTEL, Haan-Gruiten, ISBN: 9783808550342, 2017

[9] Barnatt, C.: 3D Printing; Second Edition, ExplainingTheFuture.com, ISBN: 9781502879790, 2014

[10] Hohnholz, A.; Obata, K.; Unger, C.; Koch, J.; Suttmann, O.; Overmeyer, L.: Die Hybride Mikro-Stereolithographie als Weiterentwicklung in der Polymerbasierten Additiven Fertigung in Lachmayer, R. und Lippert, R. B. (Hrsg.): Additive Manufacturing Quantifiziert: Visionäre Anwendungen und Stand der Technik, Springer Verlag, Deutschland Hannover, ISBN: 978-3-662-54112-8, S. 85 – 99, 2017

[11] Radon, J.: Berichte über die Verhandlungen der Königlich-Sächsischen Gesellschaft der Wissenschaften zu Leipzig. Mathematisch-Physische Klasse, Band 69, Seiten 262–277, 1917

[12] Deans, S. R.: The Radon transform and some of its applications, New York etc., John Wiley & Sons, 1983

[13] Sharpe, J.: "Optical projection tomography," Annu. Rev. Biomed. Eng. 6, 209–228, 2004

[14] Lorbeer, R.-A.; Heidrich, M.; Lorbeer, C.; Ramírez Ojeda, D. F.; Bicker, G.; Meyer, H.; Heisterkamp, A.: "Highly efficient 3D fluorescence microscopy with a scanning laser optical tomograph", Optics Express 19, 5419–5430, 2011

[15] Huang, D.; Swanson, E. A.; Lin, C. P.; Schuman, J. S.; Stinson, W. G.; Chang, W.; Hee, M. R.; Flotte, T.; Gregory, K.; Puliafito, C. A.; Fujimoto, J. G.: "Optical coherence tomography", Science vol. 254, pp. 1178–1181, 1991

[16] Fujimoto, J. G.; Pitris, C.; Boppart, S. A.; Brezinski, M. E.: "Optical Coherence Tomography: an emerging technology for biomedical imaging and optical biopsy", Neoplasia, VOL. 2(1–2): 9–25, 2001

[17] Nemeth, A.; Hannesschläger, G.; Leiss-Holzinger, E.; Wiesauer, K.; Leitner, M.: "Optical Coherence Tomography – Applications in Non-Destructive Testing and Evaluation"

[18] Stifter, D.; Burgholzer, P.; Höglinger, O.; Götzinger, E.; Hitzenberger, C. K.: "Polarisationsensitive optical coherence tomography for material characterisation and strain-field mapping", Applied Physics A, Volume 76, Issue 6, pp 947–951, 2003

[19] Duncan, M. D.; Bashkansky, M.; Reintjes, J.: "Subsurface defect detection in materials using optical coherence tomograph", Optics Express, Vol. 2, No. 13, pp540, 1998

[20] Stifter, D.: "Beyond biomedicine: a review of alternative applications and developments for optical coherence tomography", Appl. Phys. B 88, 337–357, 2007

[21] Huber, R.; Wojtkowski, M.; Taira, K.; Fujimoto, J.: "Amplified, frequency swept lasers for frequency domain reflectometry and OCT imaging: design and scaling principles" Optics Express Vol. 13, No. 9, pp 3513 – 3528, 2005

[22] Wieser, W.; Biedermann, B. R.; Kleine, T.; Eigenwillig, C. M.; Huber, R.: „Multi-Megahertz OCT: High quality 3D imaging at 20 million A-scans and 4.5 GVoxels per second", Optics Express, Vol. 18, No. 14, pp.14685–14704, 2010

Vorhersage der Fertigungszeit und -kosten für die additive Serienfertigung

Peter Hartogh und Thomas Vietor

Inhaltsverzeichnis

P. Hartogh (✉) · T. Vietor
Institut für Konstruktionstechnik, Technische Universität Braunschweig, Langer Kamp 8, 38106 Braunschweig, Deutschland
e-mail: p.hartogh@tu-braunschweig.de; t.vietor@tu-braunschweig.de

© Springer-Verlag GmbH Deutschland, ein Teil von Springer Nature 2018
R. Lachmayer et al. (Hrsg.), *Additive Serienfertigung*,
https://doi.org/10.1007/978-3-662-56463-9_5

Zusammenfassung

Neben den Maschinenparametern und Bauteilgeometrien hat die Füllung des Maschinenbauraums einen entscheidenden Einfluss auf die Fertigungszeit und -kosten der einzelnen Bauteile und damit auf die Realisierung einer additiven Serienfertigung. Eine genaue Bestimmung dieses Parameterkollektivs ist sehr rechenintensiv und nur nach dem Festlegen auf eine Geometrie möglich.

Die Ausführungen dieser Arbeit sollen einen Beitrag dazu leisten, unter Berücksichtigung der Füllung des Maschinenbauraums bereits in den frühen Phasen der Produktentwicklung Aussagen über Fertigungszeit und -kosten treffen zu können.

Über die Ausprägung der Merkmale Volumen, Oberfläche und Bauteilhöhe werden CAD-Modelle in Vergleichskörper abstrahiert. Für diese Vergleichskörper werden analytisch beschreibbare, generische Fertigungsmerkmale hergeleitet, die in Bruchteilen einer Sekunde automatisiert berechnet werden können. Der reale Maschinenbauraum wird mit den abstrahierten Körpern gefüllt. Dieses voll parametrische Berechnungsschema ist unabhängig vom additiven Fertigungsverfahren und kann in jedes CAD-System integriert werden. Am Beispiel des Fused Layer Modeling wird die Funktionsweise validiert.

Schlüsselwörter

Fertigungszeit · Fertigungskosten · geometrische Komplexität · Additive Fertigung · Vorhersage

1   Einleitung

Im Hinblick auf die additive Fertigung ist eine Abschätzung der Herstellkosten eines Produktes zu Beginn einer Produktentwicklung aufwändig und zeitintensiv. Nach der allgemeinen Prozesskette muss hierzu zunächst ein 3D-CAD-Modell vorliegen und als Polygonnetz aus der Entwicklungsumgebung exportiert werden. Die Software der Maschinenhersteller liefert aus diesen Daten nach umfangreichen Berechnungen eine verfahrensspezifische Aussage über Fertigungszeit und weitere Parameter zur Bestimmung der Fertigungskosten. Ein Vergleich zwischen verschiedenen additiven Fertigungsverfahren ist nur möglich, wenn die Berechnungssoftware der Maschinen vorliegt. Für jedes Verfahren müssen die CAD-Daten erneut berechnet werden. Ein direkter Vergleich der Verfahren ist daher uneinsichtig und zeitintensiv. Aktuell bestehen mehrere Kostenmodelle für die schnelle Bestimmung von Fertigungszeit und -kosten. Diese beruhen zumeist auf Regressionen spezifischer Maschinenparametersets und beziehen sich auf einzelne Fertigungsverfahren [1–3]. Parametrische Ansätze liefern Ergebnisse für variable Maschinenparametersets [4–8]. Alle Ansätze zur Vorhersage können durgeführt werden, wenn ein geschlossenes Polygonnetz vorliegt. In [9] ist eine Methode vorgestellt, mit der Bauteile in der Konzeptionierungsphase der Produktentwicklung durch geometrische Grundkörper angenähert werden können. Diese Methode ist bereits vor der Verwendung von CAD-Software anwendbar, erfordert jedoch ein menschliches Eingreifen bei der Abstrahierung des Produktes und die Eingabe der Parameter der Grundkörper in ein Berechnungstool.

Ziel dieser Betrachtung ist es, einen analytischen Algorithmus zur generischen, unvergleichbar schnellen Vorhersage für mehrere Fertigungsverfahren während der 3D-Modellbildung live bereitzustellen. Durch eine interne Abstrahierung des CAD-Modells entfällt die Notwendigkeit, Daten aus dem CAD-System zu exportieren. Der/die Bediener/in soll während der Arbeit im CAD-System ein Live-Feedback zu Fertigungszeit und -kosten verschiedener additiver Fertigungsverfahren bekommen, das voll parametrisch und analytisch berechnet wird. Darüber hinaus soll das Packen des Bauraumes der Fertigungsmaschine berücksichtigt werden. Eine Implementierung in jedes CAD-System soll gewährleistet sein. Die Ausarbeitung knüpft an vorherige Überlegungen zur Unterstützung des Entscheidungsprozesses in der Produktentwicklung an [10].

Bei der Bearbeitung sollen insbesondere folgende Forschungsfragen beantwortet werden:

1. Welche Merkmale eines Produktmodells sind minimal notwendig, um eine aussagekräftige Vorhersage mithilfe mathematischer Algorithmen abbilden zu können?
2. Inwieweit lässt sich das Packen des Bauraumes einer Fertigungsmaschine planen, ohne die genaue Formgestalt zu kennen?
3. Wie lassen sich verschiedene additive Fertigungsverfahren abstrahieren, sodass sie mit einem generischen Algorithmus im Hinblick auf Fertigungszeit und -kosten abgebildet werden können?

Die Untersuchungen beginnen mit der Beschreibung der Prozesskette und dem additiven Schichtbau. Anschließend werden bestehende Ansätze zu Kosten- und Zeitmodellen vorgestellt. Im Anschluss wird eine einzelne Fertigungsschicht betrachtet und eine zweidimensionale Komplexität am Beispiel von Fraktalen erläutert. Eine dimensionslose Komplexitätszahl wird definiert und an Beispielen erläutert, die als Grundlage für die Abstrahierung der CAD-Modelle dient. Danach wird ein generisches Schichtmodell definiert, mit dem es möglich ist, dreidimensionale Körper in ihre Fertigungsschichten zu teilen. Im Anschluss wird auf das Packen des Bauraumes eingegangen. Die Erkenntnisse werden beispielhaft auf das Fused Layer Modeling angewendet. Die Untersuchungen schließen mit einer Zusammenfassung und einem Ausblick.

2   Grundlagen

2.1   Prozesskette der additiven Fertigung

Die additive Fertigung ist indirekt aus 3D-CAD-Daten möglich. Hierzu wird die Oberfläche des Modells zunächst mit einem Polygonnetz angenähert und als solches aus dem CAD-System exportiert. Die Daten werden anschließend in die Software der Maschinenhersteller importiert und in Fertigungsschichten zerschnitten (bzw. „gesliced"). Die

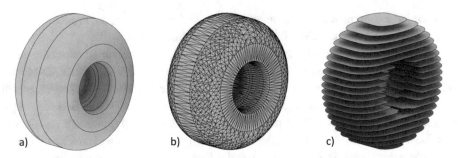

Abb. 1 Zustände eines Produktmodells in der allgemeinen Prozesskette der additiven Fertigung

einzelnen Schichten werden durch die Maschinensoftware mithilfe eigener Algorithmen entsprechend dem Verfahren abgearbeitet. Hierbei stellen die Maschinenhersteller unter anderem Informationen über das verbrauchte Material und die Fertigungszeit bereit, s. [11]. Die Abb. 1 illustriert die Zustände des Produktmodells einer Skateboardrolle im CAD-System (a), als Polygonnetz (b) und als Schichtstapel (c).

Das Erzeugen des Polygonnetzes, das Ex- und Importieren, das Slicen und Abarbeiten der Schichten sind zum Teil mit erheblichem Rechenaufwand verbunden. Um eine relativ genaue Aussage über die Fertigungszeit und weitere Fertigungsmerkmale zur Berechnung der Fertigungskosten zu erlangen, muss der gesamte Prozess durchlaufen werden.

2.2 Additiver Schichtaufbau

Grundsätzlich basiert die additive Fertigung auf einer schichtweisen Materialzufuhr eines Ausgangsmaterials. Das Ausgangsmaterial kann hierbei definiert abgelegt oder durch Phasen-übergang einer Flüssigkeit oder eines Pulvers in den festen Zustand gewandelt werden [12].

Die Konturierung der Schichten kann verfahrensabhängig mithilfe von Lasern, Druckköpfen, IR-Quellen, Klingen, Fräsern, Mehrfach-Düsen und Einzel-Düsen-Ex-truder realisiert werden [11]. Hierbei wird zumeist mit der Außenkontur begonnen. Die innenliegenden Flächen folgen im Anschluss. So entsteht Schicht für Schicht ein Gebilde mit einer äußeren Hülle und einem innenliegenden Volumen. Das innere Volumen kann hierbei mit Grundmaterial gefüllt, hohl, teilweise oder vollständig gefüllt sein. Die Abb. 2 illustriert einen Würfel bestehend aus äußerer Hülle mit innerer Wabenstruktur.

2.3 Abschätzung der Fertigungszeit und -kosten

In [2] werden verschiedene Ansätze zur Vorhersage der Fertigungszeit und -kosten der additiven Fertigung gegenübergestellt. Hierbei überschneiden sich verschiedene Ansätze in der Unterteilung der Fertigungszeit und der Fertigungskosten in Teilkosten und -zeiten. So unterteilen Lindemann et al. [13], die Kosten in Vorbereitungskosten, Bauprozesskosten,

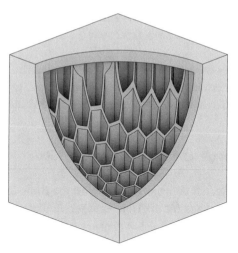

Abb. 2 Beispiel innerer Strukturen

Materialprüfungs- und -entfernungskosten und Post-Processing-Kosten. Schröder et al. [14], beschreiben ein parametrisches Vorhersagetool, das interaktive Werte des Produktes erfragt und für verschiedene Fertigungsverfahren Aussagen über Fertigungszeit und -kosten liefert.

Eine mögliche Beschreibung der Kosten wird von Baumers und Baumers et al. [7, 8], gegeben. Hierbei wird angenommen, dass sich die Kosten eines Bauauftrages aus drei Summanden berechnen lassen. So werden indirekte Kosten (zeitliche Kosten der Maschine), Materialkosten und Energiekosten berücksichtigt [7, 8].

$$C_{Build} = \dot{C}_{Indirekt} \cdot T_{Build} + w \cdot P_{Raw\,material} + E_{Build} \cdot P_{Energy} \tag{1}$$

Die gesamte Fertigungszeit T_{Build} teilt sich hierbei auf in eine feste Zeit für den Bauauftrag T_{Job}, in eine Schichtabhängige Zeit T_{Layer} und die Summe aller Zeiten für die Abarbeitung einzelner Quader, durch die ein CAD-Modell angenähert wird [7, 8].

$$T_{Build} = T_{Job} + T_{Layer} \cdot n + \sum_{z=1}^{z} \sum_{y=1}^{y} \sum_{x=1}^{x} T_{Voxel} \tag{2}$$

Die Untersuchungen von Baumers und Baumers et al. [7, 8], stellen bereits eine Abstrahierung des CAD-Modells dar, das jedoch durch ein exportiertes Polygonnetz gespeist werden muss (vgl. Abschn. 2.1).

3   Definition einer ebenen Formkomplexität

Die Abstrahierung von Produktmodellen für die Vorhersage von Fertigungszeit und -kosten erfolgt in dieser Betrachtung mithilfe eines Vergleichskörpers. Dieser wird durch eine dimensionslose Ähnlichkeitskennzahl und eine dimensionsbehaftete Größe des Produktes eindeutig beschrieben. Die dimensionslose Ähnlichkeitskennzahl beschreibt hierbei die Gestalt bzw. die Formkomplexität des Körpers und die dimensionsbehaftete Größe dessen Größe.

Ziel dieses Abschnittes ist es, eine dimensionslose Ähnlichkeitskennzahl zu definieren, die die Formgestalt des Produktes in der Ebene repräsentiert. In Kap. 4 wird diese dazu verwendet, den Vergleichskörper zu erstellen und damit die Vorhersage zu ermöglichen.

3.1   Größen einer geschlossenen ebenen Fläche

Der zweidimensionale Schnitt durch einen Körper ist die Basis der ebenen additiven Fertigung und zugleich Grundlage für die Überlegungen in dieser Ausarbeitung. In diesem Abschnitt wird die einzelne Fläche daher genauer betrachtet. Eine geschlossene ebene Fläche hat eine begrenzende Umfangslinie und einen Flächeninhalt. Die maximale Breite und Höhe der Kontur in der Ebene wird an dieser Stelle vernachlässigt, da sie von der Orientierung abhängig ist.

Die Kenntnis über Umfang und Flächeninhalt lässt eine Aussage über die Gestalt der zweidimensionalen Struktur zu. Wenn die begrenzende Umfangslinie einen vergleichsweise kurzen Weg findet, um eine Fläche zu umschließen, wird in Folge von einer weniger komplexen Formgestalt ausgegangen. Analog zum Zeichnen eines Kreises auf Papier, bei dem mit minimaler Umfangslänge eine maximale Fläche einbeschrieben wird, muss die Fertigungsmaschine verfahrensabhängig einen minimalen Weg zurücklegen, um die Außenkontur zu schließen. Am Beispiel einer Fertigungsschicht des Bauteils „3DBenchy" [15] soll dieser Zusammenhang verdeutlicht werden. Mit Betrachtung der Fertigungsschicht in Abb. 3 fällt auf, dass die Außenkonturen deutlich länger sind als die eines entsprechenden Kreises bei gleichem Flächeninhalt. Diese Form wird in der Fertigung also verfahrensabhängig in Bezug auf Fertigungszeit und -kosten aufwändiger sein als ein Kreisquerschnitt.

Noch deutlicher wird dieser Zusammenhang bei Flächen aus der fraktalen Geometrie. Für das Verständnis der folgenden Überlegungen wird zunächst der Begriff „Fraktal" erläutert:

Bei einem Fraktal handelt es sich um einen Zustand einer Struktur, die aus einem Grundzustand durch „zerbrechen" bzw. zerteilen besteht. Am Beispiel der Cantor-Menge, die in Abb. 4 dargestellt ist, ist das Zerbrechen eines Grundzustandes dargestellt.

Der Grundzustand ist eine eindimensionale Linie der Länge eins. Im ersten Iterationsschritt wird das innere Drittel herausgebrochen. Es entstehen zwei Linien der Länge 1/3.

Abb. 3 Fertigungsschicht am Beispiel eines Schnittes vom „3DBenchy" [15] in 10,5 mm Höhe

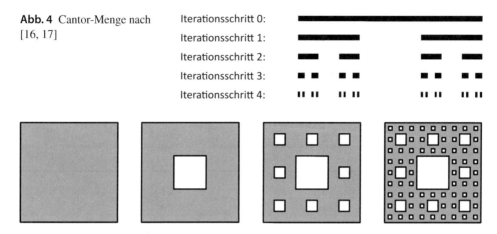

Abb. 4 Cantor-Menge nach [16, 17]

Abb. 5 Sierpinski-Teppiche der Iterationsstufen null bis drei nach [16, 17]

Im zweiten Iterationsschritt wird das Vorgehen auf die beiden Linien aus dem ersten Schritt angewendet. Das Ergebnis hierbei sind insgesamt 4 Linien der Länge 1/9. Die Besonderheit dieses Fraktals liegt in der fortlaufenden Anwendung der Zerteilung: Hierbei entsteht eine unendliche Anzahl von Linien mit einer Länge, die gegen Null strebt. Mit nur zwei Eingangsparametern – Länge und Iterationsschritt – lässt sich somit eine beliebig komplexe Struktur in einer Dimension erzeugen [16, 17].

Die Anwendung auf den zweidimensionalen Fall liefert den Sierpinski-Teppich, der in Abb. 5 für die Iterationsschritte null bis drei dargestellt ist. Analog zur Cantor-Menge entsteht bei fortlaufender Anwendung der Zerteilung (Löschung des inneren Neuntels) eine geschlossene Fläche mit unendlich langem Umfang bei einem Flächeninhalt, der gegen Null strebt [16, 17]. Ab einem bestimmten Iterationsschritt entsteht eine Fläche, die so komplex ist, dass sie bei begrenzter Kantenlänge praktisch nicht mehr additiv herzustellen ist. Der Sierpinski-Teppich wird in dieser Ausarbeitung dazu verwendet, um die Formkomplexität in der einzelnen Fertigungsschicht zu beschreiben.

3.2 Ebene Formkomplexität

Um eine mathematisch eindeutig beschreibbare Aussage über die Formgestalt bzw. die ebene Formkomplexität bereitstellen zu können, wird in Folge eine entsprechende dimensionslose Ähnlichkeitskennzahl definiert:

$$K = U \cdot A^{-\frac{1}{2}}$$ (3)

Die Formel (3) beschreibt das Produkt aus dem Umfang einer geschlossenen Fläche mit dem reziproken Wert der Wurzel ihres Flächeninhaltes. Dadurch wird die definierte Kennzahl dimensionslos und beschreibt unabhängig von der Größe einer Fläche nur noch die Formgestalt ebendieser.

Um die Ausprägung der Komplexitätszahl zu verdeutlichen, sind in Tab. 1 für beispielhafte Formen die Werte gegeben. Die Rangfolge der Einträge richtet sich hierbei aufsteigend nach der Formkomplexität.

Tab. 1 Definition und Ausprägung der Komplexität für zweidimensionale Flächen

Bezeichung	Abbildung	Umfang und Flächeninhalt	$K = U \cdot A^{-\frac{1}{2}}$	$K \approx$
Kreis		$U = 2 \cdot r \cdot \pi$ $A = r^2 \cdot \pi$	$K = 2 \cdot \sqrt{\pi}$	3,55
Quadrat		$U = 4 \cdot a$ $A = a^2$	$K = 4$	4,00
Dreieck		$U = 3 \cdot a$ $A = \dfrac{a^2}{4} \cdot \sqrt{3}$	$K = \dfrac{6}{\sqrt[4]{3}}$	4,56
Sierpinskiteppich $n = 1$		$U = 4 + \dfrac{4}{3} = \dfrac{16}{3}$ $A = \dfrac{8}{9}$	$K = \dfrac{16}{\sqrt{8}}$	5,66
Sierpinskiteppich $n = 2$		$U = 4 + \dfrac{4}{3} + \dfrac{32}{9} = \dfrac{80}{9}$ $A = \dfrac{64}{81}$	$K = 10$	10,00
3DBenchy Slice 10,5 mm		$U \approx 364,4 \, mm$ $A \approx 642,4 \, mm^2$	$K = \dfrac{364,4 \, mm}{\sqrt{642,4 \, mm^2}}$	14,38
Sierpinskiteppich $n = 3$		$U = 4 + \dfrac{4}{3} + \dfrac{32}{9} + \dfrac{256}{27} = \dfrac{496}{27}$ $A = \dfrac{512}{729}$	$K = \dfrac{496}{\sqrt{512}}$	21,92
Sierpinskiteppich $n = 4$		$U = 4 + \dfrac{1}{2} \cdot \sum_{i=1}^{n} \left(\dfrac{8}{3}\right)^i = \dfrac{3536}{81}$ $A = \left(\dfrac{8}{9}\right)^n = \dfrac{4096}{6561}$	$K = \dfrac{221}{4}$	55,25

3.3　Verhalten der Formkomplexität des Sierpinski-Teppichs

Der Sierpinski-Teppich dient in dieser Ausarbeitung als Grundlage für die Abstrahierung von Produktmodellen. In diesem Abschnitt werden die mathematischen Zusammenhänge für eine spätere Implementierung in ein CAD-System vereinfacht. Das Hauptaugenmerk liegt hierbei in der Verringerung des Rechenaufwandes, um die Vorhersagezeit zu verkürzen.

Die Sierpinski-Teppiche sind nur für ganzzahlige Iterationsschritte definiert. Für den Vorhersagealgorithmus wird das CAD-Modell mit einem Abbild des Sierpinski-Teppichs angenähert. Hierzu müssen auch Werte zwischen den ganzzahligen Iterationsschritten bereitstehen. Zur erleichterten Interpolation werden die Werte mit einer Exponentialfunktion angenähert. Die Funktion zur Annäherung lautet:

$$K(n) \approx 3 + e^{0,98 \cdot n} \tag{4}$$

Der Verlauf der Annäherungsfunktion ist zusammen mit den Werten für ganzzahlige Iterationsschritte in Abb. 6 illustriert.

Für die folgende Abstrahierung ist es notwendig, aus einer gegebenen Komplexität K den Iterationsschritt zu bestimmen. Dies ist durch Umstellung der Funktion (4) nach dem Iterationsschritt möglich:

$$n(K) \approx \frac{\ln(K - 3)}{0,98} \tag{5}$$

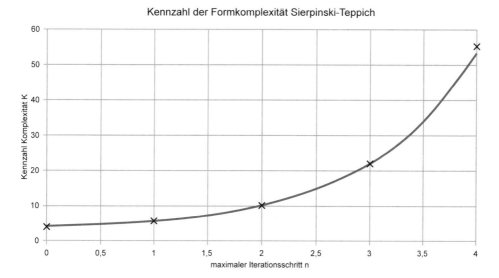

Abb. 6 Verlauf der Komplexität K eines Sierpinski-Teppichs über den maximalen Iterationsschritt n mit Annäherungsfunktion

Die Formel (5) liefert Ergebnisse im rationalen Zahlenraum. Die Sierpinski-Teppiche sind nur für ganzzahlige Iterationsschritte definiert. Dies ist an dieser Stelle nicht problematisch, da die Teppiche lediglich als Ordnungshilfe der Zusammenhänge dienen.

Aus dem Iterationsschritt lässt sich die Gestalt des Sierpinski-Teppichs ableiten. Eine Erkenntnis ist die Anzahl der Konturen, die den Teppich abgrenzen. Additive Fertigungsverfahren wie bspw. das Fused Layer Modeling erfordern ein Ab- und neu Ansetzen einer Kontur. Hiermit sind Zeitfaktoren verbunden. Aus diesem Grund ist es erforderlich, einzuschätzen, wie viele Konturen vorhanden sind. Die Anzahl der Konturen ergibt sich beim Sierpinski-Teppich zu:

$$i_{Konturen}\left(\mathrm{n}\right) \approx 1 + 0,14 \cdot e^{2,084 \cdot n} \tag{6}$$

Die Erkenntnisse der Beschaffenheit der Sierpinski-Teppiche sind für den folgenden Vorhersagealgorithmus notwendig. Die Basis des Vorhersagealgorithmus ist ein generisches Schichtmodell. Dieses wird im folgenden Abschnitt erläutert.

4   Generisches Schichtmodell

In diesem Abschnitt wird ein Schichtmodell dargelegt, mit dem es möglich ist, einen beliebigen dreidimensionalen Körper mit geschlossener Oberfläche in generische Fertigungsschichten zu abstrahieren. Die Motivation hierfür ist die Normierung der Körper auf eine mathematisch eindeutige und beschreibbare Fertigungsschicht.

4.1   Schichtmodell

Die Grundlage des Schichtmodells ist die Zerteilung eines dreidimensionalen Körpers in seine mittleren Fertigungsschichten. Bei der mittleren Fertigungsschicht handelt es sich um die durchschnittliche ebene Struktur, die von der additiven Fertigungsmaschine abgearbeitet werden muss.

Die Abstrahierung erfolgt in zwei Schritten. Zunächst wird das Produkt in einen Körper gleicher Höhe, gleicher Oberfläche und gleichen Volumens bei konstanter Querschnittsfläche in Baurichtung gewandelt (siehe Abb. 7). Hierzu sind lediglich die Eingangsparameter Oberfläche, Volumen und Höhe in Baurichtung notwendig.

Aus den Merkmalen Oberfläche, Volumen und Bauteilhöhe wird zunächst die Mittlere Grundfläche eines Turms freier Gestalt errechnet:

$$A_{Mittel} = \frac{\mathrm{V}}{h} \tag{7}$$

Anschließend wird über die Oberfläche der Inhalt der Mantelfläche errechnet:

$$A_{Mantel} = \mathrm{A} - 2 \cdot A_{Mittel} \tag{8}$$

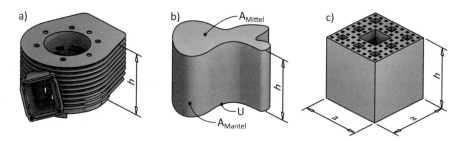

Abb. 7 Schrittweise Abstrahierung eines Produktmodells vom CAD-Modell (**a**) über freie Abstrahierung (**b**) bis hin zum Sierpinski-Teppich-Modell (**c**)

Diese Erkenntnis erlaubt die Berechnung des Umfangs der mittleren Grundfläche:

$$U = \frac{A_{Mantel}}{h} \tag{9}$$

Die freie Gestalt der Oberfläche lässt an dieser Stelle noch keine reproduzierbare Aussage über Fertigungsmerkmale zu. Um die Ausprägung der Formgestalt zu ordnen, wird aus den Informationen des Flächeninhaltes und des begrenzenden Umfangs die zweidimensionale Komplexität nach Formel (3) (siehe Abschn. 3.2) errechnet. Aus der Komplexitätszahl kann der entsprechende Iterationsschritt der Sierpinski-Teppiche nach Formel (5) bestimmt werden. Um die dimensionslose Betrachtung auf die Größe des Produktes zu beziehen, wird die Kantenlänge des Sierpinski-Teppichs berechnet:

$$a = \sqrt{\frac{V}{h} \cdot \left(\frac{9}{8}\right)^{n}} \tag{10}$$

Das Ergebnis ist eine geordnete und reproduzierbare Fläche, die für die folgende Vorhersage der Fertigungsmerkmale herangezogen wird. Die Abarbeitung der Flächen durch ein additives Fertigungsverfahren erfolgt in der späteren mathematischen Abstrahierung eines Fertigungsverfahrens.

4.2   Packen des Bauraumes

Nach der Bestimmung der mittleren zu fertigenden Fläche eines einzelnen Bauteils soll in diesem Abschnitt die Auslastung des Maschinenbauraums bestimmt werden. Hierzu wird errechnet, wie viele Bauteile gleichzeitig auf eine Bauraumebene gesetzt werden können. Für die Berechnung müssen die Grundfläche und die Höhe des Bauraumes der Fertigungsmaschine bekannt sein. Darüber hinaus muss die Grundfläche und Höhe des Produktmodells bekannt sein. Hierzu kann entweder die Grundfläche verwendet werden, die sich aus dem Produkt der Kantenlängen des Sierpinski-Teppichs ergibt (vgl. Abschn. 4.1), oder das Produkt der maximalen Länge und Breite des Bauteils (Begrenzende Box „Bounding

Box"). Der erste Ansatz wird als Best-Case-Variante angesehen, da die abstrahierten Körper maximal regelmäßig gestapelt werden können.

Der zweite Ansatz wird als Worst-Case-Variante angesehen, da diese Methode ausschließt, dass Produkte ineinandergreifend gesetzt werden. Bei Verwendung der Bounding Box-Methode sind zwei weitere Eingangsparameter (Bauteillänge und Bauteilbreite in der Bauebene) notwendig. Die verwendeten Größen sind in Abb. 8 dargestellt. Bei Anwendung der Bounding Box-Methode sind die Kantenlängen a und a durch die Bauteilbreite und -länge zu ersetzen.

Um Bauteile nicht unmittelbar nebeneinander zu platzieren, wird ein Sicherheitsoffset b_{xy} definiert. Für die maximale Anzahl der Bauteile pro Ebene ergibt sich damit:

$$i_{xy} = \frac{A_{Masch}}{\left(\sqrt{A_{Grund}} + b_{xy}\right)^2} \tag{11}$$

Sollen weitere Produkte erstellt werden, muss in einer Ebene oberhalb der Grundebene gefertigt werden. Für die maximale Anzahl der Bauteile in vertikaler Richtung ergibt sich dabei:

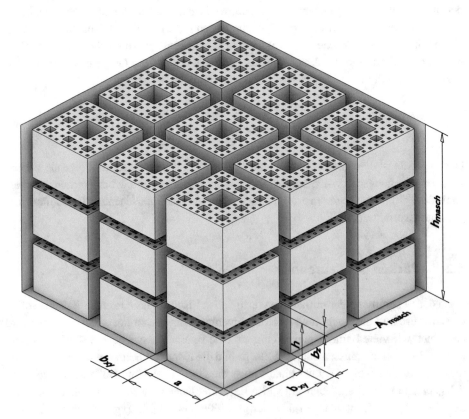

Abb. 8 Verwendete Größen für das Packen des Bauraumes

$$i_z = \frac{h_{Masch}}{(h + b_z)} \tag{12}$$

Die Maximalzahl der Bauteile, die in einem Auftrag auf der Fertigungsmaschine erstellt werden können, ergibt sich damit zu:

$$i_{ges} = i_{xy} \cdot i_z \tag{13}$$

Die Anzahlen der Bauteile in der Ebene und in der Höhe werden in Folge dazu verwendet, die Ergebnisse der Vorhersagen der ebenen und vertikalen Fertigungsmerkmale zu gewichten.

5 Fertigungszeit und -kosten

In den vorherigen Abschnitten dieser Ausarbeitung wurde ein Vorgehen vorgestellt, mit dem es möglich ist, aus einem beliebigen dreidimensionalen Körper generische Fertigungsschichten zu definieren, die für eine Vorhersage der Fertigungszeit und -kosten optimiert sind.

Die einzelnen Schichten werden in diesem Abschnitt für ein additives Fertigungsverfahren mathematisch abstrahiert. Das Ergebnis ist eine Aussage über Fertigungszeit und -kosten. Allgemein gilt, dass die Genauigkeit der Vorhersage maßgeblich von der Modellbildung dieser Abstrahierung abhängig ist. An dieser Stelle wird ein vereinfachtes Modell für das Fused Layer Modeling gewählt, um den Umfang der Betrachtung einzuschränken. Das Vorgehen, das in diesem Abschnitt beschrieben wird, ist auf jedes eben arbeitende additive Fertigungsverfahren anwendbar.

5.1 Abstrahierung eines Fertigungsverfahrens

Für pfadabhängige additive Fertigungsverfahren, wie bspw. das Fused Layer Modeling, werden die einzelnen Fertigungsschichten in einen Rand- und einen Innenbereich unterteilt (vgl. Abschn. 2.2). Der Anteil der Fläche des Randbereiches wird vereinfacht aus dem Umfang der Fläche und der Wandstärke errechnet:

$$A_{Rand} = d_{Rand} \cdot U \tag{14}$$

Unter Berücksichtigung des Füllgrades bedeutet dies für den Innenteil der Fläche:

$$A_{Innen} = (A_{Mittel} - A_{Rand}) \cdot F \tag{15}$$

Hierbei wird der sog. „Infill-Overlap" vernachlässigt. Die Anzahl der vertikalen Schichten ist von der Bauteilhöhe und der Schichtdicke abhängig:

$$i_{sz} = \frac{h}{s} \qquad (16)$$

Die Betrachtung des Fused Layer Modeling beschränkt sich an dieser Stelle im Hinblick auf den Umfang der Untersuchungen auf diese wenigen Einflussparameter, die einen maßgeblichen Einfluss auf die gesamte Fertigungszeit aufweisen. Tiefergehende parametrische Beschreibungen des Fused Layer Modeling sind in [4–6] gegeben. Die betrachteten Eingangsparameter sind der Tab. 2 zu entnehmen.

Aus den Flächen für Rand- und Innenbereiche einer Fertigungsschicht und der Spurbreite d kann die Länge berechnet werden, die der Druckkopf pro Schicht zurücklegen muss:

$$l = \frac{A}{d} \qquad (17)$$

Analog hierzu wird die Länge der Innenfläche berechnet. Über die Druckgeschwindigkeit kann dann die Druckzeit pro Schicht berechnet werden:

$$T_{Ebene} = \frac{l_{Rand} + l_{Innen}}{v_p} \qquad (18)$$

Neben weiteren Zeitfaktoren geht die Druckzeit pro Schicht in die Betrachtung der Fertigungszeit in Abschn. 5.3 ein.

5.2   Fertigung mehrerer Bauteile im Bauraum

Für die additive Fertigung ist verfahrensübergreifend eine Vorbereitung der einzelnen Fertigungsebenen notwendig. So muss bspw. beim SLM- oder SLS-Verfahren vor jeder Konturbearbeitung eine glatte Pulverschicht bereitgestellt werden. Dies ist mit Zeit- und Kostenfaktoren verbunden. Durch die simultane Herstellung mehrerer Bauteile wird die effektive Fertigungszeit des einzelnen Bauteils herabgesetzt.

Bei der Annahme gleicher Bauteile, die in derselben Höhe im Bauraum platziert sind, verteilen sich die schichtweisen Zeit- und Kostenfaktoren durch die Anzahl der Bauteile in der Ebene i_{xy} (vgl. Abschn. 4.2). Bei theoretisch unendlicher Anzahl von Bauteilen pro Bauteilebene entwickelt sich der Einfluss der schichtabhängigen Faktoren gegen null.

Einen Algorithmus zur Zeitbestimmung von mehreren Bauteilen verschiedener Höhe in einem Maschinenbauraum wird von Rickenbacher et al. [3], vorgestellt. Die Betrachtung beschränkt sich an dieser Stelle auf gleichartige Bauteile, da eine generische Vorhersage pro Bauteil bereitgestellt werden soll.

Tab. 2 Eingangsparameter und errechnete Werte für die Fertigung eines 3DBenchy

Name	Bezeichnung	Wert	Einheit
Eingangsparameter Maschine			
Bauraumlänge X	a1_masch	200	mm
Bauraumlänge Y	a1_masch	200	mm
Bauraumlänge Z	h_masch	150	mm
Sicherheitsoffset XY-Ebene	b_xy	5	mm
Sicherheitsoffset Z	b_z	3	mm
Grundfläche der Bauebene	A_masch	40000	mm^2
Eingangsparameter Produktmodell 3DBenchy			
Oberfläche	A	15550,80	mm^2
Volumen	V	9431,09	mm^3
Höhe	h	48,00	mm
Breite	a_1	31,00	mm
Länge	a_2	60,00	mm
Errechnete Werte aus Abstrahierung			
Mittlere Grundfläche	A_Mittel	196,48	mm^2
mittlere Kantenlänge der Grundfläche	a_Mittel	14,02	mm
Inhalt der Mantelfläche	A_Mantel	15157,84	mm^2
Umfang der mittleren Grundfläche	U	315,79	mm
Komplexität	K	22,53	
Iterationsschritt Sierpinski-Teppich	n	3,03	
Kantenlaenge Sierpinski-Teppich	a	16,76	mm
Anzahl der Konturen	i_Konturen	78,76	
Grundfläche Produkt Best Case	A_Grund_BestCase	280,83	mm^2
Grundfläche Produkt Worst Case	A_Grund_WorstCase	1860,00	mm^2
Anzahl Bauteile in Ebene Best Case	i_xy_BestCase	84,49	
Anzahl Bauteile in Ebene Worst Case	i_xy_WorstCase	17,27	
Anzahl Bauteile in Z	i_z	2,94	
Eingangsparameter FLM			
Spurbreite	d	0,40	mm
Wanddicke	d_w	0,40	mm
Schichtdicke	s	0,20	mm
Füllgrad	F	50	%
Druckgeschwindigkeit	v_p	30	mm/s
Zeitfaktor fuer Ansetzen einer Kontur	T_Ansatz	0,1	s
Zeitfaktor fuer Ansetzen einer Schicht	T_Schicht	2	s
Zeitfaktor Erwärmen und Abkühlen	T_Fix	300	s
Dichte PLA	rho_PLA	1,3	g/cm^2
Errechnete Fertigungsmerkmale			
Randfläche einer Schicht	A_Rand	126,32	mm^2
Innenfläche einer Schicht	A_Innen	35,08	mm^2
Wegstrecke Rand	l_Rand	315,79	mm
Wegstrecke Innen	l_Innen	87,71	mm
Anzahl der Schichten	i_sz	240,00	
Druckzeit einer Schicht	T_Ebene	13,45	s
Gesamtzahl Bauteile Best Case	i_ges_BestCase	248,51	
Gesamtzahl Bauteile Best Case	i_ges_WorstCase	50,79	
Fertigungszeit BestCase	T_Bauteil_BestCase	**85,42**	min
Fertigungszeit WorstCase	T_Bauteil_Worst_Case	**85,87**	min
Fertigunszeit Einzelteil	T_Bauteil_einzel	**98,31**	min
Volumen gesamt	V_ges	7747,11	mm^3
Gesamtmasse	m_ges	**10,07**	g

5.3   Vorhersage der Fertigungszeit und -kosten

Die Vorhersage der Fertigungszeit wird an dieser Stelle für das Fused Layer Modeling durchgeführt. Analog zu den Überlegungen nach Baumers und Baumers et al. [7, 8], werden Fertigungszeit und -kosten auch in dieser Betrachtung in Teilbereiche zerlegt. Alle auftragsspezifischen Zeitfaktoren werden in T_{Fix} zusammengefasst. Dieser Zeitfaktor teilt sich auf die Gesamtzahl der Bauteile im Bauraum auf. Die Zeit für die Vorbereitung einer neuen Schicht $T_{Schicht}$ teilt sich unter der Anzahl der Bauteile innerhalb der Ebene i_{xy} auf. Der Zeitfaktor für das Ansetzen einer neuen Kontur T_{Ansatz} wird mit der Anzahl der Konturen aus der Abstrahierung (vgl. Abschn. 3.3) multipliziert. Die Druckzeit pro Schicht T_{Ebene} wird zusammen mit $T_{Schicht}$ und T_{Ansatz} mit der Anzahl der Schichten i_{sz} multipliziert. Alle Faktoren sind in Formel (19) zusammengefasst.

$$T_{Bauteil} = \frac{T_{Fix}}{i_{ges}} + \left(T_{Ebene} + \frac{T_{Schicht}}{i_{xy}} + T_{Ansatz} \cdot i_{Konturen} \right) \cdot i_{sz} \tag{19}$$

Für die Fertigungszeit des gesamten Bauraums muss die Einzelzeit lediglich mit der Gesamtzahl der Bauteile multipliziert werden. Tab. 2 fasst am Beispiel des 3DBenchy alle Berechnungsschritte zusammen, die zur Bestimmung der Fertigungszeit und der Gesamtmasse des Produktes notwendig sind.

Um eine Aussage über das verwendete Material zu erlangen, werden die Grundflächen für Rand- und Innenbereiche mit der Bauteilhöhe multipliziert:

$$V_{ges} = \left(A_{Rand} + A_{Rand} \right) \cdot h \tag{20}$$

Über die Dichte kann anschließend die Masse des verwendeten Materials bestimmt werden. Mit den Erkenntnissen über Fertigungszeit und die erforderliche Masse des Grundmaterials können die Fertigungskosten berechnet werden.

Hierzu wird eine Abwandlung des Kostenmodels nach [7, 8] verwendet, in dem die Energiekosten als Zeitfaktor berücksichtigt werden.

$$C_{Bauteil} = \left(c_{Indirekt} + c_{Energie} \right) \cdot T_{ges} + c_{Material} \cdot m_{ges} \tag{21}$$

Somit liegen alle Erkenntnisse für die Berechnung der Fertigungszeit und -kosten vor.

5.4   Implementierung in CAD-Systeme

Die erforderlichen Eingangsparameter Volumen, Oberfläche, Höhe, Länge und Breite des Produktes können jeweils als Produkteigenschaften in allen kommerziellen 3D-CAD-Systemen eingelesen werden. Bei allen Berechnungsschritten handelt es sich um Standardoperationen, die von jedem System ausgewertet werden können.

Die Implementierung des Vorhersagealgorithmus in CAD-Systeme ist über verschiedene Programmierschnittstellen gegeben. Es ist denkbar, die Formeln als Makro in die Entwicklungsumgebung einzupflegen. Weiterhin ist eine Verbindung zu Tabellenkalkulationsprogrammen, wie in Tab. 2 dargestellt, möglich. Die Funktionsfähigkeit wurde weiterhin über die Programmierschnittstelle Python im CAD-System FreeCAD und der 3D-Grafiksuite Blender validiert.

6   Zusammenfassung und Ausblick

In dieser Ausarbeitung wurde ein generischer Vorhersagealgorithmus für Fertigungszeit und -kosten für die additive Serienfertigung entwickelt. Die Besonderheit hierbei liegt in der Bereitstellung der Eingangsparameter für die Vorhersage, da in diesem Ansatz kein Exportieren des CAD-Modells als Polygonnetz notwendig ist.

Anfangs wurde eine Übersicht über Grundlagen zum additiven Schichtbau, der Prozesskette und Kosten- bzw. Zeitmodelle gegeben. Im Anschluss wurde auf einzelne Fertigungsschichten eingegangen und am Beispiel der fraktalen Geometrie die zweidimensionale Formkomplexität erläutert. Zur Beschreibung der Komplexität wurde eine dimensionslose Ähnlichkeitskennzahl eingeführt, die zusammen mit dem im Anschluss vorgestellten generischen Schichtmodell als Grundlage für die Abstrahierung von CAD-Modellen dient. Als Erweiterung des Schichtmodells wurde ein Modell zum Packen eines Bauraums einer Fertigungsmaschine definiert. Mit diesen Erkenntnissen wurde die Vorhersage von Fertigungszeit und -kosten ermöglicht und am Beispiel des Fused Layer Modeling angewendet. Mit den Erkenntnissen der Bearbeitung können die eingangs formulierten Forschungsfragen wie folgt beantwortet werden:

1. In der vorherigen Betrachtung [8] wurde nachgewiesen, dass lediglich Volumen und Oberfläche eines Körpers bekannt sein müssen, um eine aussagekräftige Vorhersage der Fertigungszeit und -kosten tätigen zu können. In dieser Betrachtung wurden die Eingangsparameter um die Höhe in Baurichtung erweitert. Um das Packen des Bauraums der Fertigungsmaschine genauer beschreiben zu können, sind die Länge und Breite des Produktes optional. Es sind in dieser Betrachtung also mindestens drei Eingangsparameter notwendig.
2. Durch die Abstrahierung des Produktmodells lässt sich eine Best-Case- und über die Bounding Box eine Worst-Case-Abschätzung des Packens des Bauraumes durchführen. Es ist also möglich, die Grenzen des Packens zu bestimmen, ohne die genaue Formgestalt zu kennen. Eine exakte Vorhersage und Planung des Packens ist mit der hier vorgestellten Abstrahierung nicht möglich.
3. Die Untersuchungen haben gezeigt, dass sich dreidimensionale Körper durch das generische Schichtmodell in ihre repräsentativen mittleren Fertigungsschichten zerteilen lassen. Diese sind verfahrensabhängig voll parametrisch beschreibbar. Zur parametrischen

Beschreibung einer Fläche für verschiedene Fertigungsverfahren wurden Hilfestellungen gegeben. Darüber hinaus liegen parametrische Vorhersagemodelle in der Literatur vor, vgl. [4–6, 12], die durch die Abstrahierung gespeist werden können.

Die Vorhersage der Fertigungszeit und der Fertigungskosten beschränkt sich in dieser Betrachtung allein auf den Bauprozess. Zeit und Kosten für Prä- und Post-Processing werden nicht betrachtet. Die Betrachtung von Stützstrukturen wird zudem vernachlässigt. Die Umsetzung weiterer Fertigungsverfahren steht aus.

Da der Vorhersagealgorithmus im Vergleich zur exakten Vorhersage durch die Maschinensoftware auf wenigen Rechenschritten beruht, ist er im Vergleich sehr schnell ausführbar. Dies erlaubt es, die Vorhersage auf eine umfangreiche Datenbank von Einzelteilen anzuwenden. Es ist somit möglich, eine Rangliste der Bauteile zu erstellen, die im Hinblick auf Fertigungszeit und -kosten besonders gut für die additive Fertigung geeignet sind. Weiterhin kann der Einfluss verfahrensspezifischer Fertigungsparameter mithilfe des Algorithmus sehr schnell abgeschätzt werden.

Bestehende Modelle zur Vorhersage der Fertigungszeit und -kosten aus der Literatur können mit den Ergebnissen der Abstrahierung gespeist werden. Somit entfällt für entsprechende Modelle die Notwendigkeit des Slicens.

Literatur

[1] Baldinger, M. et al.: Additive manufacturing cost estimation for buy scenarios. Rapid Prototyping Journal, 2016, 22. Jg., Nr. 6, S. 871–877

[2] Costabile, G. et al.: Cost models of additive manufacturing: A literature review. International Journal of Industrial Engineering Computations, 2017, 8. Jg., Nr. 2, S. 263–283

[3] Rickenbacher, L.; Spierings, A.; Wegener, K.: An integrated cost-model for selective laser melting (SLM). Rapid Prototyping Journal, 2013, 19. Jg., Nr. 3, S. 208–214

[4] Thrimurthulu, K.; Pandey, P. M.; Reddy, N. V.: Optimum part deposition orientation in fused deposition modeling. International Journal of Machine Tools and Manufacture, 2004, 44. Jg., Nr. 6, S. 585–594

[5] Mohamed, O. A.; Masood, S. H.; Bhowmik, J. L.: Optimization of fused deposition modeling process parameters: a review of current research and future prospects. Advances in Manufacturing, 2015, 3. Jg., Nr. 1, S. 42–53

[6] Di, A. L.; Di, S. P.: A neural network-based build time estimator for layer manufactured objects. The International Journal of Advanced Manufacturing Technology, 2011, 57. Jg., Nr. 1, S. 215–224.

[7] Baumers, M.: Economic aspects of additive manufacturing: benefits, costs and energy consumption. 2012. Doktorarbeit. © Martin Baumers. https://dspace.lboro.ac.uk/2134/10768

[8] Baumers, M. et al.: Combined build-time, energy consumption and cost estimation for direct metal laser sintering. In: From Proceedings of Twenty Third Annual International Solid Freeform Fabrication Symposium—An Additive Manufacturing Conference. 2012

[9] Campbell, I. et al.: Stereolithography build time estimation based on volumetric calculations. Rapid Prototyping Journal, 2008, 14. Jg., Nr. 5, S. 271–279

[10] Hartogh, P.; Vietor, T.: Unterstützung des Entscheidungsprozesses in der Produktentwicklung additiv herzustellender Produkte mithilfe von Ähnlichkeitskennzahlen. In: Lachmayer R., Lippert R. (eds) Additive Manufacturing Quantifiziert. Springer Vieweg, Berlin, Heidelberg; 2017, ISBN: 978–3–662–54112–8

[11] Gebhardt, A.: 3D-Drucken: Grundlagen und Anwendungen des Additive Manufacturing (AM), Carl Hanser Verlag GmbH Co KG, 2014

[12] VDI Gesellschaft Produktion und Logistik: VDI 3405 – Additive manufacturing processes, rapid manufacturing – Basics, definitions, processes; In: VDI Handbuch; Deutschland Berlin; 2014

[13] Lindemann, C. et al.: Analyzing product lifecycle costs for a better understanding of cost drivers in additive manufacturing. In: 23th Annual International Solid Freeform Fabrication Symposium–An Additive Manufacturing Conference. Austin Texas USA 6th-8th August. 2012

[14] Schröder, M.; Falk, B.; Schmitt, R.: Evaluation of cost structures of additive manufacturing processes using a new business model. Procedia CIRP, 2015, 30. Jg., S. 311–316

[15] Benchmark Produkt „#3DBenchy": url: http://www.3dbenchy.com/, Stand: 05.09.2017

[16] Falconer, K.: Fractal geometry : mathematical foundations and applications, Chichester u.a., Wiley, 1990, ISBN: 0–471–92287–0

[17] Zeitler, H.; Neidhardt, W.: Fraktale und Chaos: Eine Einführung, Darmstadt, WBG (Wissenschaftliche Buchgesellschaft), 2005, ISBN: 3–534–18972–8

Lichtbogenbasierte additive Fertigung – Forschungsfelder und industrielle Anwendungen

Uwe Reisgen, Konrad Willms und Lukas Oster

Inhaltsverzeichnis

Zusammenfassung

Lichtbogenschweißverfahren werden zunehmend zur additiven Fertigung von Metallbauteilen verwendet. Sie zeichnen sich durch verhältnismäßig hohe Abschmelzleistungen, geringe Bauraumbeschränkungen sowie niedrige Investitions- und Betriebskosten aus und sind daher für die Serienfertigung von Großstrukturen prädestiniert. Fortschritte im Bereich der Roboterprogrammierung, Pfadplanung sowie der Entwicklung energieärmerer Schweißprozesse lassen diese Verfahren zur additiven Fertigung zunehmend in den Fokus moderner Produktionsstrategien rücken.

L. Oster (✉) · U. Reisgen · K. Willms
Institut für Schweißtechnik und Fügetechnik, Rheinisch-Westfälische Technische Hochschule
Aachen, Pontstrasse 49, 52062 Aachen, Deutschland
e-mail: ost@isf.rwth-aachen.de; office@isf.rwth-aachen.de; willms@isf.rwth-aachen.de

© Springer-Verlag GmbH Deutschland, ein Teil von Springer Nature 2018
R. Lachmayer et al. (Hrsg.), *Additive Serienfertigung*,
https://doi.org/10.1007/978-3-662-56463-9_6

Der Beitrag gibt einen Überblick über Forschungsschwerpunkte und Zukunftspotentiale von Lichtbogenschweißverfahren zur additiven Fertigung und stellt einige ausgewählte Beispiele des industriellen Einsatzes vor.

Schlüsselwörter

WAAM · Lichtbogenbasierte additive Fertigung · Formgebendes Schweißen

1 Einleitung

1.1 Historie

Einhergehend mit dem weitreichenden industriellen Einsatz von Lichtbogenschweißverfahren zum Verbindungsschweißen gab es frühzeitig Bestrebungen, diese auch für die additive Fertigung einzusetzen. Erste Patentanmeldungen hierzu erfolgten bereits 1920 durch Westinghouse Electric & Mfg Co, wobei diese vorerst auf dekorative Anwendungen beschränkt waren [1]. Erst durch die Weiterentwicklung der Schweißverfahren und Verbesserung der Automatisierungstechnik wurden Lichtbogenschweißverfahren für funktionelle Anwendungen interessant. In den 1980er Jahren erfolgte unter Zusammenarbeit der Firmen Blohm+Voss und Thyssen Krupp die Untersuchung des Unterpulver(UP)-Schweißverfahrens als additives Fertigungsverfahren zur Fertigung von Schwerkomponenten für den Kraftwerksbau [2]. Durch endkonturnahes formgebendes Schweißen und anschließende spanende Bearbeitung sollte ein alternatives Fertigungsverfahren zu Großschmiedeteilen entwickelt werden. In den 1990er Jahren begannen vertiefte Untersuchungen zum robotergeführten Metall-Schutzgas(MSG)-Schweißverfahren für die Herstellung von komplexeren Kleinbauteilen wie beispielsweise Thermostatgehäusen [3]. Erst mit der Entwicklung von energiereduzierten geregelten Kurzlichtbogenprozessen und dem gleichzeitigen vereinfachten Einsatz von Industrierobotern zur Führung des Schweißbrenners wurden Lichtbogenschweißverfahren für eine breitere Masse an Forschungseinrichtungen interessant für die additive Fertigung. Neuere Entwicklungen setzen neben dem MSG-Verfahren auf das Wolfram-Inertgas(WIG)- und das artverwandte Plasmaschweißen mit Kaltdrahtzuführung zur ressourcenschonenden Verarbeitung von Hochleistungswerkstoffen. Abb. 1 stellt exemplarisch die Entwicklung der Lichtbogenschweißverfahren für die additive Fertigung dar.

Auch das Plasma-Pulver-Auftragschweißen (PPA) wird für die additive Fertigung verwendet und ist seit einiger Zeit Gegenstand von Forschungsarbeiten [6]. Im Folgenden wird jedoch der Fokus auf die drahtverarbeitenden Verfahren gelegt (Engl. WAAM – Wire and arc additive manufacturing), da diese auf Grund des preiswerteren Zusatzwerkstoffes ein höheres Potential für die Herstellung von Großbauteilen aufweisen.

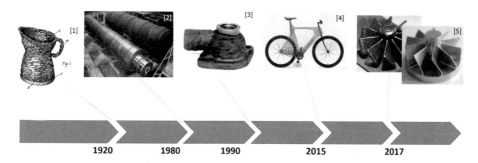

Abb. 1 Exemplarische Darstellung der Entwicklung lichtbogenbasierter additiver Fertigung [1–5]

1.2   Relevante Lichtbogenschweißverfahren

Im schweißtechnischen Zusammenhang erfolgt die Einteilung der Schweißverfahren beispielsweise nach EN 14610. Bezogen auf die additive Fertigung kann eine Reduzierung
der Verfahren auf die anwendungstechnisch relevanten Vertreter sinnvoll sein. Abb. 2 stellt
eine grobe Einteilung der gängigen Schweißverfahren, deren Merkmale, sowie der dazugehörigen Markenbezeichnungen für die additive Fertigung dar.

Verfahren, welche in der Schweißtechnik üblicherweise eingesetzt werden, sind das
MSG-, WIG, sowie das UP-Schweißen. Das UP-Schweißen wird auf Grund seiner hohen
Abschmelzleistung, der hohen Prozessstabilität, sowie der sehr guten mechanischen Güte-
werte vor allem zum Schweißen dickwandiger Bleche eingesetzt. Das MSG-Schweißen
zeichnet sich durch seine hohe Flexibilität und mittlere Abschmelzleistungen aus. Als
Prozessvarianten des MSG-Schweißens stellen geregelte Kurzlichtbogenprozesse (Bspw.
Coldarc, CMT …) einen guten Kompromiss zwischen Abschmelzleistung und Energieein-
bringung dar. MSG-Mehrdrahtprozesse erreichen Abschmelzleistungen welche dem UP-
Verfahren nahe kommen, sind jedoch komplexer hinsichtlich der Prozesseinstellungen.
Schweißtechnisch schwer zu verarbeitende Werkstoffe werden durch WIG-Schweißen

Technologie	Lichtbogen + Draht			
Verfahren	UP	MSG	WIG/Plasma	Microcasting
Merkmal	Gute Gefüge-eigenschaften, Unflexibel	Flexibel	Weites Spektrum schweißbarer Werkstoffe	Hohe Auflösung
Abschmelzleistung [kg/h]	> 15 [3]	< 5 [12]	0,8 [13]	~ 0,8 [10]
Herstellerspezifische Markennamen für die additive Fertigung		3DMP, Value Arc, MicroGuss, …	RAF, RPD, …	

Abb. 2 Mögliche Gliederung und wichtigste Merkmale der Lichtbogenschweißverfahren für die
additive Fertigung

Wolfram-Inertgas(WIG)-Schweißen   Metall-Schutzgas(MSG)-Schweißen

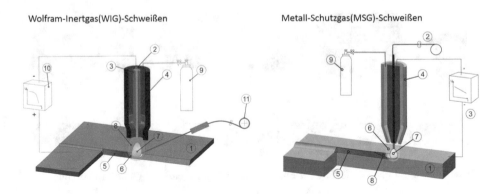

Abb. 3 Gegenüberstellung der gängigsten Schweißverfahren zur additiven Fertigung. Links: MSG-Schweißen; Rechts: WIG-Schweißen [8]

und das artverwandte Plasmaschweißen mit übertragenem Lichtbogen verarbeitet. Grund hierfür ist vor allem die Entkopplung von Werkstoff-und Energieeinbringung, welche eine hohe erzielbare Prozessstabilität mit sich bringt. Neben den genannten Schweißprozessen wurde in den 1990er Jahren mit dem Microcasting an der Carnegie Mellon Universität ein Verfahren speziell für die additive Fertigung entwickelt [7]. Hierbei brennt ein Lichtbogen zwischen einer nicht abschmelzenden und einer kontinuierlich geförderten abschmelzenden Elektrode. Der Zusatzwerkstoff wird durch den Lichtbogen aufgeschmolzen und tropft durch Schwerkraftbeschleunigung in die Prozesszone. Somit ähnelt dieses Verfahren im weitesten Sinne einem modifizierten Plasmaschweißprozess mit nicht übertragenem Lichtbogen.

Insbesondere das MSG- sowie das WIG-/Plasmaschweißverfahren mit Kaltdrahtzuführung sind derzeit für die lichtbogenbasierte additive Fertigung von besonderem Interesse. Abb. 3 stellt die beiden Verfahren in ihrer einfachsten Ausführung schematisch dar.

Wie in Abb. 3 links dargestellt, brennt der Lichtbogen (7) beim WIG-Verfahren zwischen einer nicht abschmelzenden Wolframelektrode (2) und dem Werkstück (1). Der Zusatzwerkstoff (11) wird exzentrisch, meist entgegen der Schweißrichtung, dem Schmelzbad (6) zugeführt. Eine Schutzgasabdeckung (8) schirmt das Schmelzbad vor atmosphärischen Einflüssen ab. Die hierdurch erzielte Entkopplung von Wärmeeinbringung und Materialeinbringung ermöglicht ein weites Parameterfenster wodurch sich das Verfahren insbesondere für die Verarbeitung von Hochleistungswerkstoffen wie Titan oder Nickelbasislegierungen eignet. Die Abschmelzleistung ohne besondere Verfahrensmodifikationen liegt mit ca. 0,8 kg/h im unteren Bereich verglichen mit anderen Lichtbogenschweißverfahren [9]. Das artverwandte Plasmaschweißverfahren unterscheidet sich vom WIG-Verfahren insofern, als dass der Lichtbogen durch eine zusätzliche Kupferdüse eingeschnürt wird und dadurch eine stärkere Fokussierung erfährt. Hierdurch steigt die Energiedichte des Verfahrens. Für beide Verfahren gilt, dass die exzentrische Zuführung des Schweißdrahtes eine starke Einschränkung hinsichtlich der Flexibilität darstellt. Für eine gleichbleibende Nahtformung ist es wichtig, dass der Schweißdraht stets die gleiche Ausrichtung bezogen auf die Schweißbahn besitzt. Da eine kontinuierliche Drehung des

Drahtes um den Schweißbrenner schwer umsetzbar ist, ist das Schweißen von geschlossenen Bahnkurven mit beiden Verfahren nur bedingt umsetzbar. Anzumerken ist, dass sich die genannten Abschmelzleistungen der Verfahren auf die additive Fertigung im Bereich der universitären Forschung beziehen. Im schweißtechnisch-industriellen Einsatz werden mitunter deutlich höhere Abschmelzleistungen erzielt [8].

Bei dem in Abb. 3 rechts dargestellten MSG-Verfahren brennt der Lichtbogen (7) zwischen einer kontinuierlich zugeführten abschmelzenden Elektrode (2) und dem Werkstück (1). Die zugeführte Elektrode wird unter der eingebrachten Wärme des Lichtbogens aufgeschmolzen und tropft in das darunter liegende Schmelzbad (8). Im Vergleich zum WIG-Verfahren weist das MSG-Verfahren auf Grund des zentrisch zugeführten Zusatzwerkstoffes eine deutlich höhere Flexibilität auf. Das Schweißen von in sich geschlossenen Bahnkurven bei gleichbleibender Nahtformung ist hierdurch möglich. Zusätzlich liegt die Abschmelzleistung im Vergleich zum WIG-Verfahren mit bis zu 5 kg deutlich höher [10]. Die Form der Materialeinbringung hängt stark davon ab, wie sich der Lichtbogen in Abhängigkeit von Schweißstrom und Schweißspannung ausbildet. Unterschieden wird unter anderem zwischen Kurzlichtbogen, Langlichtbogen und Sprühlichtbogen. Eine Sonderform und von besonderem Interesse für die additive Fertigung sind die digital geregelten Kurzlichtbogenprozesse. Hierbei wird durch Aufprägen bestimmter Strom- und Spannungsverläufe, teilweise in Kombination mit definierten Drahtbewegungen, ein besonders energiearmer Werkstoffübergang bei verhältnismäßig hohen Abschmelzleistungen erzielt. Hierdurch lässt sich insbesondere die Einbringung von thermisch bedingten Eigenspannungen reduzieren.

2   Aktuelle und zukünftige Forschungsfelder

Lichtbogenschweißverfahren bringen eine Reihe von verfahrensbedingten Besonderheiten mit sich, welche bezogen auf die additive Fertigung berücksichtigt werden müssen und derzeit Gegenstand intensiver Forschungsarbeiten sind. Abb. 4 stellt exemplarisch die aktuellen Forschungsschwerpunkte im Bereich der additiven Fertigung dar.

Demnach lassen sich derzeitige Forschungsaktivitäten in vier Themenfelder gliedern, welche vornehmlich auf Verfahren, Werkstoffe, Automatisierung und Simulation reduziert

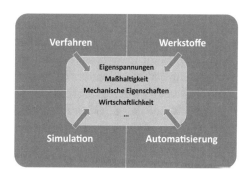

Abb. 4 Derzeitige Forschungsschwerpunkte im Bereich der lichtbogenbasierten additiven Fertigung

werden können. Ziel ist es, den Fertigungsprozess hinsichtlich seiner negativen Charakteristiken zu optimieren. Charakteristisch sind beispielsweise die thermisch induzierten
Eigenspannungen auf Grund der hohen Wärme- und Materialeinbringung durch den
Schweißlichtbogen. Für den technischen Einsatz insbesondere von größeren Strukturbauteilen ist eine genaue Kenntnis über die vorliegenden Eigenspannungszustände von hoher
Bedeutung. Ein Großteil der vergangenen und derzeitigen Forschungsarbeiten fokussiert
sich daher auf die korrekte Vorhersage der im Bauteil vorhandenen Eigenspannungen mit
Hilfe von Struktursimulationen und auf die Verringerung von Eigenspannungen durch ver-
fahrenstechnische Maßnahmen. Zusätzlich ist die Gewährleistung und Verbesserung von
definierten mechanischen Eigenschaften der verwendeten Werkstoffe von besonderem
Interesse. Für eine anwenderfreundliche Implementierung in bestehende Produktionspro-
zessketten müssen geeignete Algorithmen zum Slicen der CAD-Modelle und zur Generierung der Schweißpfade entwickelt werden. Nicht zuletzt ist ein wirtschaftlicher Einsatz
insbesondere bei der Verarbeitung von preiswerteren Werkstoffen nur möglich, wenn die
Verfahren ausreichende Abschmelzleistungen erzielen.

2.1   Verfahren

Für die Erhöhung der Prozessflexibilität, der Abschmelzleistung, der Bauteilgüte sowie
der Integration von spanenden Prozessen wird eine Vielzahl von Verfahrensmodifikationen entwickelt, welche auf den bereits vorgestellten Schweißverfahren basieren.

Untersuchungen an der Cranfield University beschäftigen sich mit den positiven
Auswirkungen einer dem additiven Fertigungsprozess (Plasma-Kaltdraht oder MSG)
zwischengeschalteten mechanischen Nachbearbeitung [11]. Hierbei wird nach einer
bestimmten Anzahl an aufgetragenen Lagen ein Walzprozess durchgeführt. Ziel ist es, die
mechanischen Eigenschaften der Bauteile durch Kornfeinung, Reduzierung der Eigenspannungen sowie Auslöschung von Defekten zu erzielen. Dieses Verfahren wird sowohl
für die Verarbeitung von Baustahl als auch Aluminium- und Titanlegierungen angewendet.
Eine Kornfeinung, insbesondere der β-Phase von TiAl6V4, konnte durch das kombinierte
Verfahren erreicht werden. Ebenfalls ist es möglich, die Porenbildung bei der Verarbeitung von Aluminiumlegierungen zu reduzieren. Thermisch induzierte Eigenspannungen
können durch den Walzprozess effektiv verringert werden [11, 12]. Ähnliche Arbeiten an
der Huazhong University of Science and Technology in China beschäftigen sich mit dem
Einfluss eines zwischengeschalteten Walzprozesses auf die Verringerung der anisotropen
mechanischen Eigenschaften von hochfesten bainitischen Stählen [13]. Die Ergebnisse
lassen eine deutliche Verbesserung der mechanischen Eigenschaften, insbesondere eine
Verringerung der Anisotropie, erkennen.

Für den industriellen Einsatz ist in der Regel eine spanende Nachbearbeitung der
Funktionsflächen des gefertigten Bauteiles erforderlich. Hierbei bietet sich der Einsatz
eines hybriden additiven und subtraktiven Fertigungsprozesses an, um ein Umspannen

des Bauteiles und damit die Verschiebung zum Bezugskoordinatensystem zu vermeiden [14]. Das am Fraunhofer IPT untersuchte Controlled Metal Buildup (CMB) sowie das an der Stanford University untersuchte Shape Deposition Manufacturing (SDM) stellen erste hybride Fertigungsprozesse dar. Hierbei wird ein Laserauftragsschweißverfahren mit einem Hochgeschwindigkeitsfräsverfahren kombiniert [15]. Diese Untersuchungen wurden von Song et al. aufgegriffen, wobei das Laserauftragschweißen durch ein Lichtbogenschweißverfahren ersetzt wurde [16]. Dabei wurde ein hybrider Fertigungsprozess entwickelt, welcher additive und spanende Verarbeitung miteinander vereint. Dieser hybride Fertigungsansatz wird als möglicher Ersatz für herkömmliche HSC-Fräsverfahren gesehen. Ähnliche Arbeiten am Indian Institute of Technology Bombay untersuchen die Möglichkeit, handelsübliche CNC-Fräsmaschinen durch retrofit auf eine hybride Fertigung umzurüsten [17]. Weitere Untersuchungen fanden unter Suryakumar et al. statt [18]. Hier wurde lediglich die Oberseite jeder Schweißraupe auf eine definierte Höhe spanend abgetragen, um gleichbleibende Ausgangsbedingungen für die jeweils nächste Lage zu schaffen und somit kumulative Abweichungen zur Sollgeometrie in vertikale z-Richtung zu verhindern. Die Anwendung eines hybriden additiv-subtraktiven Fertigungsverfahrens zur Herstellung von metallischen Großstrukturen wird in dem Verbundprojekt „LASIMM" (Large Additive Subtractive Integrated Modular Machine) untersucht. Hierbei erfolgt die additive Fertigung mittels robotergeführten MSG-Schweißens und die spanende Bearbeitung des Bauteils mit Hilfe einer steiferen parallelkinematischen Struktur [19].

Die minimale Wandstärke und damit der Grad der Bauteilauflösung liegen bei lichtbogenbasierten Verfahren mit 1 mm bis 2 mm deutlich unter der erzielbaren Auflösung anderer additiver Fertigungsverfahren. Ein Ansatz zur Verbesserung der lokalen Bauteilauflösung bei gleichzeitigen großen Abschmelzleistungen ist die Kombination von Laser-Pulver-basierten mit Lichtbogen-Draht-basierten additiven Fertigungsverfahren. Shi et al. untersuchen in diesem Zusammenhang die mechanischen Eigenschaften von Proben, welche durch WIG-Kaltdraht-Schweißen und durch Selective Laser Melting (SLM) hergestellt wurden [20]. Verarbeitet wurde TiAl64V. Hierbei zeigt sich insbesondere, dass der mit dem Lichtbogen gefertigte Probenteil eine um ca. 200 MPa geringere Festigkeit aufweist als der durch das SLM-Verfahren gefertigte Teil. Dies ist vor allem durch die Grobkörnigkeit der β-Phase zu erklären. Positiv fällt auf, dass die Proben nicht im Übergangsbereich von LB- zu SLM-Teil versagen.

Um eine wirtschaftliche Verarbeitung von weniger kostenintensiven Werkstoffen zu ermöglichen, müssen Verfahren mit hoher Abschmelzleistung bei gleichzeitig reduzierter Wärmeeinbringung entwickelt werden. Ein Ansatz ist es hierbei, dem MSG-Verfahren Zusatzwerkstoff in Form von vorgewärmten Heißdrähten zuzuführen. Der Prozesszone wird hierbei Wärme entzogen, welche zum Aufschmelzen der Zusatzdrähte erforderlich ist, gleichzeitig sollen negative Einflüsse auf die Nahtformung durch das Vorwärmen der Drähte verringert werden. Abb. 5 stellt einen experimentellen Aufbau am ISF der Firma EWM AG zum MSG-Heißdraht-Schweißen für die additive Fertigung dar.

Abb. 5 MSG-Heißdrahtbrenner mit dazugehörigen Schweißstromquellen der Firma EWM AG

2.2 Werkstoffe

Werkstoffbezogene Forschungsarbeiten konzentrieren sich einerseits auf die Verarbeitbarkeit neuer Werkstoffe sowie der Qualifizierung bereits untersuchter Werkstoffe hinsichtlich ihrer mechanisch-technologischen Eigenschaften. Eine der größeren Hürden für den industriellen Einsatz von durch lichtbogenbasierte additive Fertigung hergestellten Bauteilen stellt die Ungewissheit bezüglich der mechanisch-technologischen Eigenschaften dar. Diese lässt sich nicht zuletzt darauf zurück führen, dass neben Prozessfehlern vor allem die Wärmeführung einen großen Einfluss auf diese Eigenschaften hat. Diese wiederum ist von den verfolgten Schweißpfaden abhängig. Somit kann die gleiche Geometrie auf unterschiedliche Weisen hergestellt werden und damit auch stark variierende mechanische Eigenschaften aufweisen.

Endkonturnahes formgebendes Schweißen bietet sich vor allem für die Fertigung von größeren Bauteilen bei reduziertem Zerspanvolumen an. Insbesondere die Verarbeitung von teuren Werkstoffen wie Titan- oder Nickelbasislegierungen liegt dabei im Fokus von Forschungsvorhaben, da hier das größte Potential schneller Kosteneinsparung in der industriellen Fertigung liegt [21]. Exemplarisch ist eines von mehreren von Colegrove et al. aufgeführten Fallbeispielen zu nennen. Hierbei wird zur Beurteilung der Wirtschaftlichkeit das Buy-to-Fly-Ratio (BTF), also das Verhältnis von Ausgangsgewicht des Halbzeuges zum Gewicht des fertigen Bauteiles, herangezogen. Bei der Fertigung von Fahrwerkskomponenten aus Titan für die Luftfahrt konnte eine Reduzierung des BTF von 9,17 auf 1,2 durch den Einsatz von lichtbogen- und drahtbasierter additiver Fertigung erzielt werden. Die Materialeinsparung im Vergleich zu einer reinen spanenden Fertigung beträgt dadurch in diesem Fall 220 kg [21].

Die Verarbeitung von Titanlegierungen, insbesondere von TiAl6V4 ist mit dem WIG- und Plasmaverfahren verhältnismäßig unkompliziert. Daher konzentriert sich eine Vielzahl an Forschungsstellen auf die Untersuchung von Festigkeitsverhalten, Bruchmechanik und anderen Eigenschaften wie der Korrosionsbeständigkeit von additiv gefertigten Strukturen [22, 23]. Yin et al. untersuchen den Einfluss von Calciumfluorid auf die Kornfeinung und das Verhältnis von α- zu β-Phase als Ersatz für eine mechanische Zwischenbearbeitung des Bauteils [24]. Hierbei konnte eine Kornfeinung und eine damit verbundene Steigerung der Festigkeit erzielt werden. Die Bruchmechanik von mit Lichtbogen und Draht gefertigten Proben aus TiAl6V4 wird von Zhang et al. untersucht. Insbesondere das Vorhandensein von Resteigenspannungen wird hier als großer Einflussfaktor auf die Risspropagation identifiziert [25].

Darüber hinaus werden die Verarbeitbarkeit und die mechanischen Eigenschaften von Aluminiumlegierungen, insbesondere der hochfesten Al-Cu-Legierung 2319, untersucht. Gu et al. betrachten in diesem Zusammenhang die Festigkeitssteigerung durch Walzen der Zwischenlagen und Wärmebehandlung des gefertigten Bauteils. Hierbei konnten deutliche Festigkeitssteigerungen beobachtet werden, was einerseits auf die Kornfeinung und Erhöhung der Versetzungsdichte sowie eine Ausscheidungshärtung durch die Glühbehandlung zurückzuführen ist [26]. Cong et al. untersuchen den Einfluss der Bauteilgröße sowie verschiedener geregelter Kurzlichtbogenprozessvarianten auf die Neigung zur Porenbildung, Mikrohärte und Festigkeit. Hierbei zeigt sich, dass dünnwandige Profile eher zur wasserstoffinduzierten Porenbildung neigen als massive Strukturen. Als Grund wird die Wärmeführung vermutet, welche bei dünnwandigen Strukturen ein grobkörniges Gefüge zur Folge hat, welches wiederum anfälliger für die Bildung von Wasserstoffporen ist [27].

Abgesehen von Titan- und Aluminiumlegierungen wird auch die Verarbeitung von Nickel-Aluminium-Bronzelegierungen, sowie diversen Behälterbaustählen und Duplexstählen untersucht [28–31]. Mögliche Einsatzgebiete könnten komplex geformte Schiffsschrauben oder komplexe Knotenelemente für Rohrverbindungen sein.

Neben der Herstellung von Bauteilen mit homogener chemischer Zusammensetzung bieten lichtbogen- und drahtbasierte Verfahren die Möglichkeit, Materialkombinationen auf einfache Art und Weise zu realisieren. Beispielsweise kann das Aufbringen von Hartstoffschichten genutzt werden, um Bauteile mit lokal den vorherrschenden Beanspruchungen angepassten Eigenschaften herzustellen [32]. Darüber hinaus bieten das WIG- und das Plasmaschweißen die Möglichkeit der in-situ-Legierungsbildung. Dabei werden an Stelle eines Drahtes mehrere Drähte unterschiedlicher Legierungen dem Prozess zugefügt. Beispielhaft sind hierzu die Arbeiten an der Wollongong University zur Herstellung von Eisenaluminiden durch in-situ-Legierungsbildung zu nennen [33]. Dieselbe Anlagentechnik wird verwendet, um Bauteile aus Titanaluminiden additiv herzustellen [34].

Mit zunehmender Optimierung der Prozesskette und der damit verbundenen Senkung der Prozesskosten gewinnt auch die Verarbeitung kostengünstiger Werkstoffe an Bedeutung. Somit finden auch Bestrebungen statt, un- und niedriglegierte Stähle hinsichtlich ihrer Verarbeitbarkeit und der mechanischen Eigenschaften zu untersuchen [35].

2.3   Pfadplanung und Automatisierung

Um den Einsatz lichtbogenbasierter additiver Fertigung in der Serienfertigung zu ermöglichen, ist die Erarbeitung von Automatismen zur Generierung von geeigneten Schweißpfaden aus CAD-Modellen sowie die Implementierung von Sensorik zur Prozessüberwachung und -regelung unabdingbar. Herkömmliche Ansätze basieren auf dem Zerteilen der

CAD-Modelle in Ebenen (Slicen) und anschließender Generierung von Schweißpfaden auf den jeweiligen Ebenen. Dabei werden sowohl modifizierte Werkzeugmaschinen mit mindestens drei CNC-Linearachsen, als auch herkömmliche Industrieroboter eingesetzt.

Erste Arbeiten erfolgten 2002 an der University of Kentucky, USA mit einem System basierend auf Linearachsen. Dabei wurde ein Software Tool entwickelt, welches sowohl das Slicen der CAD-Modelle, als auch die Pfadgenerierung für die Verwendung eines MSG-Prozesses durchführt [36]. Insbesondere für die Verarbeitung von dünnwandigen Strukturen wurde eine Funktion zur Vermeidung von kumulativen Geometriefehlern in den Ein- und Auslaufbereichen der Schweißpfade erstellt. Die Anpassung der Material-einbringung erfolgt hierbei über die Variation der Schweißgeschwindigkeit. Ähnliche Arbeiten wurden von Mehnen et al. und Venturini et al. unter Verwendung eines Industrie-roboters durchgeführt [37]. Hierbei wurden verschiedene Strategien untersucht, um sich kreuzende Strukturen ohne kumulative Geometriefehler herstellen zu können.

Zusätzliche Herausforderungen entstehen bei der Herstellung von massiven Strukturen. Hierbei ist einerseits auf eine gute Flankenanbindung der nebeneinander liegenden Schweiß-raupen zu achten, andererseits hat die Pfadplanung einen deutlichen Einfluss auf die im Bauteil vorliegenden Eigenspannungszustände. Verschiedene Strategien zur Brennerfüh-rung wurden in der Vergangenheit untersucht [38–40]. Unter Verwendung von neuronalen Netzen bestimmen Ding et al. die erwartete Geometrie der Schweißraupen. Anschließend erfolgt die Pfadgenerierung auf Basis einer medialen Achstransformation, um Bindefehler und Unregelmäßigkeiten sicher auszuschließen. Zusätzlich werden verschiedene Bahnen hinsichtlich ihres Einflusses auf den Eigenspannungszustand im Bauteil untersucht [9, 41].

Die bisher vorgestellten Ansätze der Pfadgenerierung basieren auf dem aus dem Werk-zeugmaschinenbau bekannten 2,5D-Ansatz, nach dem die z-Koordinate kein unabhän-giger Parameter ist, sondern durch die von x- und y-Koordinaten aufgespannten Ebenen definiert wird. Lichtbogenschweißverfahren und das MSG-Schweißen im Besonderen ermöglichen eine restriktionsfreie Führung des Schweißbrenners, ohne dass in definierten Ebenen gearbeitet werden muss. Beispielhaft sind hierzu die in Abb. 6 dargestellten Arbei-ten der TU Delft zusammen mit dem holländischen Startup MX3D zu nennen. Hierbei werden hochkomplexe Strukturen nahezu beliebiger Abmessungen durch MSG-Punkt-schweißen hergestellt [42].

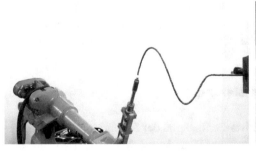 

Abb. 6 Komplexe Druckpfade durch inkrementelles Punktschweißen. Links: Exemplarische Dar-stellung der Firma MX3D [42]; Rechts: Nachstellung am ISF [44]

Ein weiterer Aspekt hinsichtlich der Verbesserung der Bauteilgüte ist die Online-Prozessüberwachung. Ziel der Prozessüberwachung ist es, die durch Störgrößen hervorgerufenen Abweichungen der Schmelzbadgeometrie von einem Sollwert rechtzeitig zu erkennen und durch Anpassung der Prozessparameter auszugleichen. Hierdurch soll die Nahtformung und damit die Sollgeometrie des Bauteiles möglichst genau eingehalten werden.

Xiong et al. verwenden für die Auswertung der Schmelzbadgeometrie eine CCD-Kamera. Die Auswertung der Kamerabilder wird genutzt, um einen geschlossenen Regelkreis einzurichten, wobei die Stellgröße die Schweißgeschwindigkeit ist. Hierdurch ist es möglich, eine gleichmäßige Formung der Schweißraupe auch bei veränderten Wärmeableitungsbedingungen zu erzielen [43].

Weiterhin wurden Hochgeschwindigkeitsaufnahmen des Tropfenübergangs beim MSG-schweißen in Abhängigkeit verschiedener Stromführungsformen untersucht, um diese mit Finite-Elemente(FE)-Simulationsergebnissen bezüglich des erwarteten Einbrandes zu korrelieren [45].

2.4   Simulation von Eigenspannungen und Verzug

Der Einfluss der Pfadplanung auf die Eigenspannungszustände und die mechanischen Eigenschaften des Bauteils ist letztlich auf die resultierende Wärmeführung des Fertigungsprozesses zurückzuführen. Allgemein basieren die meisten Ansätze zur Erstellung von Simulationsmodellen für die lichtbogenbasierte additive Fertigung auf den Arbeiten zur Finite-Elemente-Simulation von Verbindungsschweißungen [46]. Insbesondere für die Fertigung von großen Bauteilen ist die Kenntnis über die vorliegenden Eigenspannungen für den Nachweis der Betriebssicherheit von entscheidender Bedeutung. Hieraus lassen sich die zahlreichen Bestrebungen erkennen, mit Hilfe von thermo-mechanischer Struktursimulation belastbare Aussagen über die Bauteileigenschaften zu treffen, ohne zerstörende Werkstoffprüfungen nach einem aufwändigen Fertigungsprozess durchführen zu müssen. Dies ist mit einer Vielzahl kommerzieller Software umsetzbar (Abaqus, LS-DYNA, ANSYS, etc.). Hierbei liegen größere Herausforderungen in der Darstellung des Materialflusses durch Kopplung von transient thermischer und Struktursimulation, sowie den verhältnismäßig langen Rechenzeiten [47–50]. Üblicherweise erfolgt in einem ersten Schritt die transient thermische Simulation zur Berechnung der Temperaturfelder. Dabei bewegt sich eine dem Lichtbogen äquivalente Wärmequelle entlang des Schweißpfades. Diese wird mit der Materialeinbringung durch den Schweißzusatzwerkstoff gekoppelt. Als äquivalente Wärmequelle wird üblicherweise ein Doppel-Ellipsoid nach Goldak verwendet. Die Materialeinbringung wird anschließend durch die Methode der stillen Elemente (quiet element method) abgebildet. Basierend auf den errechneten Temperaturfeldern wird eine mechanische Strukturanalyse zur Bestimmung der Verformungen und Eigenspannungen durchgeführt.

Hervorzuheben sind die Arbeiten von Ding et al. zur Reduzierung der Rechenzeit mit Hilfe von vereinfachten Modellen [51]. Hierbei wird eine Korrelation von Temperaturspitzen der zyklischen Bauteilerwärmung und der sich ergebenden Eigenspannungen genutzt, um den Umfang der erforderlichen Berechnungen deutlich zu reduzieren.

3   Industrielle Anwendungen

Neben den erwähnten Forschungsaktivitäten existieren seit einiger Zeit auch industrielle Anwendungen für die lichtbogenbasierte additive Fertigung.

Häufig werden die bereits anfangs erwähnten Aktivitäten der Firmen Blohm + Voss und Thyssen Krupp in den 1980er Jahren als Anfänge des industriellen Einsatzes von lichtbogenbasierter additiver Fertigung genannt [3]. Hierbei wurden rotationssymmetrische Großbauteile mit einem Strukturgewicht von bis zu 225 t mit einer modifizierten UP-Schweißanlage hergestellt. Zum Einsatz kamen dabei sechzehn Schweißköpfe mit einer Gesamtabschmelzleistung von 300 kg/h. Die Anlage war auf die Fertigung von Bauteilen mit bis zu 500 t Strukturgewicht ausgelegt. Vor allem die vorherrschenden Eigenspannungszustände wurden dabei unterschätzt und es kam mitunter zu Bauteilversagen noch bei der mechanischen Nachbearbeitung. Eine zusätzliche Verschlechterung der Marktsituation für formgeschweißte Großbauteile führte zur Einstellung weiterer Aktivitäten [2].

Als Beispiel für den erfolgreichen Einsatz des MSG-Schweißens zur additiven Fertigung ist die Turbinenfertigung der Firma Andritz Hydro (MicroGuss™) zu nennen. Hierbei wird ein robotergeführter geregelter Kurzlichtbogenprozess (CMT der Firma Fronius) eingesetzt, um Peltonturbinenschaufeln aus weichmartensitischem Stahl X3CrNiMo13-4 herzustellen [52]. Dabei wird an Stelle des üblicherweise verwendeten Gussbauteils eine Verbundkonstruktion aus Schmiedekern und aufgeschweißten Bechern eingesetzt. Hierdurch werden Fertigungszeiten gesenkt und der Produktionsprozess in seiner Flexibilität gesteigert. Abb. 7 stellt den Fertigungsprozess dar [53]. Zur Erhöhung der Fertigungsgeschwindigkeit werden zwei robotergeführte Schweißprozesse eingesetzt.

Das 2016 gegründete Unternehmen RAMLAB in Rotterdam setzt ebenfalls auf eine robotergeführte Fertigungsstrategie mittels MSG-Schweißen [54]. Die Unternehmensausrichtung liegt auf kundenspezifischen Sonderlösungen mit Fokus auf maritime Technik. Hierzu zählt beispielsweise die Fertigung von komplex geformten Schiffsschrauben oder ähnlichen Komponenten.

Abb. 7 Robotergeführte additive Fertigung von Peltonturbinen mittels MSG-Schweißens © Andritz Hydro [53]

Neben diesen, speziell auf die Fertigungsaufgabe angepassten Systemen, kommen Fertigungszellen zum Einsatz, welche für eine flexible Produktion von Kleinserienbauteilen ausgelegt sind. Diese Fertigungszellen sind mit herkömmlichen Bearbeitungszentren vergleichbar, nur, dass anstelle eines spanenden Bearbeitungskopfes ein Schweißprozess eingesetzt wird. Die Manipulation des Schweißbrenners oder des Bauteils erfolgt entweder über NC gesteuerte Linearachsen oder mit Hilfe eines Industrieroboters.

Als Beispiel ist die Firma Norsk Titanium aus Norwegen zu nennen. Das Unternehmen ist Zulieferer von Strukturbauteilen aus Titan für die Luftfahrtindustrie und stellt die selbst entwickelten Fertigungsanlagen lediglich für den Eigenbedarf her. Die Prozesskette setzt sich aus einem additiven und einem subtraktiven Teil zusammen. Die additive Fertigung erfolgt mittels modifizierten Plasmaprozesses, welcher in einer vollständig geschlossenen Fertigungszelle zum Einsatz kommt (Rapid Plasma Deposition™ (RPD™)) [55]. Für die Fertigung von Titanbauteilen bietet es sich an, den additiven Fertigungsprozess in einer vollständig mit Inertgas gefluteten Zelle zu betreiben, um einer Versprödung des Bauteils durch atmosphärischen Sauerstoff vorzubeugen.

Ähnliche Ansätze werden von den Firmen Gefertec (Berlin; 3DMP® [5]), Prodways (Les Mureaux, Frankreich; Rapid Additive Forging (RAF) [56]) und Mutoh Industries (Tokyo, Japan; Value Arc [57]) verfolgt. Allen Ansätzen ist gemeinsam, dass der additiven Fertigung eine subtraktive Bearbeitung zur Erreichung der Endkontur folgt. Abb. 8 stellt exemplarisch eine Fertigungszelle der Firma Gefertec dar.

Neben den Fertigungssystemen für den industriellen Einsatz gibt es auch Bestrebungen, auf Basis von open-source und open-hardware-Lösungen preiswertere Produkte für den Consumerbereich zu entwickeln. Hier sind die Projekte Weld3D [58] sowie der open-source-Drucker der TU Delft zu nennen [59]. Beide Systeme arbeiten mit einem durch NC-Achsen manipulierten MSG-Prozess. Der umgekehrte Ansatz wird an der Michigan Technological University untersucht. Hierbei wird anstelle des Schweißbrenners das Werkstück mit Hilfe einer parallelkinematischen Struktur bewegt [60].

Abb. 8 Fertigungszelle der Firma Gefertec GmbH (© Gefertec GmbH [5])

4   Zusammenfassung

Insbesondere für die additive Fertigung von metallischen Großbauteilen bieten lichtbogen-basierte Schweißverfahren eine Reihe von Vorteilen gegenüber den Laser-Pulver-basierten Verfahren. Hohe Abschmelzleistungen bei gleichzeitig geringeren Investitions- und Betriebskosten lassen lichtbogen- und drahtbasierte Verfahren zunehmend an Attraktivität für die industrielle Serienfertigung gewinnen.

Trotz der genannten Vorteile besteht weiterhin Forschungsbedarf, um einen sicheren großflächigen Einsatz zu ermöglichen. Verknüpft mit der verfahrensbedingten hohen Wärmeeinbringung gehen hohe Eigenspannungen in den gefertigten Bauteilen einher. Diese Problematik nimmt mit der Bauteilgröße zu und muss bei der Beurteilung der Sicherheit und Funktionstüchtigkeit gefertigter Bauteile berücksichtigt werden. Ein Großteil aktueller Forschungsaktivitäten beschäftigt sich daher mit der korrekten Vorhersage und den Möglichkeiten zur Reduzierung von thermisch bedingten Eigenspannungen. Neben den Eigenspannungen ist die Automatisierung und Vereinfachung des Fertigungsprozesses von besonderer Bedeutung für einen weitreichenden industriellen Einsatz. Lösungen zum Slicen von CAD-Modellen und zur automatisierten Generierung optimaler Schweißpfade werden derzeit entwickelt. Zusätzlich ist die Qualifizierung der verwendeten Werkstoffe hinsichtlich der Einhaltung der vorgegebenen mechanischen Eigenschaften Gegenstand aktueller Untersuchungen. Da diese mitunter stark von den vorherrschenden Eigenspannungszuständen und der Wärmeführung des Schweißpfades abhängig sind, ist stets eine ganzheitliche Betrachtung des Fertigungsprozesses erforderlich.

Trotz der genannten Herausforderungen findet bereits ein industrieller Einsatz von lichtbogen- und drahtbasierten Fertigungsverfahren statt. Neben spezifischen Sonderlösungen gibt es erste Ansätze, flexible Fertigungszellen für die kostengünstige Kleinserienfertigung einzusetzen. Insbesondere für die endkonturnahe Fertigung von Bauteilen aus kostenintensiven Werkstoffen mit anschließender spanender Bearbeitung öffnet sich ein Markt für lichtbogen- und drahtbasierte additive Fertigungsverfahren. Hier ist mit einem deutlichen Wachstum und einer Umstrukturierung bestehender Märkte in den kommenden Jahren zu rechnen. Dabei sind Lichtbogenschweißverfahren zur additiven Fertigung nicht als Konkurrenz zu herkömmlichen Produktionstechnologien zu verstehen, sondern viel mehr als Ergänzung zur Steigerung der Wirtschaftlichkeit und Individualisierbarkeit in Bereichen von der Kleinserienfertigung bis hin zur Massenproduktion mit Losgröße eins.

Literatur

[1]   Westinghouse Electric & Mfg Co.: Method of making decorative articles. Erfinder: Baker Ralph. Anmeldung: 12. Nov. US1533300 A.

[2]   Piehl, K. H.: Formgebendes Schweissen von Schwerkomponenten. In: Thyssen, Technische Berichte, (21, 1), 53–71.

[3]   Dickens, P. M.; Pridham, M. S.; Cob, R. C.; Gibson, I.:1992. Rapid prototyping using 3-D welding. In: Proceedings of the 3rd Symposium on Solid Freeform Fabrication, 977–991, 1989

[4]   Dan, H.: 4. Februar 2016. Arc Bicycle has 3D-printed steel frame created by TU Delft students and MX3D [online] [Zugriff am: 07.09.2017]. Verfügbar unter: https://www.dezeen. com/2016/02/04/arc-bicycle-3d-printed-steel-frame-amsterdam-tu-delft-mx3d/

[5]   GEFERTEC GmbH: Unternehmenswebsite [online]. Verfügbar unter: http://www.gefertec. de/

[6]   Zhang, H.; Xu, J.; Wang, G.: Fundamental study on plasma deposition manufacturing [online]. In: Surface and Coatings Technology, 171(1–3), 112–118. ISSN 02578972. Verfügbar unter: https://doi.org/10.1016/S0257-8972(03)00250-0, 2003

[7]   Robert, M.: Shape Deposition Manufacturing, Dissertation, Wien, Technischen Universität Wien, 1994

[8]   Reisgen, U.; Stein, L.: Grundlagen der Fügetechnik. Schweißen, Löten und Kleben. Düsseldorf: DVS Media GmbH. Fachbuchreihe Schweißtechnik. Band 161. ISBN 9783945023495, 2016

[9]   Ding, D.; Pan, Z.; Cuiuri, D.; Li, H.: Wire-feed additive manufacturing of metal components [online]. Technologies, developments and future interests. In: The International Journal of Advanced Manufacturing Technology, 81(1–4), 465–481. ISSN 0268–3768. Verfügbar unter: https://doi.org/10.1007/s00170-015-7077-3, 2015

[10] Hartke, M.; Günther, K.; Bergmann, J. P.: Untersuchung zur geregelten, energiereduzierten Kurzlichtbogentechnik als generatives Fertigungsverfahren. Düsseldorf: DVS Media. DVS-Berichte. 306. ISBN 3-945023-03-3, 2014

[11] Donoghue, J.; Antonysamy, A. A.; Martina, F.; Colegrove, P. A.; Williams, S. W.; Prangnell, P. B.: The effectiveness of combining rolling deformation with Wire–Arc Additive Manufacture on β-grain refinement and texture modification in Ti–6Al–4 V [online]. In: Materials Characterization, 114, 103–114. ISSN 10445803. Verfügbar unter: https://doi.org/10.1016/j. matchar.2016.02.001, 2016

[12] Colegrove, P. A.; Donoghue, J.; Martina, F.; Gu, J.; Prangnell, P.; Hönnige, J.: Application of bulk deformation methods for microstructural and material property improvement and residual stress and distortion control in additively manufactured components [online]. In: Scripta Materialia, 135, 111–118. ISSN 13596462. Verfügbar unter: https://doi.org/10.1016/j. scriptamat.2016.10.031, 2017

[13] Fu, Y.; Zhang, H.; Wang, G.; Wang, H.: Investigation of mechanical properties for hybrid deposition and micro-rolling of bainite steel [online]. In: Journal of Materials Processing Technology, 250, 220–227. ISSN 09240136. Verfügbar unter: https://doi.org/10.1016/j. jmatprotec.2017.07.023, 2017

[14] Merklein, M.; Junker, D.; Schaub, A.; Neubauer, F.: Hybrid Additive Manufacturing Technologies – An Analysis Regarding Potentials and Applications [online]. In: Physics Procedia, 83, 549–559. ISSN 18753892. Verfügbar unter: https://doi.org/10.1016/j. phpro. 2016.08.057, 2016.

[15] Clemens, U.: Einsatz der CMB-Technologie zur Herstellung von Hinterschneidungen bei metallischen Bauteilen, Dissertation. Aachen, RWTH Aachen, 2004

[16] Song, Y.-A.; Park, S.: Experimental investigations into rapid prototyping of composites by novel hybrid deposition process [online]. In: Journal of Materials Processing Technology, 171(1), 35–40. ISSN 09240136. Verfügbar unter: https://doi.org/10.1016/j. jmatprotec.2005.06.062, 2006

[17] Kapil, S.; Legesse, F.; Kulkarni, P.; Joshi, P.; Desai, A.; Karunakaran, K. P.: Hybridlayered manufacturing using tungsten inert gas cladding [online]. In: Progress in Additive Manufacturing, 1(1–2), 79–91. ISSN 2363–9512. Verfügbar unter: https://doi.org/10.1007/s40964-016-0005-8, 2016

[18] Suryakumar, S.; Karunakaran, K. P.; Bernard, A.; Chandrasekhar, U.; Raghavender, N.; Sharma, D.: Weld bead modeling and process optimization in Hybrid Layered Manufacturing [online]. In: Computer-Aided Design, 43(4), 331–344. ISSN 00104485. Verfügbar unter: https://doi.org/10.1016/j.cad.2011.01.006, 2011

[19] Williams, S. W.: The "LASIMM" project: development ofnovel hybrid approaches for additive and subtractivemanufacturing machines. In: Welding and Cutting 16 (2017) No. 1, (16), 2017

[20] Shi, X.; Ma, S.; Liu, C.; Wu, Q.; Lu, J.; Liu, Y.; Shi, W.: Selective laser melting-wire arc additive manufacturing hybrid fabrication of Ti-6Al-4 V alloy [online]. Microstructure and mechanical properties. In: Materials Science and Engineering: A, 684, 196–204. ISSN 09215093. Verfügbar unter: https://doi.org/10.1016/j.msea.2016.12.065, 2017

[21] Williams, S. W.; Martina, F.; Addison, A. C.; Ding, J.; Pardal, G.; Colegrove, P.; Wire + Arc Additive Manufacturing [online]. In: Materials Science and Technology, 32(7), 641–647. ISSN 0267–0836. Verfügbar unter: https://doi.org/10.1179/1743284715Y.0000000073, 2015

[22] Zhang, X.; Martina, F.; Ding, J.; Wang, X.; Williams, S.W.: Fracture toughness and fatigue crack growth rate properties in wire +arc additive manufactured Ti-6Al-4 V [online]. Wire+arc additive manufactured Ti-6Al-4 V. In: Fatigue & Fracture of Engineering Materials & Structures, 40(5), 790–803. ISSN 8756758X. Verfügbar unter: https://doi.org/10.1111/ffe.12547, 2017

[23] Yang, J.; Yang, H.; Yu, H.; Wang, Z.; Zeng, X.: Corrosion Behavior of Additive Manufactured Ti-6Al-4 V Alloy in NaCl Solution [online]. In: Metallurgical and Materials Transactions A, 48(7), 3583–3593. ISSN 1073–5623. Verfügbar unter: https://doi.org/10.1007/s11661-017-4087-9, 2017

[24] Yin, B.; Ma, H.; Wang, J.; Fang, K.; Zhao, H.; Liu, Y.: Effect of CaF2 addition on macro/microstructures and mechanical properties of wire and arc additive manufactured Ti-6Al-4 V components [online]. In: Materials Letters, 190, 64–66. ISSN 0167577X. Verfügbar unter: https://doi.org/10.1016/j.matlet.2016.12.128, 2017

[25] Zhang, J.; Wang, X.; Paddea, S.; Zhang, X.: Fatigue crack propagation behaviour in wire+arc additive manufactured Ti-6Al-4 V [online]. Effects of microstructure and residual, 2016 stress. In: Materials & Design, 90, 551–561. ISSN 02641275. Verfügbar unter: https://doi.org/10.1016/j.matdes.2015.10.141

[26] Gu, J.; Ding, J.; Williams, S. W.; Gu, H.; Bai, J.; Zhai, Y.; Ma, P.: The strengthening effect of inter-layer cold working and post-deposition heat treatment on the additively manufactured Al–6.3Cu alloy [online]. In: Materials Science and Engineering: A, 651, 18–26. ISSN 09215093. Verfügbar unter: https://doi.org/10.1016/j.msea.2015.10.101, 2016

[27] Cong, B.; Qi, Z.; Qi, B.; Sun, H.; Zhao, G.; Ding, J.: A Comparative Study of Additively Manufactured Thin Wall and Block Structure with Al-6.3%Cu Alloy Using Cold Metal Transfer Process [online]. In: Applied Sciences, 7(3), 275. ISSN 2076–3417. Verfügbar unter: https://doi.org/10.3390/app7030275, 2017

[28] Ding, D.; Pan, Z.; van Duin, S.; Li, H.; Shen, C.: Fabricating Superior NiAl Bronze Components through Wire Arc Additive Manufacturing [online]. In: Materials, 9(8),652. ISSN 1996–1944. Verfügbar unter: https://doi.org/10.3390/ma9080652, 2016

[29] Million, K.; Datta, R.; Zimmermann, H.: Effects of heat input on the microstructure and toughness of the 8 MnMoNi 5 5 shape-welded nuclear steel [online]. In: Journal of Nuclear Materials, 340(1), 25–32. ISSN 00223115. Verfügbar unter: https://doi.org/10.1016/j.jnucmat.2004.10.093, 2005

[30] Posch, G.; Chladil, K.; Chladil, H.: Material properties of CMT—metal additive manufactured duplex stainless steel blade-like geometries [online]. In: Welding in the World. ISSN 0043–2288. Verfügbar unter: https://doi.org/10.1007/s40194-017-0474-5, 2017

[31] Ulrich, D.: Future prospects of shape welding. In: Welding and cutting, S. 164–172, 2006

[32] Bergmann, J. P.: Additive Fertigung von 3D-Verbundstrukturen mittels MSG-Schweißen. Große Schweißtechnische Tagung, DVS Studentenkongress. Vorträge der Veranstaltungen in Leipzig am 19. und 20. September 2016. In: DVS CONGRESS 2016, Hg. DVS Berichte 327, S. 75–80

[33] Shen, C.; Pan, Z.; Cuiuri, D.; Dong, B.; Li, H.: In-depth study of the mechanical properties for Fe 3 Al based iron aluminide fabricated using the wire-arc additive manufacturing process [online]. In: Materials Science and Engineering: A, 669, 118–126. ISSN 09215093. Verfügbar unter: https://doi.org/10.1016/j.msea.2016.05.047, 2016.

[34] Ma, Y.; Cuiuri, D.; Hoye, N.; Li, H.; Pan, Z.: Characterization of In-Situ Alloyed and Additively Manufactured Titanium Aluminides [online]. In: Metallurgical and Materials Transactions B, 45(6), 2299–2303. ISSN 1073–5615. Verfügbar unter: https://doi.org/10.1007/s11663-014-0144-6, 2014

[35] Haden, C. V.; Zeng, G.; Carter, F. M.; Ruhl, C.; Krick, B. A.; Harlow, D. G.: Wire and arc additive manufactured steel [online]. Tensile and wear properties. In: Additive Manufacturing, 16, 115–123. ISSN 22148604. Verfügbar unter: https://doi.org/10.1016/j.addma.2017.05.010, 2017

[36] Zhang, Y.; Chen, Y.; Li, P.; Male, A. T.: Weld deposition-based rapid prototyping [online]. A preliminary study. In: Journal of Materials Processing Technology, 135(2–3), 347–357. ISSN 09240136. Verfügbar unter: https://doi.org/10.1016/S0924-0136(02)00867-1, 2003

[37] Venturini, G.; Montevecchi, F.; Scippa, A.; Campatelli, G.: Optimization of WAAM Deposition Patterns for T-crossing Features [online]. In: Procedia CIRP, 55, 95–100. ISSN 22128271. Verfügbar unter: https://doi.org/10.1016/j.procir.2016.08.043, 2016

[38] Ding, D.; Pan, Z.; Cuiuri, D.; Li, H.: A practical path planning methodology for wire and arc additive manufacturing of thin-walled structures [online]. In: Robotics and Computer- Integrated Manufacturing, 34, 8–19. ISSN 07365845. Verfügbar unter: https://doi.org/10.1016/j.rcim.2015.01.003, 2015

[39] Dwivedi, R.; Kovacevic, R.: Automated torch path planning using polygon subdivision for solid freeform fabrication based on welding [online]. In: Journal of Manufacturing Systems, 23(4), 278–291. ISSN 02786125. Verfügbar unter: https://doi.org/10.1016/S0278-6125(04)80040-2, 2004

[40] Kapil, S.; Joshi, P.; Yagani, H. V.; Rana, D.; Kulkarni, P. M.; Kumar, R.; Karunakaran, K. P.: Optimal space filling for additive manufacturing [online]. In: Rapid Prototyping Journal, 22(4), 660–675. ISSN 1355–2546. Verfügbar unter: https://doi.org/10.1108/RPJ-03-2015-0034, 2016

[41] Ding, D.; Pan, Z.; Cuiuri, D.; Li, H.; van Duin, S.; Larkin, N.: Bead modelling and implementation of adaptive MAT path in wire and arc additive manufacturing [online]. In: Robotics and Computer-Integrated Manufacturing, 39, 32–42. ISSN 07365845. Verfügbar unter: https://doi.org/10.1016/j.rcim.2015.12.004, 2016

[42] MX3D B.V.: Unternehmenswebsite [online] [Zugriff am: 05.09.2017]. Verfügbar unter: http://mx3d.com/

[43] Xiong, J.; Zhang, G.: Adaptive control of deposited height in GMAW-based layer additive manufacturing [online]. In: Journal of Materials Processing Technology, 214(4), 962–968. ISSN 09240136. Verfügbar unter: https://doi.org/10.1016/j.jmatprotec.2013.11.014, 2014

[44] Brell-Cokcan, S.; Lublasser, E.; Haarhoff, D.; Kuhnhenne, M.; Feldmann, M.; Pyschny, D.: Zukunft Robotik – Automatisierungspotentiale im Stahl und Metallleichtbau. In: Stahlbau, 3, 225–233. Verfügbar unter: 10.1002/stab.201710469, 2017

[45] Kovacevic, R.; Beardsley, H.: Process Control of 3D Welding as a Droplet-Based Rapid Prototyping Technique. In: Proceedings of the Solid Freeform Fabrication Symposium, 1998, 57–64.

[46] Radaj, D.: Eigenspannungen und Verzug beim Schweißen. Rechen- und Meßverfahren. Düs-
      seldorf: Verl. für Schweißen und Verwandte Verfahren DVS-Verl. Fachbuchreihe Schweiß-
      technik. 143. ISBN 3-87155-194-5, 2002

[47] Ding, J.; Colegrove, P.; Mehnen, J.; Ganguly, S.; Sequeira Almeida, P.M.; Wang, F.; Williams,
      S.: Thermo-mechanical analysis of Wire and Arc Additive Layer Manufacturing process on
      large multi-layer parts [online]. In: Computational Materials Science. ISSN 09270256. Ver-
      fügbar unter: https://doi.org/10.1016/j.commatsci.2011.06.023, 2011

[48] Gouge, M.; Michaleris, P.: Thermo-mechanical modeling of additive manufacturing. Kidling-
      ton: Butterworth-Heinemann. ISBN 9780128118214, 2017

[49] Montevecchi, F.; Venturini, G.; Scippa, A.; Campatelli, G.: Finite Element Modelling of
      Wire-arc-additive-manufacturing Process [online]. In: Procedia CIRP, 55, 109–114. ISSN
      22128271. Verfügbar unter: https://doi.org/10.1016/j.procir.2016.08.024, 2016

[50] Mughal, M. P.; Fawad, H.; Mufti, R.: Finite element prediction of thermal stresses and defor-
      mations in layered manufacturing of metallic parts [online]. In: Acta Mechanica, 183 (1–2),
      61–79. ISSN 0001–5970. Verfügbar unter: https://doi.org/10.1007/s00707-006-0329-4, 2006

[51] Ding, J.; Colegrove, P.; Mehnen, J.; Williams, S.; Wang, F.; Almeida, P. S.: A computationally
      efficient finite element model of wire and arc additive manufacture [online]. In: The Interna-
      tional Journal of Advanced Manufacturing Technology, 70(1–4), 227–236. ISSN 0268–3768.
      Verfügbar unter: https://doi.org/10.1007/s00170-013-5261-x, 2014

[52] Gerhard, P.: Manufacturing of turbine blades by shape giving CMT-Welding. In: 67th IIW
      Annual Assembly & International Conference, (Seoul, Korea), 2014

[53] Appelyard, D.: Welding Pelton Runners [online]. In: HRW-Hydro Review Worldwide maga-
      zine, Juli 2012, 28–32. Verfügbar unter: http://www.hydroworld.com/articles/print/volume-
      20/issue-4/articles/turbines-mechanical-components/welding-pelton-runners.html, 2012

[54] Vincent, W.: Unternehmenswebsite [online] [Zugriff am: 05.09.2017]. Verfügbar unter: http://
      www.ramlab.com/, 2017

[55] Norsk Titanium AS: Unternehmenswebsite [online] [Zugriff am: 05.09.2017]. Verfügbar
      unter: http://www.norsktitanium.com/

[56] Prodways Group: Unternehmenswebsite [online] [Zugriff am: 06.09.2017]. Verfügbar unter:
      http://www.prodways.com/en/prodways-group-presents-its-new-rapid-additive-forgingtech-
      nology/3ders.org/

[57] 3ders.org: Mutoh Industries unveils Value Arc MA5000-S1 metal arc welding 3D printer
      [online] [Zugriff am: 06.09.2017]. Verfügbar unter: http://www.3ders.org/articles/20150727-
      mutoh-industriesunveils-value-arc-ma5000-s1-metal-arc-welding-3d-printer.html

[58] Paul Gradl, W. B.: Weld3D [online]. Verfügbar unter: https://www.f6s.com/weld3d

[59] TU Delft: Open source 3D metal printer [online] [Zugriff am: 06.09.2017]. Verfügbar unter:
      https://metal2014.weblog.tudelft.nl/

[60] Anzalone, G. C.; Chenlong Zhang, B. W.; Sanders, P. G.; Pearce, J. M.: A Low- Cost Open-
      Source Metal 3-D Printer [online]. In: IEEE Access, 1, 803–810. ISSN 2169–3536. Verfügbar
      unter: https://doi.org/10.1109/ACCESS.2013.2293018, 2013

Additive Makrofertigung mit Laser-Lichtbogen Technik mit kontinuierlicher Schweißnaht

Alexander Barroi, Jörg Hermsdorf und Stefan Kaierle

Inhaltsverzeichnis

Zusammenfassung

Bei der Laser-Lichtbogen-Technik handelt es sich um einen MSG-Lichtbogen, in den ein Laser zur Unterstützung eingestrahlt wird. Dies führt zu einer Stabilisierung des Lichtbogens, wodurch die Schweißgeschwindigkeit angehoben werden kann und somit ein geringerer Verzug entsteht. Mit Hilfe des laserunterstützten Lichtbogenschweißens konnte ein Bauteil in Form eines Fußballstadions aus Stahl (G3Si1) gefertigt werden. Das Stadion besteht aus einer senkrechten Außenstruktur und einer Innenstruktur, die mit einem Überhang von 18° aufgebaut wurde. Das Bauteil mit Wandstärken von 4,4 mm weist keine Poren auf und die Oberfläche nur vereinzelte Schweißspritzer. Zum Aufbau der 1,4 kg schweren Struktur wurden 2 Stunden und 20 Minuten benötigt. Dies führt zu einer Aufbaurate von 0,6 kg/h bzw. 78 cm³/h. Eine Besonderheit der $185 \times 138 \times 48$ mm³ großen Struktur liegt darin, dass sie aus einer einzigen Schweißnaht besteht und daher fast ohne Nebenzeiten gefertigt werden konnte. Um dies zu

A. Barroi (✉) · J. Hermsdorf · S. Kaierle
Werkstoff- und Prozesstechnik, Laser Zentrum Hannover e.V., Hollerithallee 8,
30419 Hannover, Deutschland
e-mail: a.barroi@lzh.de; j.hermsdorf@lzh.de; s.kaierle@lzh.de

erreichen, wurde ein Übergangsbereich zwischen den beiden Strukturen programmiert, in dem die Schweißnaht sich selber kreuzt. Die an dieser Stelle entstehende Nahtüberhöhung konnte über die Prozessparameter kompensiert werden.

Schlüsselwörter

WAAM · Laser · Additive Fertigung · Makro

1 Einleitung

Die additive Fertigung mit Lichtbogenprozessen und Draht als Zusatzmaterial, zu Englisch „Wire Arc Additive Manufacturing" (WAAM), ist eine kostengünstige Technik, die mit Seriengeräten der Schweißquellenhersteller auskommt und deutlich günstiger als pulverbasierte Verfahren ist [1]. Diese Technik wurde am Laser Zentrum Hannover e.V. (LZH) durch den Einsatz von Laserstrahlung mittlerer Leistung ergänzt, mit dem Ziel die Stabilität des Lichtbogenprozesses zu erhöhen. Unter Einsatz dieser Technik wurde ein Demonstratorbauteil in Form eines vereinfachten Modells des Hannoverschen Fußballstadions gefertigt. Die Besonderheit in diesem Fall liegt darin, dass bei der Bahnplanung darauf geachtet wurde, dass das gesamte Bauteil in einem Zug mit einer einzigen Naht aufgebaut wurde. Durch dieses Vorgehen können die nachteiligen Start- und Stopppunkte auf das Minimum reduziert sowie ein gleichmäßiger Wärmeeintrag realisiert werden.

2 Stand der Technik

Für die Additive Fertigung von Bauteilen aus Metall ist eine Vielzahl verschiedener Prozesse bekannt. Eine Unterteilung kann über die Form des Zusatzmaterials und die Art der Energiezuführung stattfinden. Beim Zusatzmaterial wird zwischen Pulver und Draht unterschieden. Dabei bieten pulverbasierte Verfahren zumeist eine höhere Konturgenauigkeit und drahtbasierte Verfahren eine höhere Wirtschaftlichkeit [2]. Die Art der Energiezuführung hat ebenfalls Einfluss auf diese beiden Faktoren. Während Laser und Elektronenstrahl hohe Genauigkeiten erreichen, sind die Lichtbogenverfahren deutlich wirtschaftlicher. Daraus ergibt sich, dass WAAM-Verfahren, also die Verfahren, die Draht und Lichtbogen kombinieren, insbesondere für größere Bauteile ökonomisch sinnvoll sind. Im Vergleich zu pulverbasierten Verfahren mit Laser, bei denen eine Konturgenauigkeit von ±40 µm erreicht werden kann, sind bei WAAM-Verfahren lediglich ±200 µm möglich [1]. WAAM-Verfahren können wiederum in das Plasmaschweißen (PTA), das WIG-Schweißen und das MSG-Schweißen unterschieden werden. Dabei brennt bei den ersten beiden Verfahren das Plasma zwischen einer Wolframelektrode und dem Werkstück, wobei der Draht seitlich zugeführt wird. Beim MSG-Schweißen wird das Zusatzmaterial als abschmelzende Elektrode zugeführt, wodurch diese bei senkrechter Stellung koaxial zum Lichtbogen ausgerichtet ist.

Bei WAAM-Verfahren ist ein stabiler Lichtbogen äußerst wichtig, vor allem beim Schweißen in herausfordernden Bereichen wie einem T-Stoß [1]. Eine Möglichkeit der Stabilisierung eines Schweißlichtbogens besteht darin, mit Laserstrahlung mittlerer Leistung den Prozess zu unterstützen [3, 4]. Dabei entsteht durch Absorption von Laserstrahlung im Lichtbogenplasma ein Kanal erhöhter Leitfähigkeit. Dieses Verfahren wurde auch bei Auftragschweißungen und der Additiven Fertigung eingesetzt, wo die Erhöhung der möglichen Schweißgeschwindigkeit den Verzug reduzieren konnte [5, 6].

Die größte Herausforderung für den industriellen Einsatz von WAAM-Verfahren ist das Verständnis und die Beherrschbarkeit von Eigenspannungen und den daraus entstehenden Folgen [2, 7]. Beim Schweißen kommt es zu Eigenspannungen durch ungleichmäßige räumliche Ausdehnung und Kontraktion des Materials, wodurch Verzug auftritt. Bei WAAM-Verfahren ist dieses Verhalten besonders ausgeprägt, da Lichtbögen mit sehr großen Wärmeeinträgen einher gehen [2]. Um dieser Problematik entgegen zu treten wurden verschiedene Ansätze erprobt. Hönnige et al. [7] haben die Eigenspannung durch Umformung reduziert. Dabei werden Rollen mit Kräften zwischen 100 kN und 190 kN über Bauteile gefahren. Andere Gruppen haben verschiedene Schweißstrategien erprobt und Simulationen durchgeführt. Dabei kamen Ding et al. zu dem Ergebnis, dass eine gleichmäßige Vorwärmung des Bauteils den Verzug reduzieren kann [8]. Eine Vorwärmung des Bauteils entsteht ebenfalls durch einen kontinuierlichen Prozess und führt damit zum gleichen Ergebnis [9]. Eine weitere Herausforderung bei WAAM-Verfahren stellen die Anfangs- und Endpunkte von Schweißnähten dar. Typischerweise treten an den Anfangspunkten Nahtüberhöhungen und an den Endpunkten Nahteinfälle auf. Durch ein Überlagern von Start- und Endpunkten kann dieses Verhalten ausgeglichen werden [1, 6].

3   Versuchsaufbau und Vorgehensweise

Zur Anwendung des laserunterstützen Lichtbogenschweißens für die Additive Fertigung wurde der MSG-Brenner in die neutrale Stellung gebracht. Dies ermöglichte eine Richtungsunabhängigkeit des Prozesses. Die Laserstrahlung wurde seitlich eingebracht und auf den Fußpunkt des Lichtbogens ausgerichtet. Bei dieser Einstellung muss darauf geachtet werden, dass der Laser zwar möglichst viel Überdeckung mit dem Lichtbogen aufweist, aber nicht die Drahtelektrode zurückbrennt. Ein Rückbrennen der Drahtelektrode würde den Lichtbogenprozess instabil werden lassen. Ohne genügend Überdeckung von Laserstrahlung und Lichtbogen, würde sich der Stabilisierungseffekt hingegen nicht einstellen. Als Lichtbogenquelle wurde eine Merkle Highpulse 550 DW und als Laserstrahlquelle ein Diodenlaser von Laserline mit einer Wellenlänge von 1025 nm eingesetzt. Die Positionierung und der Vorschub wurden mittels eines Dreiachssystems realisiert.

Der verwendete Werkstoff für den Aufbau des Bauteils war ein G3Si1 Schweißdraht mit einem Durchmesser von 1 mm. Diese Werte wurden genutzt, um an der Schweißstromquelle die entsprechende Kennlinie für das Cold-MIG Verfahren einzustellen. Daraus folgten bei einer Spannung von 14,9 V ein Drahtvorschub von 2,1 m/min und ein Strom von 61 A. Als Schutzgas wurde ein aktives Mischgas aus 82 % Argon und 18 % CO_2

verwendet. Die Laserstrahlung wurde auf eine Leistung von 425 W eingestellt und zu einem Brennfleck von 2 mm Durchmesser auf die Arbeitsebene fokussiert.

Zur Bahnplanung wurde das Bauteil in drei Bereiche aufgeteilt. Die gerade nach oben aufgebaute Außenwand, die innen liegende Wand mit einer Schräge von 20 Grad und der Übergangsbereich. Der Übergangsbereich ist notwendig, um das Bauteil ohne Unterbrechung schweißen zu können. In ihm kreuzt sich die Schweißbahn immer wieder mit sich selbst, was diesen Bereich besonders herausfordernd macht. Aufgrund der Schräge wandert der Kreuzungspunkt immer weiter nach außen, da er sich in der Mitte der beiden Wände befindet, die sich mit jeder Lage aneinander annähern (Abb. 1). Der Kreuzungsbereich wird dabei noch etwas genauer betrachtet und in weitere Teilstücke, abhängig von der Richtung, aufgeteilt.

Die äußere Sektion (Abb. 2) wurde mit einer Schweißgeschwindigkeit von 250 mm/min und die innere Sektion mit einer Schweißgeschwindigkeit von 240 mm/min aufgebaut. Die Verringerung der Schweißgeschwindigkeit um 4 % bei der inneren Sektion führt zu einer ebenso großen Steigerung der aufgebrachten Masse pro Strecke. Damit sollte der Höhenunterschied der Lagen, der durch die Schräge entsteht, teilweise ausgeglichen werden. Im Kreuzungsbereich wurden ähnliche Anpassungen vorgenommen, um den Überschuss an Masse zu kompensieren, der entsteht, wenn die Naht sich selber kreuzt. So wurde beim

Abb. 1 Fehlaufbau mit Vergrößerung des Problembereichs der Nahtkreutzung

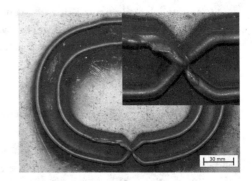

Abb. 2 Schweißgeschwindigkeiten im Kreuzungsbereich

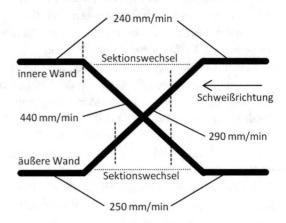

Abb. 3 Aus einer Naht generierte Struktur mit den Maßen 185 × 140 × 48 mm (L × B × H)

Wechsel von der äußeren Sektion zur inneren Sektion nach der halben Distanz zum Kreuzungspunkt die Schweißgeschwindigkeit von 250 mm/min auf 440 mm/min erhöht und dann am Anfang der inneren Sektion auf 240 mm/min gedrosselt. Beim Übergang von der inneren Sektion zur äußeren Sektion wurden die Punkte für die Geschwindigkeitsänderungen immer auf die Hälfte zwischen Kreuzungspunkt und Sektionswechsel gelegt. In dem Zwischenbereich wird die Schweißgeschwindigkeit auf 290 mm/min eingestellt. Der Startpunkt der Schweißnaht liegt auf der äußeren Sektion auf der dem Kreuzungspunkt gegenüberliegenden Seite. Von dort wird bis zur Kreuzung geschweißt, wo dann der Wechsel auf die innere Bahn vollzogen wird. Diese wird komplett geschweißt bis wieder der Kreuzungspunkt erreicht wird. Dann erfolgt der Wechsel zurück auf die äußere Seite. Von dort wurde bis zum Startpunkt geschweißt, wo dann durch eine schnelle senkrechte Aufwärtsbewegung um 1,45 mm die Ebene der nächsten Lage erreicht wurde. Dieses Vorgehen wurde für jede Lage wiederholt, wobei die innere Wand mit jeder Lage um 0,5 mm in Richtung der äußeren Wand erweitert wird. Durch diese Veränderung der Bahn kommt es zum Aufbau der Schrägen. Nach 32 Lagen und einer Schweißzeit von 140 Minuten wurde die 1,4 kg schwere Struktur fertiggestellt. Dabei wurde der Prozess nicht unterbrochen. Abb. 3 stellt die aufgebaute Struktur dar.

4   Auswertung und Diskussion

Für viele Bauteile ist es unerlässlich, dass sie frei von Poren sind. Dies gilt besonders in der Additiven Fertigung, bei der mechanische Nachbearbeitungen in den meisten Fällen notwendig sind. Oberflächennahe Poren könnten durch die Nachbearbeitung ansonsten geöffnet werden und die Herstellung einer glatten Oberfläche unmöglich machen. Ein Schliffbild einer Wand (Abb. 4), die mit Parametern wie im vorgestellten Bauteil gefertigt wurde zeigt, dass keine Poren vorhanden sind. In Abb. 3 ist außerdem zu erkennen, dass auf der Oberfläche vereinzelte Schweißspritzer vorhanden sind. Zusätzlich liegen drei kleine Formfehler, wie sie auf der hinteren innenliegenden Wand zu erkennen sind, vor. Ansonsten konnte eine gute Oberflächenrauheit (ohne Schweißspritzer) erreicht werden. Die Messung mit einem Perthometer ergab eine mittlere Rauheit von 22 μm.

Abb. 4 Schliffbild einer mit dem Prozess erstellten
Wand ohne Poren

Durch den Ansatz, das Bauteil in einem Zug ohne Unterbrechung des Prozesses zu schweißen, konnten die bereits beschriebenen Herausforderungen von WAAM-Techniken bezüglich Formabweichung an Start- und Stopppunkten umgangen werden. Dieses Vorgehen mag sich nicht für jedes Bauteil eignen, jedoch besteht die Möglichkeit, Bereiche in das Bauteil einzufügen, die eine kontinuierliche Naht erlauben. Bei dem hier gefertigten Demonstrator ist eine entsprechende Sektion im Kreuzungsbereich eingefügt worden. Die Kreuzungselemente verändern die ursprünglich geplante Form. Diese Anpassung an den Prozess muss konstruktiv derart gewählt werden, dass die Bauteilfunktion nicht beeinflusst wird. Dazu ist ein Umdenken in der Fertigung notwendig, welches die Möglichkeiten der Additiven Fertigung berücksichtigt.

Ein weiterer Vorteil, der sich aus der Fertigung mit kontinuierlicher Naht ergibt, ist die erhöhte Bauteiltemperatur. Die höhere Temperatur kommt einem Vorwärmen gleich, das den Verzug mindert. Bei diesem Ansatz ist auf die Bauteilgröße, bzw. die Nahtlänge pro Lage zu achten. Sind die Bauteile zu klein, kann es jedoch zu einer Überhitzung der Schmelze kommen, was zu Poren und einem ungewollten Abfließen der Schmelze führen kann. Bei zu großen Bauteilen muss eine zusätzliche Wärmequelle das Bauteil auf Temperatur halten. Dies sind in der Schweißtechnik häufig Brenner mit offener Flamme. Eine bessere, jedoch schwierigere Möglichkeit besteht darin, zusätzliche Prozessköpfe parallel einzusetzen. Dies führt zu einer enormen Steigerung der Depositionsrate, erschwert jedoch die Bahnplanung, da die Köpfe nicht miteinander kollidieren dürfen. Außerdem müssen die Schweißbahnen derart aufeinander abgestimmt sein, dass die Bauteiltemperatur an den Prozessorten möglichst identisch ist.

Literatur

[1] Venturini, G.; Montevecchi, F.; Scippa, A.; Campatelli, G.: Optimization of WAAM Deposition Patterns for T-crossing Features. Procedia CIRP, The Author(s). 55, 95–100. http:// dx.doi. org/10.1016/j.procir.2016.08.043, 2016

[2] Ding, D.; Pan, Z.; Cuiuri, D.; Li, H.: Wire-feed additive manufacturing of metal components: technologies, developments and future interests. The International Journal of Advanced Manufacturing Technology, 81, 465–81. http://dx.doi.org/10.1007/s00170-015-7077-3, 2015

[3] Hermsdorf, J.; Ostendorf, A.; Stahlhut, C.; Barroi, A.: Guidance and stabilisation of electric arc welding using Nd: YAG laser radiation. Proc PICALO, Paper 707, 335–40, 2008

[4] Hermsdorf, J.; Barroi, A.; Kaierle, S.; Overmeyer, L.; Zentrum, L.: Laser guided and stabilized gas metal arc welding processes. 2nd International Symposium on Laser Interaction with Matter, p. 2–11, 2012

[5] Barroi, A.; Hermsdorf, J.; Kling, R.: Development of a Laser-stabilised Gas Metal Arc Cladding Process for Hard Steel Deposition Material. Proceedings of the LPM2010, p. 3–7, 2010

[6] Barroi, A.; Hermsdorf, J.; Kling, R.: Cladding and Additive Layer Manufacturing with a laser supported arc process. Proceedings of the Solid Freeform Fabrication Symposium, 2011

[7] Hönnige, J. R.; Williams, S.; Roy, M. J.; Colegrove, P.; Ganguly, S.: Residual Stress Characterization and Control in the Additive Manufacture of Large Scale Metal Structures. 10th International Conference on Residual Stresses, 2, 455–60. http://dx.doi. org/10.21741/9781945291173-77, 2016

[8] Ding, J.; Colegrove, P.; Mehnen, J.; Williams, S.; Wang, F.; Almeida, P. S.: A computationally efficient finite element model of wire and arc additive manufacture. International Journal of Advanced Manufacturing Technology, 70, 227–36. http://dx.doi.org/10.1007/s00170-013-5261-x, 2014

[9] Mughal, M. P.; Fawad, H.; Mufti, R. A.; Siddique, M.: Deformation modelling in layered manufacturing of metallic parts using gas metal arc welding: effect of process parameters. Modelling and Simulation in Materials Science and Engineering, 13, 1187–204. http:// dx.doi. org/10.1088/0965-0393/13/7/013, 2005

Hybride Additive Fertigung: Ansätze zur Kombination von additiven und gießtechnischen Fertigungsverfahren für die Serienfertigung

Georg Leuteritz, Christian Demminger, Hans-Jürgen Maier und Roland Lachmayer

Inhaltsverzeichnis

Zusammenfassung

Die additive Fertigung wird seit ihrer Erfindung aufgrund ihrer Eigenschaft, hochindividualisierte, komplizierte und funktionsintegrierte Bauteile fertigen zu können, vor allem für die Prototypen- und Einzelteilbau eingesetzt. Daraus leitet sich folgerichtig

G. Leuteritz (✉) · R. Lachmayer
Institut für Produktentwicklung und Gerätebau (IPeG), Gottfried Wilhelm Leibniz Universität Hannover, Welfengarten 1A, 30167 Hannover, Deutschland
e-mail: leuteritz@ipeg.uni-hannover.de; lachmayer@ipeg.uni-hannover.de

C. Demminger · H.-J. Maier
Institut für Werkstoffkunde (IW), Gottfried Wilhelm Leibniz Universität Hannover, An der Universität 2, 30823 Garbsen, Deutschland
e-mail: demminger@iw.uni-hannover.de; maier@iw.uni-hannover.de

© Springer-Verlag GmbH Deutschland, ein Teil von Springer Nature 2018
R. Lachmayer et al. (Hrsg.), *Additive Serienfertigung*,
https://doi.org/10.1007/978-3-662-56463-9_8

ab, dass mit der additiven Fertigung lediglich sehr kleine Losgrößen realisiert werden können. Im Gegensatz dazu stehen traditionelle und bewährte Gussverfahren, mit denen sich eine Massenproduktion umsetzen lässt, die Bauteile dafür an stärkere Verfahrensrestriktionen gebunden sind und eine Individualisierung in den meisten Fällen wirtschaftlich nicht tragbar ist. Eine Kombination additiver und gießtechnischer Verfahren zu einem Prozess eliminiert die Schwächen beider Verfahren und dient damit als Schlüsseltechnologie für individualisierte Serienproduktion.

Ziel dieses Beitrages soll es sein, Herausforderungen und Einschränkungen zur hybriden additiven Fertigung aufzuführen und bereits bestehende Ansätze zu sammeln und zu diskutieren. Weiterhin wird ein neuer Ansatz vorgestellt, dessen Anforderungen dargestellt und mit anderen Verfahren verglichen.

Schlüsselwörter:

Additive Fertigung · Hybride Fertigung · Gießtechnische Verfahren · Serienfertigung

1 Einleitung

Die additive Fertigung wird in der globalen Industrie zunehmend stärker etabliert. Die dazugehörigen Technologien, wie Stereolithografie oder Selektives Laserstrahlschmelzen (SLM), eröffnen den Herstellern neue Möglichkeiten in Hinblick auf Gestaltungsfreiheiten im Bauteildesign und erhöhte Ressourceneffizienz, sofern es sich um Einzelteile bzw. kleine Serien handelt. Durch das schichtweise Aufbauen der zu fertigenden Komponenten ist es im Gegensatz zu konventionellen Herstellungsverfahren möglich, kompliziertere und bis dato nicht fertigbare Geometrien zu realisieren. Dies führt einerseits zu einem hohen Individualitätsgrad der Bauteile, aber auch zu verstärkter Funktionsintegration. Zudem kann vor allem mit düsenbasierten Verfahren der Materialeinsatz minimiert werden, da Zerspanungsvolumina durch endkonturnahe Fertigung reduziert und auf Pulverbetten oder Polymerbäder verzichtet werden können.

Trotz aller Vorteile werden additive Fertigungsverfahren zum Großteil für den Prototypen- und Werkzeugbau eingesetzt, jedoch nur selten für die Herstellung von Endprodukten oder die Serienfertigung. Zum einen ist der Bauraum der meisten konventionellen SLM-Anlagen zu klein, um eine Serienproduktion mit hoher Stückzahl zu ermöglichen. Zum anderen bedingt der schichtweise Aufbau je nach Bauteilvolumen einen hohen zeitlichen Aufwand. Zusätzlich müssen die meisten Bauteile je nach Fertigungsverfahren nachbearbeitet werden, da beispielsweise Oberflächeneigenschaften eine unzureichende Qualität aufweisen. Um also eine Entwicklung in Richtung individualisierte Massenproduktion – Mass Customization – vorantreiben zu können, müssen sowohl die Produktionszeit reduziert als auch die Produktionsqualität gesteigert werden [1, 2].

Eine weitere Fertigungstechnik aus der Hauptgruppe Urformen gemäß DIN 8580 ist das Gießen. Die Einteilung der einzelnen Gießverfahren erfolgt dabei im ersten Schritt über die Art der Formherstellung, speziell in Gießverfahren mit Dauerformen sowie Formen zum einmaligen Gebrauch. Bei jedem dieser Verfahren wird der Werkstoff aufgeschmolzen und in eine Form gegossen, in der der Werkstoff abkühlt, erstarrt und das finale Gussteil ergibt. Ein Großteil der vergossenen Legierungen wird zur Herstellung von Serienprodukten genutzt, wofür besonders im Bereich der Leichtmetalle der Kokillen- sowie Druckguss geeignet sind. In beide Verfahren kommen Dauerformen aus Warmarbeitsstählen zum Einsatz, die während der Produktion keine Änderungen der Gussteilgeometrie ermöglichen. Demgegenüber stehen die Gussverfahren mit verlorenen Sandformen, die für individualisierte Einzelteilfertigung eingesetzt werden. Um den steigenden Kundenanforderungen hinsichtlich Individualisierung gerecht zu werden und gleichzeitig hohe Stückzahlen von individuellen Serienprodukten fertigen zu können, ist es erforderlich diese konventionellen Fertigungsverfahren mit additiv gefertigten Bauteilkomponenten zu kombinieren. Das Ziel ist folglich die Weiterentwicklung von *Mass Production* zu *Mass Customization* [3, 4].

Um dieses Ziel zu erreichen, gibt es mehrere Möglichkeiten. Einerseits können die einzelnen Verfahren an die steigenden Anforderungen angepasst werden, um beispielsweise die Produktivität zu erhöhen oder Fertigungszeiten zu verkürzen. Für das Selektive Laserstrahlschmelzen ist es in diesem Zusammenhang denkbar, stärkere, kurzgepulste Laserstrahlquellen zu verwenden und damit höhere Scangeschwindigkeiten und verringerte Wärmeeinträge zu ermöglichen. Andererseits bietet der parallele Einsatz mehrerer Laserquellen das Potential die Fertigungszeit zu verkürzen. Außerdem bieten neuartige Kombinationen von konventionellen Fertigungsverfahren mit additiven Verfahren die Möglichkeit, die bestehenden Restriktionen aufzuheben und den Anforderungen gerecht zu werden.

In diesem Beitrag wird daher zunächst allgemein auf hybride Fertigungsverfahren eingegangen und eine Übersicht über bereits bestehende hybride Verfahren aus additiven und gießtechnischen Verfahren gegeben. Nachfolgend wird ein neuer Ansatz zur Kombination dieser Verfahren eingeführt und dabei Herausforderungen und notwendige Entwicklungsschritte des hybriden Verfahrens aufgezeigt.

2 Hybride Prozesse

In den folgenden Abschnitten wird die Einordnung hybrider Prozesse vorgenommen und deren Relevanz in der heutigen Industrie und Wissenschaft dargestellt.

2.1 Definition „Hybride Fertigungsverfahren"

Eine Definition der hybriden Fertigungsprozesse kann auf wissenschaftlicher Ebene nur schwer vorgenommen werden. Ein grober Ansatz dafür ist „die Kombination zweier Fertigungsverfahren zu einem neuen Prozess". Jedoch bietet diese Variante großen Interpretationsfreiraum. Betrachtet man die Einteilung aller Fertigungsverfahren nach DIN 8580, so stellt sich die Frage, ob für ein hybrides Fertigungsverfahren die beteiligten Verfahren

Tab. 1 Kombinationsmöglichkeiten für hybride und sub-hybride Fertigungsverfahren angelehnt an [6]

	Urformen	Umformen	Trennen	Fügen	Be-schichten	Stoffeigen-schaften ändern
Urformen						
Umformen						
Trennen						
Fügen						
Beschichten						
Stoffeigenschaften ändern						

Hybrides Verfahren ■   Sub-hybrides Verfahren □

aus unterschiedlichen Kategorien – etwa Urformen und Umformen stammen müssen, oder dafür Unterkategorien – aus Urformen: Gießverfahren und additive Fertigung – ausreichen [5, 6].

Weiterhin kann die Frage gestellt werden, ob sich beide Verfahren in ein und derselben Maschine befinden müssen, oder ob das Bauteil in verschiedene Maschinen transferiert werden soll und somit eine sequentielle Fertigung erfolgt. Ein letzter Punkt, der betrachtet werden kann, ist die Art des Energieeintrages. Zeichnet sich ein hybrides Verfahren durch den Einsatz verschiedener Energieformen zur Bearbeitung des Werkstoffes aus?

Mit diesen Ausführungen wird ersichtlich, dass die Frage nach einer festen Definition hybrider Fertigungsverfahren nicht eindeutig beantwortet werden kann. Für diese Arbeit wird folgende Definition vorgeschlagen: Ein hybrides Fertigungsverfahren ist die Kombination zweier Verfahren aus verschiedenen Kategorien der Fertigungsverfahren nach DIN 8580. Eine Kombination zweier Verfahren derselben Kategorie wird als sub-hybrid bezeichnet. Beide Verfahren müssen dabei nicht in derselben Maschine integriert werden. Eine Übersicht der damit möglichen Hybridverfahren ist in Tab. 1 dargestellt [nach 6].

2.2 Anwendungsfall Hybride Fertigung

Hybride Verfahren werden häufig unter zwei Gesichtspunkten entwickelt. Einerseits dienen sie als Übergangslösung, falls Technologien nicht vollends ausgereift sind – siehe hybride, elektrische Antriebsmodelle in der Automobilbranche – oder als Erweiterung einer Technologie, in dem vorhandene Schwachstellen des einzelnen Prozesses durch Integration eines weiteren Verfahrens behoben oder umgangen werden. Für die additive Fertigung trifft in gewisser Maßen beides zu. Zum einen ist die Technologie nicht derart weit entwickelt, sodass mit ihr individualisierte Massenproduktion umgesetzt werden kann. Zum

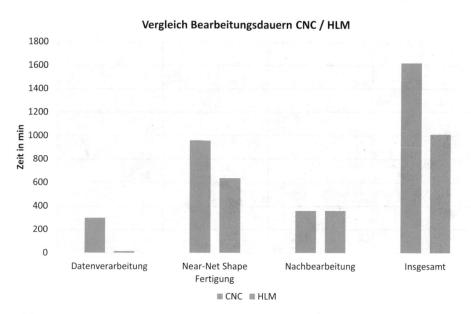

Abb. 1 Vergleich zwischen den Fertigungsdauern einer konventionellen Fertigung mit einer hybriden additiven Fertigung

anderen können durch Integration von spanenden Maschinen wie Fräsmaschinen oder urformenden Prozessen wie das Gießverfahren Bearbeitungsdauern und Bauteilqualität bedeutend verringert bzw. erhöht werden [7]. Weiterhin können die hybriden Verfahren derart an komplexe Anforderungen angepasst werden, sodass sie effizienter werden als konventionelle Fertigungsverfahren. Ein Beispiel dafür ist das Arc Hybrid Layered Manufacturing (HLM), welches von Karunakaran et al. im Vergleich zu einem standardisierten Fräsprozess (CNC) betrachtet wird (s. Abb. 1) [8].

Die Zeitersparnis von ca. 30 % für dieses Verfahren ist jedoch nicht der einzige Vorteil, auch konnten die Fertigungskosten um ca. 25 % gesenkt werden. Diese Arbeit zeigt somit eindrucksvoll das Potential der hybriden Fertigung auf.

2.3 Ausgewählte Hybride Fertigungsverfahren in Wissenschaft und Industrie

Kombination Trennender und Urformender Verfahren

Unter den bislang etablierten hybriden Fertigungsverfahren zählt die Vereinigung von urformenden oder umformenden und trennenden Verfahren zu den prominentesten. Ein wesentlicher Grund dafür ist die wissenschaftliche Wissensbasis, die über die Jahre aufgebaut wurde (s. Abb. 2). Dabei ist auch zu sehen, dass generell Verfahren, die einen trennenden Anteil beinhalten, von großer Relevanz sind.

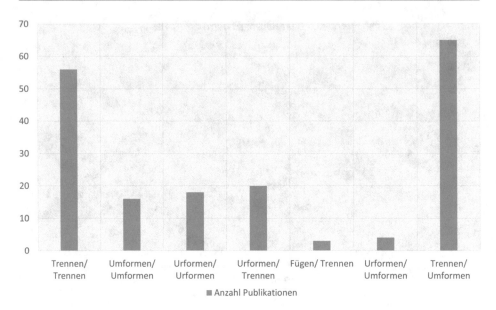

Abb. 2 Übersicht über die Anzahl wissenschaftlicher Arbeiten über hybride Fertigungsverfahren [nach 6]

Auch für die additive Fertigung werden vor allem die hybriden Optionen mit trennenden Verfahren untersucht. Die häufigste Paarung stellen pulverdüsenbasierte additive Verfahren mit CNC-Fräsmaschinen dar. Untersuchungen handeln über die Methodik zur Implementierung hybrider Systeme [9], die reale Umsetzung der hybriden Maschine in existierenden Maschinen [10–12] bis hin zur Softwareoptimierung für den hybriden Prozess [13].

Aufgrund der weitreichenden wissenschaftlichen Untersuchungen erscheint es nicht verwunderlich, dass diese Verfahren bereits den Weg in die Industrie gefunden haben. Namenhafte Hersteller wie DMG Mori oder neue Firmen wie Additive Industries B.V. bieten die Technologie als industrielle Maschinen inklusive passender Software, Qualitätssicherungsmaßnahmen, etc. an.

Kombination Urformender und Umformender Verfahren

Zu einer Möglichkeit, filigrane Strukturen auf massivere Basisgeometrien zu realisieren, zählen unter anderem die Ansätze der Universität Erlangen. Innerhalb eines Sonderforschungsbereiches gelang es, auf umgeformte Metallplatten (hier Aluminium und Titan) weitere Strukturen über additive Fertigungsprozesse aufzuschweißen. Abb. 3 zeigt ein solches hybrides Bauteil und Schliffbilder der gefertigten Verbundzonen [14–16].

Für diesen Prozess sind vor allem die ersten, durch das additive Fertigungsverfahren aufgebrachte Schichten ausschlaggebend für Ausbildung der Verbundzone und die Anbindung zum Grundwerkstoff. Die verwendete Laserleistung sowie Scangeschwindigkeit haben einen deutlichen Einfluss auf die späteren mechanischen Eigenschaften des hybriden Bauteils.

Abb. 3 Links: Verbindung umgeformter und additiv gefertigter Geometrien; rechts: Schliffbild des hybriden Bauteils nach Durchführung des Zugversuches und Riss der Probe [14]

Additiv gefertigt

Umgeformte Metallplatte

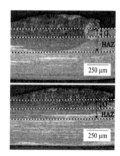

In Abb. 3 kann aus dem Schliffbild die Fehlstelle nach den Zugversuchen gemäß DIN EN ISO 6892-1:2009 bestimmt werden. Die Proben werden nach Eintreten des Bruches untersucht. Hierbei ist die dünne schwarze Linie über dem Bereich G die Bruchstelle. G selbst beschreibt die Zone der ersten 3–5 gedruckten Schichten durch das additive Verfahren. Durch diese Beobachtung wird nochmals deutlich, welchen Einfluss diese Schichten auf die Eigenschaften des Bauteils haben und somit die maßgebend die mechanische Stabilität der Verbindung bestimmen.

Kombination Urformender mit Urformenden Verfahren

Das letzte hybride Verfahren, das für diesen Beitrag betrachtet wird und das nächste Kapitel vorbereiten soll, gliedert sich in die sub-hybriden Fertigungsverfahren. Es handelt sich um die Verbindung von Bauteilen, die in gießtechnischen Verfahren hergestellt wurden und mit additiv gefertigten Bauteilen kombiniert werden. Ähnlich zu dem vorherigen Kapitel, werden massivere Basisbauteile mit komplizierteren Geometrien erweitert. Eine Sonderform dieses hybriden Verfahrens stellt das sogenannte Additive Repair dar, welches beschädigte Bauteile wiederherstellt, indem es das schadhafte Volumen durch ein additiv gefertigtes Volumen ersetzt. Obwohl ein solches Verfahren bereits industriell eingesetzt wird, besteht weiterhin Forschungsbedarf hinsichtlich der Prozesse an der Grenzschicht und der präzisen Auslegung der Kontaktstellen [17, 18]. Abb. 4 zeigt hierbei das Verfahren, mit dem diese hybriden Bauteile am IPeG gefertigt werden.

Für das Additive Repair müssen die beschädigten Bauteile präpariert werden, um die beschädigten Volumina zu entfernen und die Anbindung des additiv gefertigten Reparaturmaterials an den Grundwerkstoff zu gewährleisten. Das beschädigte Volumen wird dabei in ebenen Schnitten entfernt, um präzise definierte Oberflächen zu erhalten. Diese Präparation dient der Entfernung eventuell loser Partikel, die die Verbindungsstelle schwächen können und der genauen Positionierung des Werkstückes im Bauraum der jeweiligen Maschine. Das zu reparierende Bauteil wird anschließend im Bauraum der additiven Fertigungsanlage platziert (hier: Selektives Laserstrahlschmelzen) und die ursprüngliche Geometrie abschließend wiederhergestellt. Am IPeG werden momentan unterschiedliche Lagen der Schnittebenen (s. Abb. 5) und Prozessparameter für die ersten SLM-Schichten hinsichtlich der Festigkeit der Verbundzone untersucht.

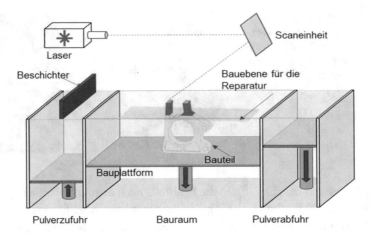

Abb. 4 Maschinen-Setup für Additive Repair

Abb. 5 Gegossene Aluminiumkörper mit verschiedenen Schnittebenen für das Additive Repair; das reparierte Volumen besteht aus der Aluminiumlegierung AlSi10Mg

Die Grundkörper bestehen dabei aus gegossenem Al-7075 oder Al-6082 und werden mit der Aluminiumlegierung AlSi10Mg repariert. Die Aluminiumlegierung wird verwendet, da das SLM-Verfahren unter anderem für diese Legierung entwickelt wurde. Für andere Metallpulver müssen die Prozessparameter untersucht und angepasst werden. Untersuchungen zur mechanischen Belastbarkeit werden über Zug- und Biegesteifigkeitstests durchgeführt. Analog zur additiven Fertigung auf umgeformten Metallen ist hier die Verbundzone zwischen gegossenem und additiv hinzugefügtem Material entscheidend für die Eigenschaften des hybriden Bauteils.

3 Forschung im Rahmen Sub-Hybrider Fertigung

In diesem Kapitel wird ein neuer Ansatz für die sub-hybride Fertigung vorgestellt, dessen Potential aufgezeigt wird. Zudem werden notwendige Arbeitsschritte dargestellt.

3.1 Ansatz für Neue Sub-Hybride Fertigung

Das Institut für Werkstoffkunde (IW) und das Institut für Produktentwicklung (IPeG) leiten ein neues sub-hybrides Fertigungsverfahren in die Wege. Es handelt sich hierbei um die Kombination gießtechnischer und additiver Fertigungsverfahren, jedoch wird im Gegensatz zu den Inhalten aus Abschn. 2.3 der Prozessablauf geändert. Additiv gefertigte Strukturen sollen im Gießprozess als Einlegeteile genutzt werden. Damit sollen Bauteile mit individualisierten, innenliegenden und funktionalen Strukturen realisiert werden, die einen in Serie herstellbaren Mantel besitzen. In Bezug auf die Serienfertigung von Bauteilen sollen damit beide Fertigungsverfahren in Richtung Mass Customization weiter entwickelt werden, indem der hohe Individualisierungsgrad der additiven Fertigung und die Möglichkeiten zur Massenfertigung des Gießverfahrens gezielt kombiniert werden.

3.2 Vorgehensweise zur Entwicklung des Verfahrens

Wie in vorherigen Abschnitten bereits erwähnt, spielt die Ausbildung einer stoffschlüssigen Verbundzone eine bedeutende Rolle für die Stabilität des hybriden Bauteils. Daher wird zu Beginn eine Anforderungsanalyse zur gezielten Modifikation der Oberflächenstruktur des SLM-Bauteils an die Grenzschicht erstellt. Diese beinhaltet unter anderem die notwendige Oberflächenbeschaffenheit der additiv gefertigten Struktur für eine stoffschlüssige Anbindung des gegossenen Teils. Weitere Schritte sind die Identifizierung prozesskritischer Parameter im SLM-Prozess, die Simulation des Schichtaufbaus, sowie dessen mechanischer Eigenschaften. Basierend auf den Simulationsergebnissen muss gegebenenfalls das CAD-Modell in Bezug auf geometrische Abweichungen zur endkonturnahen Fertigung angepasst werden. Schließlich erfolgt eine Validierung der Simulationen durch Demonstratoren und die metallographische Charakterisierung der Grenzschicht. Der geplante Ablauf des Forschungsvorhabens ist in Abb. 6 dargestellt.

Der letzte Punkt des Ablaufplans beinhaltet die Erstellung von Gestaltungsrichtlinien für dieses Verfahren. Somit soll sichergestellt werden, dass das Verfahren zuverlässig, aber auch für andere Institutionen reproduzierbar wird.

Abb. 6 Ablauf des Forschungsvorhabens zur Realisierung der Verbindung additiv gefertigter
Strukturen mit gegossener Ummantelung

3.3   Ziele des Vorhabens

Hauptziel des Vorhabens ist die Implementierung des hybriden Verfahrens in die Wissenschaft, mit weiterer Entwicklung auch in die Industrie. Die gefertigten hybriden Bauteile
sollen dabei final stärker für die individualisierte Massenfertigung ausgelegt werden. Als
wissenschaftliche Basis muss zunächst grundlegend untersucht werden, welche Einflussgrößen für die Ausbildung einer stoffschlüssigen Verbindung relevant sind. Nachdem
diese identifiziert wurden, werden Demonstratoren entwickelt, die einerseits bionische
Oberflächenstrukturen und andererseits innenliegende Strukturen, wie zum Beispiel Kühl-
kanäle, besitzen, um den Transfer in industrielle Anwendungen zu überprüfen. Unter Verwendung zweier unterschiedlicher Materialien soll auch die Kompatibilität mit verschiedenen Werkstoffen demonstriert werden. Applikationen im biomedizinischen Bereich sind
für Folgeuntersuchungen denkbar.

4   Zusammenfassung

Dieser Beitrag hat einen Überblick über aktuell, auch industriell, eingesetzte hybride Fertigungsverfahren gegeben. Dabei wurde der Begriff „hybrid" untersucht und definiert, sowie die Verfahren in hybrid und sub-hybrid eingeteilt und an ausgewählten Beispielen beschrieben. Zu den Beispielen gehören hybride Fertigungsverfahren, wie additive Fertigung in Kombination mit zerspanender Fertigung oder mit umgeformten Basisgeometrien, aber auch sub-hybride Verfahren, wie das Additive Repair wurden erläutert. Zudem wurde ein neues Verfahren vorgestellt, dass sich momentan in der Entwicklung befindet. Dabei sollen additive gefertigte Strukturen als Einlegeteile in Gussformen platziert und an- bzw. eingegossen werden. Mit diesem Ansatz sollen sowohl Gießverfahren als auch additive Fertigungsverfahren für die individualisierte Massenproduktion integriert werden.

Literatur

[1] Reeves, P.; Tuck, C.; Hague, R.: Additive Manufacturing for Mass Customization. In: Fogliatto F., da Silveira G. (eds) Mass Customization. Springer Series in Advanced Manufacturing, Springer, London, 2011

[2] Berman, B.: 3-D printing: The new industrial revolution. In Business Horizons Vol. 55-2, p. 155–162, 2012

[3] Hague, R.; Campbell, I.; Dickens, P.: Implications on design of rapid manufacturing. In Proceedings of the Institution of Mechanical Engineers Vol. 217–1, 2003

[4] Tseng, M. M.; Jiao, J.; Merchant, M. E.: Design for Mass Customization. In CIRP Annals Vol. 45-1 p. 153–156, 1996

[5] DIN 8580: Fertigungsverfahren – Begriffe, Einteilung, Beuth Verlag, 2003

[6] Zhu, Z.; Dhokia V. G.; Nassehi, A.; Newman, S. T.: A review of hybrid manufacturing processes – state of the art and future perspectives. In International Journal of Computer Intergrated Manufacturing Vol. 26-7 p. 569–615, 2013

[7] Manogharan, G.; Wysk, R. A.; Harryson, O. L. A.: Additive manufacturing-integrated hybrid manufacturing and subtractive processes: economic model and analysis. In International Journal of Computer Intergrated Manufacturing Vol 29-5 p. 473–488, 2016

[8] Karunakaran, K. P.; Suryakumar, S.; Pushpa, V.; Akula, S.: Retrofitment of a CNC machine for hybrid layered manufacturing. In International Journal of Advanced Manufacturing Technologies Vol 45 p. 690–703, 2009

[9] Kerbrat, O.; Mognol, P.; Hascoet, J.-Y.: A new DFM approach to combine machining and additive manufacturing. In Computers in Industry Vol. 62 p. 684–692, 2011

[10] Liou, F.; Slattery, K.; Kinsella, M.; Newkirk, J.; Chou, H.-N.; Landers, R.: Applications of a hybrid manufacturing process for fabrication of metallic structures. In Rapid Prototyping Journal Vol. 13-4 p. 236–244, 2007

[11] Xiong, X.; Zhang, H.; Wang, G.: Metal direct prototyping by using hybrid plasma deposition and milling. In Journal of Materials Processing Technology Vol. 209 p. 124–130, 2008

[12] Amine, T. A.; Sparks, T. E.; Liou, F.: A startegy for fabricating complex structures via a hybrid manufacturing process. In 22nd Annual International Solid Freeform Fabrication Symposium – An Additive Manufacturing Conference p. 175–184, 2011

[13] Joshi, P. C. et al.: Direct digital additive manufacturing technologies: path towards hybrid integration. In Future of Instrumentation International Workshop p. 1–4, 2012

[14] Schaub, A.; Juechter, V.; Singer, R. F.; Merklein, M.: Characterization of hybrid components consisting of SEBM additive structures and sheet metal of alloy Ti-6Al-4 V. In Key Engineering Materials Vol. 611-612 p. 609–614, 2014

[15] Plettke, R. et al.: A new process chain for joining sheet metal to fibre composite sheets. In Key Engineering Materials Vol. 611-612 p. 1468–1475, 2014

[16] Ahuja, B.; Schaub, A.; Karg, M., Schmidt, R.; Merklein, M.; Schmidt, M.: High power laser beam melting of Ti6Al4V on formed sheet metal to achieve hybrid structures. In Proceedings of SPIE Laser 3D Manufacturing II Vol. 9353, 2015

[17] Zghair, Y.; Leuteritz, G.: Additive Repair von Multimaterialsystemen im Selektiven Laserstrahlschmelzen. In Aditive Manufacturing Quantifiziert, Springer Berlin-Heidelberg p. 195–215, 2017

[18] Zghair, Y.; Lachmayer, R.: Additive repair design approach: case study to repair aluminium base components. In Proceedings of the 21st International Conference on Engineering Design Vol 5, 2017

Die 3D Skelett Wickeltechnik auf dem Weg in die Serienfertigung

Jonathan Haas, Kevin Bachler, Peter Eyerer, Björn Beck
und Lazar Bošković

Inhaltsverzeichnis

J. Haas · K. Bachler (✉) · L. Bošković
Labor für Kunststofftechnik, HTWG Konstanz, Alfred-Wachtel-Str. 8, 78462 Konstanz,
Deutschland
e-mail: jonathan.haas@htwg-konstanz.de; kevin.bachler@htwg-konstanz.de;
lazar.boskovic@htwg-konstanz.de

P. Eyerer
Fraunhofer ICT, Ingenieurbüro Eyerer, Joseph-von-Fraunhofer-Str. 7, 76327 Pfinztal, Deutschland
e-mail: peter.eyerer@ict.fraunhofer.de

B. Beck
Polymer Engineering, Fraunhofer ICT, Joseph-von-Fraunhofer-Str. 7, 76327 Pfinztal, Deutschland
e-mail: bjoern.beck@ict.fraunhofer.de

© Springer-Verlag GmbH Deutschland, ein Teil von Springer Nature 2018
R. Lachmayer et al. (Hrsg.), *Additive Serienfertigung*,
https://doi.org/10.1007/978-3-662-56463-9_9

Zusammenfassung

Die 3D Skelett Wickeltechnik ist ein ressourcenschonendes Fertigungsverfahren zur Herstellung lastpfadgerecht ausgelegter Leichtbaukomponenten aus Faserverbundkunststoffen. Gegenüber dem heutigen Stand der Leichtbautechnik lassen sich damit nochmals 25 bis 45 % Masse einsparen. Die Herstellung der geometrisch optimierten Strukturen erfolgt durch Aufwickeln eines duroplastisch oder thermoplastisch imprägnierten Garns auf ein sehr einfaches bauteilspezifisches Werkzeug. Verschnitt wird dabei gänzlich vermieden. Je nach Werkstoffauswahl erfolgen die Konsolidierung und die Aushärtung bereits beim Wickeln oder in einem anschließenden Prozessschritt. Eine Autoklavbehandlung verbessert die Qualität (Porosität) enorm, sofern erforderlich.

Während andere Vertreter der Technologie recht kostenintensive Automatisierungsansätze verfolgen, entwickeln die Einrichtungen der Autoren momentan einen Low-Cost-Ansatz. Die erarbeiteten Lösungskonzepte weisen einige Parallelen mit der FDM 3D Druck Technologie auf.

Weitere Handlungsfelder, denen sich die Kooperation widmet, stellen die Erarbeitung alternativer Werkstoffkombinationen und die Sicherstellung reproduzierbarer Qualitätsmerkmale dar. Der Fokus bei der Erarbeitung neuer Werkstoffalternativen liegt auf den nachwachsenden Ressourcen, sowohl harz- als auch faserseitig.

Schlüsselwörter

3D Skelett Wickeltechnik · Leichtbau · Lastpfadgerecht · Automatisierung · Nachwachsende Ressourcen

1   Einleitung

Als additive Fertigung wird allgemein die Erzeugung von Bauteilen durch schichtweises Hinzufügen eines Werkstoffs verstanden. Entsprechende Fertigungsverfahren stellen beispielsweise das Selektive Lasersintern (SLS) und das Fused Deposition Modeling (FDM) dar. Im Gegensatz zu vielen konventionellen Verfahren wird dabei die Entstehung von Spänen und anderen Abfällen vermieden. Zudem wird häufig eine effiziente Realisierung komplexer geometrischer Strukturen ermöglicht [1].

Der schichtweise Aufbau von Bauteilen entlang einer festen Achse findet bei der 3D Skelett Wickeltechnik nicht statt. Dennoch weist die Technologie einige charakteristische Merkmale auf, welche ansonsten vor allem aus den additiven Fertigungsverfahren bekannt sind. Auch mit der 3D Skelett Wickeltechnik lassen sich komplexe und geometrisch optimierte Strukturen effizient herstellen. Die Entstehung von Abfall bzw. Verschnitt wird hier ebenfalls vollständig vermieden. Wie der 3D-Druck zeichnet sich auch die 3D Skelett Wickeltechnik durch geringen Werkzeugverschleiß aus. Eine zum 3D-Druck vergleichbare CAD-/CAM-Kopplung ist in Zukunft ebenfalls denkbar.

Aufgrund dieser Übereinstimmung technologiespezifischer Eigenschaften zählen die Autoren dieses Beitrags die 3D Skelett Wickeltechnik zu den additiven Fertigungsverfahren im erweiterten Sinne. Die Parallelen zum FDM-Verfahren werden an diversen Stellen des Beitrags deutlich.

Das Prinzip der 3D Skelett Wickeltechnik – das Aufwickeln eines thermoplastisch oder duroplastisch imprägnierten Garns um mehrere Umlenkpunkte, sodass sich nach der Matrix-Aushärtung eine lastpfadgerechte Struktur ergibt – ist bereits seit vielen Jahren vereinzelt in industriellen Anwendungen zu finden. Auch eine Patentierung dieses technologischen Ansatzes als eigenständiges Fertigungsverfahren hat bereits stattgefunden [2]. Jedoch konnte sich die Technologie in Deutschland bislang nicht am Markt durchsetzen. In einem gemeinsamen Kooperationsprojekt befassen sich das Labor für Kunststofftechnik der HTWG Konstanz, das Ingenieurbüro Eyerer sowie die Offene Jugendwerkstatt Karlsruhe nun mit der Weiterentwicklung der noch im Prototypenstadium befindlichen „3D Skelett Wickeltechnik". Dies geschieht in enger Abstimmung mit dem Fraunhofer-Institut für Chemische Technologie (ICT) in Pfinztal, welches bereits seit einigen Jahren an einem artverwandten und selbstentwickelten Verfahren forscht – der lokalen Endlosfaserverstärkung in strukturellen Spritzgießbauteilen. Neben der Automatisierung und Prozessfähigkeit der 3D Skelett Wickeltechnik liegt auch der Einsatz biobasierter Werkstoffe im Augenmerk der Kooperationspartner.

2   Vorstellung der 3D Skelett Wickeltechnik

Als Faserverbundwerkstoffe werden Mischwerkstoffe bezeichnet, deren Hauptkomponenten in Verstärkungsfasern und einer bettenden Matrix bestehen. Durch die Kombination dieser beiden Komponenten entsteht ein Werkstoff, dessen mechanische Eigenschaften jene der einzelnen Ausgangskomponenten jeweils ergänzt. Faser-Kunststoff-Verbundwerkstoffe (FKV) bieten gegenüber metallischen Konstruktionswerkstoffen erhebliche Vorteile. Aufgrund ihrer geringeren Dichte und ihrer höheren Festigkeits- und Steifigkeitswerte eignen sie sich besonders gut für Leichtbau-Anwendungen. Weiterhin zeichnen sie sich durch hohe Korrosionsbeständigkeit, einstellbare elektrische Eigenschaften, geringe Wärmeleitfähigkeit und hohes Energieaufnahmevermögen aus. Nachteilhaft wirken sich gegenüber den metallischen Werkstoffen meist erhöhte Materialkosten aus [3, 4].

2.1   Allgemeine FKV Verarbeitungsverfahren

Zur Herstellung von Bauteilen und Halbzeugen aus langfaserverstärkten Kunststoffen existieren zahlreiche, teils sehr unterschiedlich ablaufende, Fertigungsverfahren. Die Vielfalt der Verfahren ist auf das breite Anwendungsspektrum der FKV zurückzuführen und wird im Folgenden anhand einiger Beispiele angedeutet: Als großserientaugliche Verfahren sind z. B. das Prepreg-Verfahren sowie das Spritzpressen (auch Resin Transfer

Moulding) zu nennen. Dank hohem Automatisierungsgrad und hoher Bauteilqualität haben sich diese Verfahren bei der Herstellung von flächigen Bauteilen in der Automobil- und Luftfahrtindustrie etablieren können. Sie werden beispielsweise zur Fertigung von Heckspoilerdeckeln und Triebwerksverkleidungen eingesetzt. Zur Herstellung von großflächigen Bauteilen, z. B. Helikopter- oder Windkraftanlagen-Rotorblätter, werden hingegen kostengünstigere Vakuumformverfahren eingesetzt. Das Filament Winding (FW) ist die gegenwärtig konventionelle Wickeltechnik von Rovings. Im einfachsten Fall besteht die Maschine aus einer rotierenden Achse, auf der sich der zu umwickelnde Bauteilkern befindet. Während der Rotation wird ein horizontal ausgerichtetes Führungswerkzeug kontinuierlich entlang des Werkstücks bewegt. Auf diese Weise kann eine gleichmäßige Schichtdicke des gewickelten Bauteils gewährleistet werden, wobei im Gegensatz zur 3D Skelett Wickeltechnik ausschließlich rotationssymmetrische Hohlkörper hergestellt werden. Weiter entwickelte Maschinen nutzen Roboterarme um den Kern einzuspannen. Durch die flexiblere Achsansteuerung sind Wicklungen von beispielsweise gekrümmten Bauteilen möglich. Das Pultrusionsverfahren dient hingegen ausschließlich zur Herstellung von Profilen. Hierzu können Schläuche und Terrassenprofile als Beispiele angeführt werden [3, 4].

Aufgrund der hohen Materialkosten sowie des Anspruchs an effizienter Massenreduktion wurden in den vergangenen Jahren auf dem Gebiet der FKV eine Gruppe von Verarbeitungsprozessen entwickelt, die als lastpfadgerechte Verfahren einzuordnen sind. Durch eine auf Belastungsart optimierte Ausrichtung der Fasern können Bauteile mit minimalen Materialeinsatz hergestellt werden. Der Ansatz dieser lastpfadgerechten Verfahren führt durch die resultierende Ressourceneffizienz zu extremen Leichtbau-Bauteilen. Abb. 1 zeigt eine Auswahl der verschiedenen Verarbeitungsverfahren.

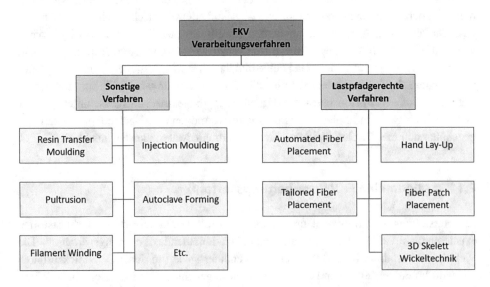

Abb. 1 Übersicht FKV Verarbeitungsverfahren, Darstellung: eigene Darstellung

2.2   Lastpfadgerechte FKV Verarbeitungsverfahren

Im Automated Fiber Placement (AFP) Prozess werden faserverstärkte Kunststoffbänder unter dem Einfluss von Druck und Temperatur mithilfe eines Roboters lastpfadorientiert auf einer Werkzeugoberfläche abgelegt und zeitgleich konsolidiert. Der Vorgang kann einerseits mit einem kontinuierlichen Faserroving erfolgen. Eine andere Möglichkeit besteht in der Abtrennung des Rovings nach einzelnen gelegten Bahnen, wodurch ein höherer Freiheitsgrad an Ablegeoptionen besteht. Beim Tailored Fiber Placement (TFP) handelt es sich um einen automatisierten Prozess, der sich an Verfahren aus der Textilindustrie, insbesondere der Stickerei, orientiert. Die Rovings werden ohne Imprägnierung auf einem Trägermaterial aufgestickt, wobei eine lastpfadgerechte Auslegung des resultierenden Bauteils ermöglicht wird [5]. Das Verfahren bietet zudem die Möglichkeit, frei wählbare dreidimensionale Geometrien herzustellen. Bei dem kürzlich entwickelten Fiber Patch Placement (FPP) werden zwei Roboterarme zu einer stationären Einheit zusammengeschlossen. Hier wird zunächst ein Teil des Faserbands (Patch) durch einen Laser abgetrennt. Nach der Vereinzelung folgt eine Qualitätsprüfung des Patch durch ein Kamerasystem. Genügt der Patch den Anforderungen wird er von einem formadaptiven Greifer aufgenommen und auf einer Dauerform abgelegt. Daraufhin prüft das Kamerasystem den Patch hinsichtlich korrekter Position und Orientierung wonach die Konsolidierung beginnt. Im Anschluss erfolgt der gleiche Prozess mit einem neuen Patch, wodurch stückweise ein Werkstück entsteht. Es handelt sich somit um ein additives Fertigungsverfahren, welches in der Lage ist komplexe Werkstückgeometrien zu realisieren [6].

2.3   Vom Hand Lay-Up zur 3D Skelett Wickeltechnik

Das Hand Lay-Up oder Handlaminieren bietet sich zur Herstellung von Prototypen und Kleinserien jeglicher Art an. Es ist durch minimale Investitionskosten, hohen Personalaufwand und von handwerklichen Einflüssen beeinträchtigte Reproduzierbarkeit gekennzeichnet. Dabei wird ein Endlos-Faserhalbzeug mittels eines Pinsels duroplastisch imprägniert und durch die Verwendung verschiedener, auf einem Werkzeug angebrachter Umlenkpunkte zu einem Strukturbauteil gewickelt. Darauf folgt ein Aushärtevorgang, der je nach Matrix-Werkstoff bei Umgebungstemperatur oder innerhalb eines Ofens bei erhöhter Temperatur erfolgt. Der Prozess ermöglicht geometrische Flexibilität sowie Hohlräume zwischen den Fasersträngen. Durch kraft- und spannungsoptimierte Auslegung wird eine minimale Masse an Werkstoff benötigt, was zu einem konsequenten Leichtbauprodukt führt. Das seit einiger Zeit existierende Verfahren wird teilweise industriell eingesetzt, findet aber durch die fehlende Prozessfähigkeit bei den meisten Anbietern und der hohen Personalkosten keine umfassende Anwendung. Die 3D Skelett Wickeltechnik fasst daher den bestehenden Ansatz auf und entwickelt diesen weiter. Durch eine Automatisierung des Verfahrens wird der menschliche Eingriff als größter Unsicherheits- und Kostenfaktor aus der Prozesskette entfernt. Darüber hinaus wird ein gesamtheitlicher Ansatz verfolgt, indem bereits bei der Auslegung und Konstruktion von

Bauteilen ein lastfallgerechter Optimierungsschritt vorausgeht. Hierfür wird das erwartete Lastkollektiv betrachtet, woraus durch den Einsatz von Simulations- und Optimierungsverfahren eine für die verschiedenen Belastungsfälle bestmögliche Bauteilstruktur entsteht.

Auf diesem Weg entsteht ein Gerüst aus Zug- und Druckstreben, welches bei minimaler Masse dem geforderten Lastkollektiv standhält. Beispielhaft ist ein vom Fraunhofer ICT entwickeltes und hergestelltes Demonstratorbauteil in Abb. 2 dargestellt. Mittels der 3D Skelett Wickeltechnik können ebendiese Strukturen hergestellt werden, woraus sich die folgenden Vorteile gegenüber anderen FKV Verarbeitungsverfahren ergeben:

- Aufgrund des topologieoptimierten Aufbaus und der Hohlräume zwischen den Faatesträngen lassen sich Bauteile oder Einleger mit minimaler Masse realisieren.
- Durch die lastfallgerechte Anordnung der Fasern werden für bestimmte Lastfälle höchste Steifigkeitswerte erreicht. Die 3D Skelett Wickeltechnik eignet sich somit zur Herstellung von hochbelastbaren Bauteilen, in denen die mechanischen Eigenschaften der Fasern maximal ausgenutzt werden.
- Im Gegensatz zu vielen anderen Verfahren kommt es hier nicht zum Verschnitt von Faserhalbzeug. Die Bauteile werden bei minimalem Materialverbrauch aus einer Endlosfaser gewickelt.
- Die Bauteile lassen sich geometrisch flexibel gestalten. Das Werkzeug dient in der Regel lediglich zur Aufnahme der Umlenkpunkte, nicht aber zur Ablage der Fasern auf Oberflächen. Somit lassen sich Zug- und Druckstreben frei im Raum positionieren.
- Das Verfahren lässt sich mit verschiedenen Materialien umsetzen. Neben erdölbasierten Hochleistungsfasern (CF, AF) oder Glasfasern lassen sich auch biobasierte Garne für geringer beanspruchte Bauteile einsetzen. Zudem können anstatt erdölbasierter Kunststoffe auch biobasierte Alternativen als Matrix eingesetzt werden.

Aus den genannten Vorteilen lässt sich das Anwendungspotenzial ableiten. Werden hochsteife Bauteile bei gleichzeitig geringer Masse benötigt, kommen die Vorteile der 3D Skelett Wickeltechnik zum Tragen. Dies ist insbesondere dann der Fall, wenn es sich um

Abb. 2 Demonstratorbauteil 3D Skelett Wickeltechnik, Foto: Fraunhofer ICT [7]

zu bewegende Komponenten handelt. So sind Anwendungen in der Sportgeräteindustrie, dem Maschinen- und Anlagenbau, der Automobilbranche sowie in der Verpackungsindustrie oder der Luft- und Raumfahrttechnik und im Bauwesen möglich. Um dieses Anwendungspotenzial auszuschöpfen sind auf dem Weg in die Vollautomatisierung des Prozesses verschiedene Einflussparameter zu untersuchen. Nur so lassen sich die sicherheitskritischen, wirtschaftlichen und umweltbedingten Anforderungen in den verschiedenen Branchen erfüllen.

3   Aspekte der Prozessfähigkeit

In der Vergangenheit scheiterten dreidimensional gewickelte Bauteile im Bereich Automobil und bei Luftfahrzeugen vor allem an der mangelnden Reproduzierbarkeit ihrer mechanischen Leistungsfähigkeit. Die Reproduzierbarkeit der Eigenschaften innerhalb und zwischen verschiedenen Fertigungen ist zu schlecht. Im Kooperationsprojekt werden deshalb Einflussparameter untersucht und optimiert, welche die mechanischen Eigenschaften der Bauteile herstellungsbedingt beeinträchtigen können. Nachfolgend werden einige relevante Parameter und dazugehörige Lösungsansätze kurz vorgestellt.

3.1   Imprägnierung der Faserhalbzeuge

Die gleichmäßige und durchdringende Imprägnierung der Faserhalbzeuge nimmt großen Einfluss auf die mechanische Belastbarkeit der gewickelten Strukturen. Eine unvollständige Benetzung des Garns führt zu Spannungsspitzen im Faserverbund und begünstigt dadurch das Auftreten von Delaminationen [3]. Eine ungleichmäßige Imprägnierung erhöht die Bauteilmasse unnötig und entspricht nicht dem Ideal des Leichtbaugedankens. Beide Effekte lassen sich bei manueller Imprägnierung nicht verhindern. Zur Sicherstellung einer anforderungsgerechten Imprägnierung existieren diverse Ansätze. In Abb. 7 und 8 (Kap. 4) sind zwei Imprägniermethoden skizziert, welche aus dem Filament Winding bekannt sind und in dieser Form im Kooperationsprojekt praktiziert werden [8]. Neben dem klassischen Walzensystem zur Benetzung spreizbarer Filamentgarne mit niedrigviskosen Duroplast-Harzen wird ebenfalls die Imprägnierung von thermoplastischen Hybridgarnen betrachtet. Dabei handelt es sich um Mischgarne in denen Verstärkungsfasern mit thermoplastischen Matrix-Fasern kombiniert werden. Die Gleichmäßigkeit und die Durchdringung der Imprägnierung lassen sich durch gezieltes Einbringen der Matrix-Fasern somit bereits beim Spinnprozess steuern. Einen weiteren Ansatz stellt die Verwendung von sogenannten Tapes dar. Es handelt sich dabei um thermoplastisch oder duroplastisch vorimprägnierte Faserhalbzeuge, wodurch der Prozessschritt der Imprägnierung ausgelagert wird.

3.2   Porosität der gewickelten Strukturen

Auch der Einschluss luftgefüllter Hohlräume im Faserverbund, die sogenannte Porosität, führt zu hohen Spannungsspitzen in gewickelten Strukturen. Die Luftporen verhindern die lokale Kraftübertragung zwischen den Fasern und stellen Kerben dar [3]. Die aus den konventionellen Verfahren zur Herstellung von Faserverbundbauteilen bekannten Methoden zur Minimierung der Porosität lassen sich bedingt auf die 3D Skelett Wickeltechnik übertragen. Während in üblichen Autoklav-Anwendungen und vakuumunterstützten Verfahren vorwiegend flächige Bauteile in Formen gefertigt werden, zielt die 3D Skelett Wickeltechnik auf die Erstellung komplexer Geometrien mit topologieoptimierter Struktur ab. Die Skelett-ähnlichen Bauteile befinden sich nach dem Wickelprozess auf einem komplex geformten Werkzeug. Um mittels Vakuumverfahren eine effektive Entgasung einer duroplastischen Matrix gewährleisten zu können, muss dieses Werkzeug zunächst mit flexiblen Folien luftdicht umschlossen werden. Das Abführen der Luft und des überschüssigen Harzes erfolgt anschließend mithilfe einer Vakuumpumpe und/oder eines Autoklavs. Dieser Ansatz lässt sich mit thermoplastisch imprägnierten Strukturen, deren Erstarrung häufig bei Temperaturen oberhalb 100 °C erfolgt, jedoch nicht effizient umsetzen. Zum Teil wird die Porosität solcher Strukturen durch eine Kontakterwärmung unter Vakuum reduziert [9].

3.3   Konstante Garnspannung

Einen weiteren Einflussparameter stellt die konstante Garnspannung dar. Die Zug- und Druckstreben der gewickelten Strukturen bestehen in der Regel aus tausenden, idealerweise parallel angebrachten, Fasern. Um im erwarteten Lastfall eine nahezu gleichmäßige Belastung aller Fasern sicherstellen zu können, muss das im Bauteil befindliche Garn in jeder abgelegten Schicht gleichmäßig gespannt sein. Dies ist erforderlich, um ein vorzeitiges Versagen einzelner Faserbündel und folglich eine Reduktion der mechanischen Belastbarkeit zu verhindern. Abb. 3 zeigt schematisch einen Ansatz, welcher zur Behebung des Problems dienen kann. Mithilfe einer mechanisch gebremsten Roving-Spule wird das Garn beim Abzug unter konstanter Spannung gehalten. Kurzfristige Spannungsschwankungen, die beim automatisierten Wickeln auftreten, werden über eine Feder ausgeglichen. Dieser Ansatz lässt sich in gleicher Weise auch bei der Verarbeitung thermoplastischer Hybridgarne einsetzen. Jedoch ist dort zusätzlich die häufig hohe Schwindung der thermoplastischen Matrices zu berücksichtigen. Wird das Bauteil nach dem Wickelprozess zu frühzeitig entformt, so bewirkt die Schwindung der zuletzt gewickelten Schichten eine Stauchung bzw. Wölbung der zuvor abgelegten Schichten – ein Effekt der in ähnlicher Weise auch im FDM-Verfahren auftritt („Warp"-Effekt). Zur Verhinderung des Effekts werden die gewickelten Strukturen erst nach ihrer vollständigen Aushärtung vom spannungserhaltenden Werkzeug entnommen [8].

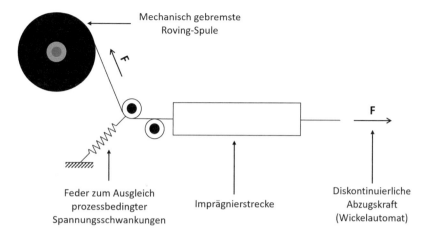

Abb. 3 Ansatz zur Realisierung einer konstanten Garnspannung, Darstellung: eigene Darstellung

3.4   Besonderheiten biobasierter Werkstoffe

Von großem Interesse sind im Kooperationsprojekt auch die Besonderheiten bei der Herstellung biobasierter Wickelstrukturen. Zur Realisierung nachhaltig gestalteter Bauteile werden in der 3D Skelett Wickeltechnik Werkstoffe eingesetzt, welche (teilweise) aus nachwachsenden Ressourcen gewonnen werden. Als Matrix-Werkstoff kommen dazu thermoplastische Biopolymere oder teilweise biobasierte Duroplaste zur Anwendung. Die thermoplastischen Biopolymere lassen sich vollständig aus nachwachsenden Rohstoffen gewinnen. Das häufig verwendete PLA (Polymilchsäure) wird in der Regel durch Fermentation von Maisstärke hergestellt. Bei seiner Verarbeitung ist die gegenüber petrobasierten Thermoplasten deutlich geringere Schwindung von Vorteil. Aufgrund seiner guten Eignung zur Herstellung von Filamenten wird es häufig mit Naturfasern zu Hybridgarnen kombiniert. Viele Duroplaste, darunter die in der 3D Skelett Wickeltechnik favorisierten Epoxidharze, lassen sich zum aktuellen Zeitpunkt nicht vollständig aus nachwachsenden Ressourcen gewinnen. Meist gelingt dies nur für einzelne Reaktanden, sodass die resultierenden Duroplaste nur zu einem gewissen Prozentsatz biobasiert sind. Bei der Verarbeitung ergeben sich keine nennenswerten Unterschiede im Vergleich zu den vollständig petrobasierten Pendants.

Als Faserhalbzeuge lassen sich Naturfasergarne oder Regeneratfasergarne einsetzen. Naturfasern sind Fasern, welche direkt der Natur entnommen werden können. Es werden tierische, pflanzliche und mineralische Fasern unterschieden, wobei die Pflanzenfasern die höchsten Festigkeits- und Steifigkeitswerte aufweisen. Sie treten mit wenigen Ausnahmen nur in Längen unterhalb eines Meters auf und müssen deshalb vor dem Einsatz in der 3D Skelett Wickeltechnik erst zu wickelfähigen Endlosgarnen gesponnen werden. Bei handelsüblichen Spinnfasergarnen erfolgt das Spinnen durch Verdrehen der Fasern um die Längsachse des Garns. Dabei kommt es zu einer Ondulation der Fasern, sie liegen nicht ideal in Belastungsrichtung gestreckt vor. Um diesen Effekt zu vermeiden, können

Abb. 4 Schematische Darstellung eines Umspin-
nungsgarns, Darstellung: eigene Darstellung in
Anlehnung an B. Baghaei, University of Boras
[10]

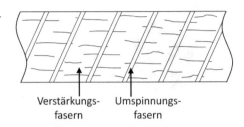

die in Abb. 4 schematisch skizzierten Umspinnungsgarne eingesetzt werden. Dort liegt
ein Großteil der Verstärkungsfasern im Kern des Garns parallel zur Belastungsrichtung
während ein kleiner Teil der Fasern um diesen Kern gesponnen wird und ihn dadurch
zusammenhält. Bei allen Spinnfasergarnen ist jedoch zu beachten, dass die Matrix-Im-
prägnierung aufgrund der kompakten Anordnung der Fasern schwerer fällt als bei spreiz-
baren Filamentgarnen. Beim Einsatz von Naturfasern sind darüber hinaus die Tendenz zur
Feuchtigkeitsaufnahme sowie die naturbedingt stark streuenden Eigenschaften der Fasern
zu beachten.

Als Regeneratfasern werden Fasern bezeichnet, welche aus nachwachsenden Ressourcen bestehen, jedoch in chemischen Prozessen hergestellt werden. Beispielhaft ist
die Viskosefaser, auch als Rayonfaser bezeichnet, zu nennen. Abb. 5 zeigt ein Viskose-
faser-Filamentgarn im Vergleich zu einem Spinnfasergarn aus Flachs. Ausgangsmaterial
für die Herstellung von Regeneratfasern ist in der Regel Zellulose aus Holz. Gegenüber
den Naturfasergarnen weisen sie zwei wesentliche Vorteile für die 3D Skelett Wickeltechnik auf. Zum einen lassen sie sich als endloses Filamentgarn herstellen, sodass eine
Ondulation der Fasern vermieden und eine einfache Imprägnierung des Garns ermöglicht wird. Die Verarbeitung der Regeneratfasergarne unterscheidet sich somit nicht von
jener der Kohlenstofffasergarne. Zum anderen ist die Schwankung der Fasereigenschaften
deutlich geringer ausgeprägt. Allerdings werden ihre Festigkeits- und Steifigkeitswerte
von vielen Naturfasern übertroffen. Die Neigung zur Feuchtigkeitsaufnahme liegt hier
ebenfalls vor. Wie auch die Naturfasergarne sollten Regeneratfasergarne vor der Verarbeitung deshalb getrocknet werden. Es ist anzunehmen, dass sich mit Regeneratfaserganen
eine bessere Reproduzierbarkeit der mechanischen Eigenschaften einstellt während mit

Abb. 5 Nahaufnahme eines Viskose-Filament-
garns (unten, parallele Fasern) und eines Flachs-
Spinnfasergarns (oben, ondulierte Fasern), Foto:
eigene Aufnahme

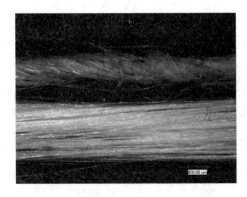

den Naturfasergarnen höhere absolute Festigkeits- und Steifigkeitswerte erreicht werden sollten. Zur Überprüfung dieser These finden zeitnah Untersuchungen an Vergleichsprüfkörpern statt.

Es existieren diverse weitere Parameter, die die mechanischen Eigenschaften gewickelter Strukturen beeinflussen können und die im Rahmen des Kooperationsprojekts langfristig untersucht werden sollen. Zu nennen sind in dieser Hinsicht die Haftung zwischen Fasern und Matrix, die Geometrie der Umlenkhülsen, die Haftung zwischen Umlenkhülse und Faserverbund, Eigenspannungen infolge der Matrix-Aushärtung sowie die Faseranordnung an den Umlenkhülsen und in den Zug-/Druckstreben. Da der letztgenannte Punkt beim manuellen Wickeln einer signifikanten Ungleichmäßigkeit unterliegt, werden im Kooperationsprojekt halbautomatische Wickelanlagen konzipiert und errichtet. Diese werden in Kap. 4 vorgestellt.

4 Automatisierung der Prozesskette

Bei der Entwicklung von Automatisierungskonzepten werden derzeit verschiedene Lösungsprinzipien verfolgt. Unterschiede liegen in den grundsätzlichen Bauformen der Wickelautomaten sowie in der Verarbeitung von duroplastischen und thermoplastischen Werkstoffsystemen.

4.1 Werkstoffsysteme

Durch den Einsatz verschiedener Werkstoffsysteme ist insbesondere die Imprägnierung der Rovings als zu automatisierender Prozess zu berücksichtigen.

Thermoplastische Matrixpolymere
Die Imprägnierung von Thermoplasten kann auf verschiedene Weisen durchgeführt werden. Die Direktimprägnierung vereint und verarbeitet die Kunststoffschmelze und die Fasern unmittelbar im Verarbeitungsprozess. Andere Varianten verwenden Halbzeuge wie vorimprägnierte Tapes oder Rovings. Auch Hybridrovings, sogenannte commingled yarns, werden eingesetzt, wobei neben den Verstärkungsfasern auch die polymere Komponente in Faserform vorliegt. Die bisher vielversprechendste getestete Variante sind die in Abb. 6 dargestellten Hybridrovings, die zu einem gleichmäßig imprägnierten und konsolidierten Bauteil führen.

Abb. 6 Hybridroving, Foto: Fraunhofer ICT [8]

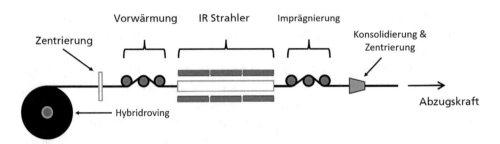

Abb. 7 Prinzipskizze 6-Zonen Heizstrecke (thermoplastisch), Darstellung: Fraunhofer ICT [7]

Zur Verarbeitung der genannten halbzeugbasierten Varianten wird für das Aufschmelzen der polymeren Komponente zwischen einer berührungslosen Aufheizmethode und der Kontakterwärmung unterschieden. Vorzug finden meist die berührungslosen Methoden, da bei der Kontakterwärmung häufig prozessbedingte Schwierigkeiten auftreten. Berührungslose Aufheizmöglichkeiten sind beispielsweise Lasertechnologie, Heißluftverfahren oder eine Infrarot-Bestrahlung [5]. Die Imprägnierung des thermoplastischen Hybridrovings erfolgt derzeit mittels einer in Abb. 7 schematisch illustrierten 6-Zonen Infrarot-Heizstrecke.

Die Zentrierung dient dabei der Rovingführung. Durch den Einsatz der Infrarotstrahler erfolgt eine Aufheizung bis zum Erreichen des Schmelzpunkts der Polymerfasern. Die vor- sowie nachgelagerten beheizten Umlenkrollen spreizen den Roving, wodurch eine vollständige Benetzung der Filamente mit der Matrix gewährleistet wird. Durch den abschließenden Einsatz einer Düse werden die einzelnen Fasern kompaktiert und konsolidiert [8].

Duroplastische Matrixpolymere
Namhafte Hersteller von Imprägnieranlagen setzen bei der duroplastischen Imprägnierung auf Walzensysteme mit Harzbädern, welche von den zu tränkenden Rovings durchlaufen werden. Im Kooperationsprojekt wird ebenfalls ein solches Walzensystem eingesetzt. Eine Prinzipskizze ist in Abb. 8 dargestellt.

Der Roving wird über eine Tränkwalze durch das Harzbad geleitet. Hier ist zur Aufspreizung und damit optimalen Benetzung ein gewisser Anpressdruck vonnöten, der über die Anpresswalze ausgeübt wird. Die eingesetzten Abstreifwalzen dienen der Abscheidung von überflüssiger Kunststoffmatrix.

4.2   Bauformen

In der 3D Skelett Wickeltechnik werden derzeit zwei unterschiedliche Kinematiken zur Herstellung von Bauteilen verwendet. Zum einen wird ein Mehrachs-Industrieroboter eingesetzt, zum anderen ein eigens für die Wickeltechnik entwickelter Low-Cost Prototyp mit kartesischer Kinematik.

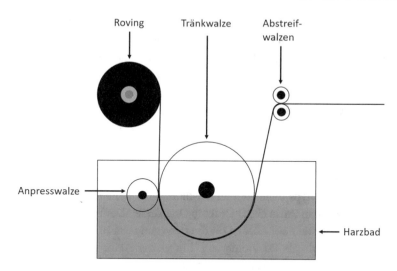

Abb. 8 Prinzipskizze Walzensystem (duroplastisch), Darstellung: eigene Darstellung

Industrieroboter

Durch den Einsatz des am Fraunhofer ICT verwendeten Mehrachs-Gelenkarmroboters sind eine hohe Flexibilität in der Ablage des Rovings und damit die Herstellung von komplexen Bauteilstrukturen möglich. Dem Roboter ist die bereits beschriebene 6-Zonen Heizstrecke vorgeschaltet, welche den durchlaufenden Hybridroving erhitzt. Es folgt das Wickeln des Bauteils, wobei das Modell KR 10 R1100 sixx der KUKA AG eingesetzt wird. Das Modell wurde aufgrund seiner Wiederholgenauigkeit bei hohen Geschwindigkeiten ausgewählt, was zu geringen Zykluszeiten und somit zu Einsparungen in der Fertigung führt. Abb. 9 stellt die Wickelanlage während der Herstellung einer Zugprobe dar.

Das Fraunhofer ICT verarbeitet die gewickelten Strukturen innerhalb eines nachfolgenden Prozessschritts nochmals weiter. Die erstellten Strukturen werden im Spritzgießverfahren in eine polymere Matrix eingebracht. Somit dient die Endlosfaserstruktur als Verstärkung (Einlegeteil) für das umspritzte Endprodukt. Auf dieses Verfahren soll in der

Abb. 9 Wickelanlage mit integriertem Industrieroboter, Foto: Fraunhofer ICT

vorliegenden Arbeit nicht genauer eingegangen werden. Weitere Informationen zu der Thematik sind in der Literatur [8] zu finden. Neben den genannten Vorteilen weist die Wickelanlage mit integriertem Industrieroboter einen Nachteil auf. Die große Flexibilität erfordert Komplexität in der Konstruktion, zum Erreichen der Präzision werden hochwertig gefertigte Bauteile benötigt und die Koordinatentransformation verlangt aufwändige Berechnungen innerhalb der Software. All diese Punkte führen zu einer Anlage mit hohen Investitionskosten. In einem Versuch, diese zu verringern wird parallel ein Low-Cost Ansatz verfolgt.

Eigenentwicklung

Das Konzept des Prototyps lehnt sich an Ausführungsmodelle des FDM 3D Drucks wie zum Beispiel den Reprap Prusa i3 3D Desktop Drucker an. Der Prusa i3 bietet drei lineare Bewegungsachsen, wobei zwei Achsen für die Bewegung des Hotends zuständig sind und eine Achse für die vertikale Positionierung. Ein vierter Aktor ist für den Vorschub des Kunststofffilaments verantwortlich. Der Low-Cost Prototyp ist, wie auch der Prusa i3, als Protalbauweise ausgeführt. Auch sind die Achsenbewegungen auf Werkstück und Werkzeug verteilt, wodurch jede Achse nur einen Anteil der Gesamtmasse zu bewegen hat. Zur Herstellung komplexer Bauteile verfügt der Prototyp über eine vierte, rotatorische Achse. Als Aktoren werden Schrittmotoren eingesetzt, wodurch eine Positionsrückführung überflüssig ist und somit Kosten eingespart werden können. Die Transformation der Rotation in eine Linearbewegung wird mittels einer Riemen-Konstruktion erreicht, was in hohen Fahrgeschwindigkeiten und somit geringen Zykluszeiten resultiert. Zur Abdeckung einer großen Varianz an verschiedenen Bauteilen bietet der Prototyp einen Bauraum von 800 mm × 500 mm × 500 mm. Abb. 10 stellt den derzeitigen Stand der Low-Cost Wickelanlage dar.

Abb. 10 Low-Cost Wickelanlage, Foto: eigene Aufnahme

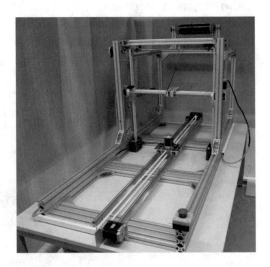

4.3 Ziele der Automatisierung

Wie bereits in Kap. 3 erläutert, ist das Hauptziel Prozessunsicherheiten zu beseitigen und so die Grundlage für eine Serienfertigung von Bauteilen mittels der 3D Skelett Wickeltechnik zu legen. Zur Erreichung dieses Ziels ist langfristig eine Vollautomatisierung des Prozesses anzustreben. Dabei gibt der Nutzer den Bauraum sowie das zu erwartende Lastkollektiv vor. Aus den Werten ist eine Struktur zu berechnen, die die an sie gestellten Anforderungen erfüllt. Entspricht die Struktur den Ansprüchen des Nutzers, werden eine Werkzeuggeometrie sowie ein Bewegungsablaufplan generiert. Nun erfolgt die Fertigung des Werkzeugs mit den zugehörigen Umlenkpunkten, welches anschließend in den Automaten eingesetzt wird. Der erstellte Bewegungsablaufplan gibt dem Automaten die anzufahrenden Positionen vor. Der Automat imprägniert den Roving, wickelt das Bauteil, trennt den Roving ab und übergibt das Bauteil zur Aushärtung an eine angeschlossene Station. Der menschliche Einfluss auf die Produktion beschränkt sich auf die Fertigung des Werkzeugs, die Überprüfung des Prozesses sowie die Entnahme der Bauteile.

5 Zusammenfassung und Ausblick

Die 3D Skelett Wickeltechnik ist ein ressourcenschonendes Fertigungsverfahren zur Herstellung lastpfadgerecht ausgelegter Leichtbaukomponenten aus Faser-Kunststoffverbunden. Das Prinzip dieser Technologie besteht im Aufwickeln eines thermoplastisch oder duroplastisch imprägnierten Garns um mehrere Umlenkpunkte, sodass sich nach der Matrix-Aushärtung eine skelettartige Struktur ergibt. Grundlage für die geometrische Auslegung der Strukturen ist in der Regel eine Topologieoptimierung. Da die 3D Skelett Wickeltechnik einige Charakteristika aufweist, die ansonsten vornehmlich aus additiven Verfahren bekannt sind, wird sie an dieser Stelle als additives Verfahren im erweiterten Sinne betrachtet. Hauptsächlich sind in dieser Hinsicht die Vermeidung von Produktionsrückständen bzw. Verschnitt und die effiziente Realisierung geometrisch optimierter Strukturen zu nennen. Weiterhin zeichnet sich das Verfahren durch die Verwendbarkeit biobasierter Werkstoffe und durch sehr hohe Bauteilsteifigkeit bei minimaler Masse aus.

In einem gemeinsamen Kooperationsprojekt arbeiten das Labor für Kunststofftechnik der HTWG Konstanz, das Ingenieurbüro Eyerer, die Offene Jugendwerkstatt Karlsruhe und das Fraunhofer ICT aktuell an der Serientauglichkeit der 3D Skelett Wickeltechnik. Dabei stehen zunächst die Prozessfähigkeit und die Automatisierung des Verfahrens im Vordergrund. Im Hinblick auf die Prozessfähigkeit werden im Rahmen des Kooperationsprojekts Einflussparameter, welche die Bauteilqualität fertigungsbedingt beeinträchtigen können, ermittelt und optimiert. Beispielhaft sind dabei die gleichmäßige und durchdringende Imprägnierung der Faserhalbzeuge sowie die konstante Garnspannung während des Wickelprozesses zu nennen. Die Automatisierung des Verfahrens umfasst im ersten Schritt die Imprägnierung der Faserhalbzeuge sowie den Wickelvorgang. Langfristig wird die Vollautomatisierung der gesamten Prozesskette angestrebt. Neben den Herstellkosten sollen dadurch auch die Qualitätsschwankungen sowie die Zykluszeiten reduziert werden.

Die aktuell in Bearbeitung befindlichen Arbeitspakete des Kooperationsprojekts befassen sich mit der Realisierung und Optimierung unterschiedlicher Automatisierungsansätze sowie mit der Erprobung diverser Werkstoffkombinationen. Darüber hinaus werden verschiedene Einflussparameter in der Fertigung sowie ihre Auswirkungen auf die mechanischen Eigenschaften gewickelter Strukturen untersucht. Neben der langfristigen Fortführung der genannten Aktivitäten wird eine fortlaufende Implementierung der erlangten Erkenntnisse in die Entwicklung neuer Anlagen und Produkte angestrebt. Parallel wird die Marktakzeptanz der 3D Skelett Wickeltechnik durch Veröffentlichungen in Fachzeitschriften, Teilnahmen an Tagungen und Messen sowie durch die Entwicklung neuer Produkte gefördert.

Literatur

[1] VDI-Gesellschaft Produktion und Logistik: Fachbereich Produktionstechnik und Fertigungsverfahren: Statusreport – Additive Fertigungsverfahren; 2014; www.vdi.de/statusadditiv. Zugegriffen am 23.08.2017

[2] Büchler, D. (Erfinder): Stabwickelstruktur in Compositebauweise; Europäische Patentschrift, 2011, Patent-Nr. EP 2 598 309 B1

[3] Schürmann, H.: Konstruieren mit Faser-Kunststoff-Verbunden, Springer Verlag, Deutschland Berlin Heidelberg, 2007, ISBN: 978–3–540–72189–5

[4] AVK – Industrievereinigung Verstärkte Kunststoffe e. V.: Handbuch Faserverbundkunststoffe/Composites – Grundlagen, Verarbeitung, Anwendungen, Springer Fachmedien, Deutschland Wiesbaden, 2014, ISBN: 978–3–658–02755–1

[5] Koricho, E. G.; Khomenko, A.; Fristedt, T.; Haq, M.: Innovative tailored fiber placement technique for enhanced damage resistance in notchen composite laminate; In: Composite Structures, Volume 120, S. 378–385, 2015

[6] Michl, F.: Leichtbau: Neue Technologie leitet einen Paradigmenwechsel ein – Durchbruch in der Composite-Produktion; 2016, http://www.automaticaforum.de/industrie40/-/article/32571342/42583080/Durchbruch-in-der-Composite-Produktion/art_co_INSTANCE_0000/maximized/. Zugegriffen am: 15.08.2017

[7] Beck, B.: Gewickelte Faserverbundstrukturen zur lokalen Verstärkung von Thermoplast-Bauteilen, SKZ-Tagung: Polypropylen im Automobilbau, Deutschland Würzburg, 2016

[8] Huber, T.: Einfluss lokaler Endlosfaserverstärkungen auf das Eigenschaftsprofil struktureller Spritzgießbauteile, Fraunhofer Verlag, Deutschland Stuttgart, 2014, ISBN: 978–3–8396–0743–5

[9] Madsen, B.: Properties of Plant Fibre Yarn Polymer Composites – An Experimental Study; Technical University of Denmark; Dänemark Kongens Lyngby, 2004, ISBN: 87–7877–145–5

[10] Baghaei, B.: Development of thermoplastic biocomposites based on aligned hybrid yarns for fast composite manufacturing; University of Boras, Schweden Boras, 2015, ISBN: 978–91–87525–80–3

Flexibler Manufacturer für große Funktionsbauteile und die Serienfertigung von Metall- und Kunststoffbauteilen

Christian Schmid

Inhaltsverzeichnis

Zusammenfassung

Die HLT Group ist derzeitig dabei einen flexiblen, industriellen Großdrucker für Wire and Arc Additive Manufacturing WAAM, Fused Deposition Modelling FDM und Laser Auftragschweiß-Prozesse fertigzustellen. Der Drucker ist dabei in der Lage durch ein

C. Schmid (✉)
HLT Swiss AG, Thomas Bornhauser Straße 3, CH-8570 Weinfelden, Schweiz
e-mail: dr.chr.schmid@gmail.com

© Springer-Verlag GmbH Deutschland, ein Teil von Springer Nature 2018
R. Lachmayer et al. (Hrsg.), *Additive Serienfertigung*,
https://doi.org/10.1007/978-3-662-56463-9_10

schnelles Wechselsystem in sehr kurzer Zeit von einem Prozess zum anderen zu wechseln. Bauteilabmessungen von 1600 × 1600 × 800 mm sind dabei möglich. Dies lässt zum Einen die Möglichkeit zu, Kleinserien auf einer großen Fläche zu produzieren, als auch sehr große Einzelbauteile. Die außergewöhnliche mögliche Größe der Bauteile stellt hohe Anforderungen an die Prozessführung, speziell beim WAAM-Verfahren. Durch die Schmelzenergie wird besonders viel Wärme in die Bauteile eingetragen, die dann zu Verzügen und ungünstigen Werkstoffeigenschaften führen kann. Eine neuartige, patentierte Prozessführung sorgt durch angepasste Auftragsstrategien in Verbindung mit angepassten Werkstoffen für deutlich verbesserte Ergebnisse im Vergleich zu ähnlichen Anwendungen und Systemen.

Schlüsselwörter

Wire and Arc Additive Manufacturing – WAAM · Fused Depistion Modeling – FDM · Laser-Auftrag-Schweißen · Additive Herstellung von Großbauteilen · Additive Serienfertigung

1 Einleitung

Die additiven Technologien schreiten mit ungeahnter Geschwindigkeit fort und eröffnen in Bezug auf technologische Möglichkeiten sowie hinsichtlich erzielbarer Projektzeiten neue Horizonte. Waren bis vor kurzem hauptsächlich kleine, komplexe Bauteile, oft als Einzelstücke oder sehr kleinen Serien gefragt, nimmt das gewünschte Bauteilvolumen sowie die Forderung nach größeren Bauteilen zu.

Mit der Nachfrage nach größeren Bauteilen beginnt auch eine Diversifizierung hinsichtlich der angewendeten Verfahren. Abhängig vom zu verarbeitenden Material kommen neue Entwicklungen mit zum Teil sehr altem Grundansatz an die Oberfläche und finden ihren Platz in der Vielfalt der Prozesse.

Das heute als Wire and Arc Additive Manufacturing (kurz als WAAM bezeichnet), ist ein solches Verfahren. Der Grundansatz geht auf die Lichtbogentechnik zurück und verbindet die hoch produktive Systemtechnik eines modernen Metall-Schutzgas-Schweißgerätes mit den vielfältigen Möglichkeiten der CAM-Technologie. Verbunden mit einer intelligenten Regelung lassen sich marktfähige Produkte zu vernünftigen Preisen herstellen.

Der 3D-Manufacturer „Gulliver-Additive Technology" ist ein solches System, das zudem verschiedene Verfahren miteinander in einem System verknüpft und neben der Herstellung metallischer Teile auch die Anwendung des Fused Deposition Modelling (FDM) beherrscht, mit dem auch Kunststoffteile herstellbar sind.

2   Grundkonzept des 3D-Manufacturers GULLIVER

2.1   Komponenten und Grundaufbau

Gulliver ist in der Erzählung ein Riese unter Menschen, so erzählt es die Geschichte von Jonathan Swift. Seine extreme Größe hat für die Bewohner einen sehr großen Nutzen. Ebenso wurde der Name von HLT als Synonym ein Maschinenkonzept für die Herstellung großvolumigen, schwerer Bauteile aus Metall und Kunststoff gewählt.

Gulliver besteht in seinem Grundkonzept aus den folgenden Komponenten (Abb. 1):

- Steifer Grundrahmen,
- Delta-Roboter als Maschine für die der „Drückköpfe" sowie weiterer Zusatzeinrichtungen,
- Sensorik: Geometriesensor, Thermokamera,
- Steuerungssystem,
- Höhenverstellbare Aufbautisch,
- Schnell wechsel- und temperierbare Aufbauplatten,
- 2 oder mehr Metall-Schutzglas-Schweißsysteme (MSG) für das WAAM-Verfahren,
- 2 oder mehr FDM-Systeme für das Drucken von Kunststoffstrukturen,
- 1 oder 2 Laser mit Strahlführung sowie Heiß-oder Kaltdrahtförderung,
- Toolbox mit:
  - 2 MSG-Brennern,
  - 2 Laseroptiken mit Drahtzufuhr,
  - 2 FDM-Extrudern,
  - 1 oder mehr Bohr-Fräsköpfen.

Der Basis Gulliver verfügt über einen Bauraum von 1600 mm im Durchmesser bei 800 mm in der Höhe ohne Verstellung des Tisches. Mit Verstellung sind 1600 mm möglich. Teilegewichte bis zu 4 t sind machbar. Für künftige Applikationen sind größere Versionen mit bis zu 8 * 2 * 2 m geplant.

Abb. 1 Grundaufbau des 3D-Manufacturers GULLIVER

2.2   GULLIVER Verfahrenskonzept

Die Grundidee des zum Patent angemeldeten 3D-Manufacturers GULLIVER besteht in der Flexibilität der anwendbaren Verfahrens sowie in der Realisierung schneller Wechsel von Werkzeugen, Bauplattformen und Verfahren. Neben der Herstellung von metallischen Bauteilen mittels Lichtbogen- und Laser-Verfahren können auch Kunststoffbauteile mit dem FDM-Verfahren generiert werden.

Die für das jeweilige Bauteil notwendigen Werkzeuge sowie die entsprechend notwendige, temperierbare Aufbauplatte werden auf einer tauschbaren Palette vorbereitet und können vor dem Start des Bauprozesses an anderer Stelle präpariert werden. Die so präparierte Palette wird nun in den Manufacturer eingelegt und mit den notwendigen Medien verbunden. Auf ihr befinden sich in einer sogenannten Toolbox auch die Druckköpfe entsprechend dem Verfahren, das zur Anwendung kommt, sowie Geometrie- und Thermosensoren und Spindeln zur Anwendung von mechanischen Verfahren.

Nach dem Start des Aufbauprozesses entnimmt der Roboter den notwendigen Druckkopf aus der Toolbox und startet die erste Lage(n) des Prozesses, entsprechend der im Slicer-Programm vorgegebenen Abläufe. Verfahrensabhängig kommen beim Aufbau der Bauteile unterschiedliche Komponenten und Nebenprozesse zum Einsatz, die unter Berücksichtigung der realen thermischen und geometrischen Bedingungen korrigierend eingesetzt werden.

Für die Herstellung von Bauteilen sind die im Folgenden dargestellten Verfahren anwendbar.

2.3   Aufbauprozesse

2.3.1   Wire and Arc Additive Manufacturing – WAAM

Das WAAM-Verfahren zeichnet sich durch die Nutzung eines Lichtbogenverfahrens aus, bei dem der von einer Rolle zugeführte Draht zugleich Zusatzwerkstoff/Filament und Elektrode darstellt (Abb. 2). Die zur Moderierung des Prozesses notwendige Gasatmosphäre

Abb. 2 Grundprinzip des Wire and Arc Additive Manufacturing Prozesses

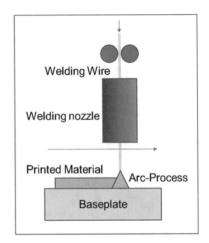

besteht entweder aus inertem Gas, dann wird das Verfahren als Metall-Inert-Gas-Schwei-ßen bezeichnet, oder aus einem aktiven Gas (oder einem Mischgas mit aktiven Anteilen), dann wird das Verfahren als Metall-Aktiv-Gas-Schweißen bezeichnet.

Die Wahl des am besten geeigneten Verfahrens erfolgt nach der Art des aufzubauen-den Werkstoffes. Die Ausbringung der beiden Verfahren kann bis zu einigen 10 kg Draht je nach Prozessführung betragen. Allerdings ist zu bedenken, dass die Anhäufung von Schweißgut und der damit verbundenen eingetragenen Wärme zu Problemen im Gefüge des Werkstückes sowie unter Umständen zu Verzügen oder Rissen führen kann.

Dieser Umstand macht es notwendig für die verzugsarme Herstellung von metallischen Bauteilen vorzuwärmen und eine relativ homogene Temperaturverteilung im Werkstück zu realisieren. Hierzu verfügt GULLIVER über ein spezielles Regelkonzept, dass sich an den realen Messgrößen orientiert und nach einer bestimmten Anzahl an Lagen eine Korrektur vornimmt, die es erlaubt die erzielbaren Genauigkeiten drastisch zu verbessern.

2.3.2   Fused Deposition Modelling – FDM

Das wohl am meisten bekannte Additive Verfahren ist das Fused Deposition Modelling, welches über die breiteste Marktabdeckung, bis in den Hobbybereich hinein, geschafft hat.

Bei diesem Verfahren erfolgt die Bauteilgenerierung über den lagenweisen, von in einem Extruder auf Plastifizierungstemperatur gebrachten Kunststoff, der durch eine Düse gepresst wird und somit als plastischer Kunststofffaden für den Aufbau zur Verfü-gung steht (Abb. 3). Abhängig von Extruder-, Arbeitsraum- und Aufbauplattentemperatur können niedrigschmelzende Werkstoffe wie ABS oder auch hochschmelzende wie PEEK verarbeitet werden. Die

2.3.3   Laser Auftragsschweißen

Das Laserauftragsschweißen nutzt die Energie auftreffender Photonen eines Laserstrahles zur Erzeugung von Schmelzwärme. Diese Schmelzwärme wird zum lagenweisen Aufbau von, aus als Draht zugeführtem, Zusatzwerkstoff verwendet (Abb. 4). Auch hier gelten

Abb. 3 Grundprinzip des Fused Deposition Modeling FDM

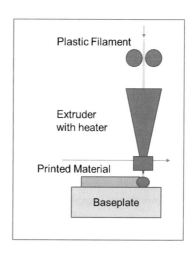

Abb. 4 Grundprinzip des Laser-Auftragsschweißens

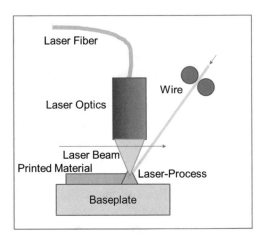

die prinzipiellen Zusammenhänge, die beim WAAM gelten. Allerdings in verminderter Form, da der Prozesswirkungsgrad beim Laser-Auftragsschweißen deutlich geringer als bei Lichtbogenprozess ausfällt. Die Gesamtwärmebelastung ist somit beim Laserauftragsschweißen etwas geringer ausgeprägt, führt aber in letzter Konsequenz zu ähnlichen Problemstellungen hinsichtlich des Eigenspannungszustandes sowie der Gefügezustände und Verformungen. Auch hier werden bei GULLIVER dieselben Konzepte eingesetzt wie beim WAAM-Verfahren.

3   Aufbauqualität – Verzüge und Eigenspannungen

Die Herstellung von großformatigen Schweißgeometrien ist aufgrund der thermisch bedingten lokalen Dehnungen und geometrisch bedingten unterschiedlichen Verformungsmöglichkeiten problematisch. Im Falle des WAAM und des Laser-Auftragsschweißens ist es besonders kritisch, da das gesamte Teil aus Schweißgut besteht. Ansätze zur Reduzierung daraus resultierender Eigenspannungen oder Deformationen bis hin zur Rissbildung sind vorhanden. Sie basieren auf einer thermomechanischen Schweißsimulation mit Optimierung der Planung des lagenbezogenen Schweißpfades [1–4](vgl. Abb. 5).

Gulliver weicht hiervon ab und berücksichtigt nicht vorher berechnete Temperaturfelder sondern geht einen Schritt weiter und vermisst sowohl die erzeugte Realgeometrie als auch das zeitbezogene Temperaturfeld. Der Vergleich mit den im Modell hinterlegten Daten und die Anwendung eines speziellen Algorithmus ermöglicht dabei eine auf die realen Bedingungen bezogene Neuplanung des Schweißpfades. Hierzu stehen Thermokamera und Geometriesensor zur Verfügung. Zusätzlich werden basierend auf den Messdaten und den Korrelationen mit den Modelldaten lagenabhängig durch spanabhebende oder generative Prozesse Maßkorrekturen durchgeführt, um eine Addition der Fehler zu verhindern und insgesamt eine bessere Qualität zu erzielen.

Wire Arc Additive Manufacturing simulation

10th April 2017: Results and experimental validation of a simulation of the Wire Arc Additive Manufacturing (WAAM) process. The simulation is handled by GeonX using Virfac® software, based on experimental data provided by the Joint Laboratory of Marine Technology, Ecole Centrale de Nantes and DCNS (France).

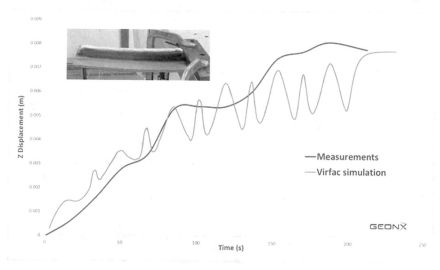

Abb. 5 Vergleich Schweißsimulation und Schweißversuch mit Virfac [1]

4   Werkstoffspektrum

Die Werkstoffvielfalt lässt ein weites Spektrum von metallischen und Polymer-Werkstoffen zu, die mittels der 3 Verfahren appliziert werden können.

4.1   Metalle

Das weit gefasste Werkstoffspektrum reicht von niedrig legierten Stählen, über hochlegierte Edelstähle, Werkzeugstahl, Aluminiumlegierungen bis hin zu unterschiedlichen Titan- und Nickelwerkstoffe. Die spezifischen Prozessanforderungen hinsichtlich Wärmeeinbringung und Gasabdeckungen sind einfach umsetzbar.

4.2   Kunststoffe

Durch die Verwendung von Hochtemperaturextrudern lassen sich neben Standard-Filamenten auch solche mit Verarbeitungstemperaturen um die 400 °C verarbeiten. Werkstoffe wie PEEK sind hiermit auch in großen Dimensionen druckbar.

5   Anwendungen

Die Zielapplikationen von Gulliver gehen weg von kleinen filigranen Bauteilen hin zu
großvolumigen Strukturen wie bspw. komplexe Formen, Rahmenstrukturen oder flächige
Strukturen (Abb. 6).

5.1   Großbauteile

Die Anwendung Großbauteil, womit Bauteile ab einem 1 m³ gemeint sind (Abb. 7 und 8),
wird zunehmend interessanter, da in diesem spezifischen Bereich die Branchen Maschi-
nenbau, Anlagenbau, Stahlbau, Kraftwerksbau sowie z. B. der Schiffbau betroffen sind.
Ersatzteile für zum Teil sehr alte Maschinen und Apparate sind zumeist nur per Einzel-
anfertigung zu erhalten, bei der auf dem konventionellen Weg lange Wartezeiten und sehr
hohe Kosten auf den Nutzer zukommen. Die Möglichkeit diese Bauteile durch Reproduk-
tion mittels Scannen, Ergänzen und Ändern der Daten sowie Herstellen des Bauteils bietet
im Vergleich zur herkömmlichen Art erhebliche Potenziale Zeit und Kosten zu sparen.

Abb. 6 Prinzipdarstellung des Aufbaus
eines Getriebekastens aus Metall

Abb. 7 Mittels WAAM hergestelltes Titanbauteil [4]

Abb. 8 Mit dem WAAM-Verfahren hergestellte Turbi-
nenschaufel aus Stahl

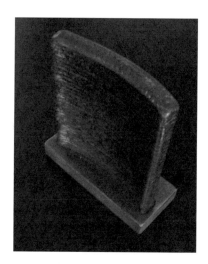

Insbesondere das WAAM-Verfahren stellt hier hinsichtlich der Anschaffungs- und
Betriebskosten eine echte Alternative zu Laserverfahren dar. Bis zu 50% niedrigere Investitionskosten und bedingt durch hohe Abschreibungskosten bei Laser bis zu 30% reduzierte Betriebskosten machen bei gleichem Materialeinsatz das WAAM-Verfahren zu
einem konkurrenzfähigen Verfahren [4].

Verfahrensspezifisch sind dabei Randbedingungen hinsichtlich der erzielbaren Genauigkeiten und Toleranzen zu berücksichtigen, die im oberen 10tel-Millimeter-Bereich
beginnen und je nach Drahtdicke und -Ausbringung auch größer werden kann. Diese
durch das Lichtbogenverfahren bedingten Eigenschaften werden während des Prozesses
durch, zwischen den Lagen durchgeführte, Korrekturzyklen nachbearbeitet. Für die nach
einer Messung durchgeführten Maßkorrekturen stehen in der Schnellwechsel-Toolbox
zusätzlich Fräs- und Bohrwerkzeuge zur Verfügung, die überschüssiges Material abtragen.
Im Falle von Untermaßen tritt der Schweißbrenner wieder in Aktion und appliziert an den
entsprechenden Stellen das fehlende Material.

5.2   Reparaturkonzepte

Scannen und Bauen im GULLIVER ermöglicht ganz neue Möglichkeiten bei nicht
mehr verfügbaren, oder nur langfristig beschaffbaren Bauteilen. Insbesondere metallische Großbauteile aus Schiffbau-, Anlagenbau, Kraftwerkstechnik und angrenzenden
Bereichen sind oftmals schwer kurzfristig zu beschaffen. Hier kann das Konzept des
Teilersatzes von Strukturen eine realistische Möglichkeit sein, um evtl. auch nur zeitlich begrenzt eine Reparaturlösung anzubieten. GULLIVER bietet neben der Herstellung von Bauteilen die Möglichkeit Geometrien zu vermessen. Die gemessenen Geometriedaten können in einem folgenden Schritt im Bereich der Fehlstelle ergänzt oder
korrigiert werden und in einem dritten Schritt erfolgt die Ergänzung der betroffenen

Stelle, sodass die noch nutzbare Bereiche des Bauteils genutzt werden können und fehlende oder beschädigte auf dem alten aufgebaut werden. Dies spart Zeit und Kosten.

5.3   Serienfertigung

Die großflächige Auslegung von GULLIVER erlaubt es, neben Großstrukturen auch Serienteile zu produzieren. Hierzu werden alle notwendigen Werkzeuge in der Toolbox vorbereitet und eine, dem Verfahren entsprechende Aufbauplatte auf der Wechselpalette installiert (Abb. 9). Die noch im GULLIVER befindliche Aufbaupalette mit einem oder mehreren vorher gebauten Teilen wird dem Manufacturer entnommen und die vorbereitete Palette nebst Toolbox wird in den Bauraum gehoben und mit den notwendigen Medien verbunden. Im nächsten Schritt beginnt der Aufbauprozess mit den gegebenenfalls notwendigen Nebenprozessen.

Nach der Beendigung des Aufbaus von mehreren Bauteilen in einer Charge wird die Palette entnommen und die nächste vorbereitete Palette wird im GULLIVER installiert und kann innerhalb weniger Minuten gestartet werden. Die Entnahme der einzelnen Bauteile erfolgt außerhalb des Manufacturers, so dass unnötige Nebenzeiten vermieden werden können.

Vorteile des GULLIVER für die Serienfertigung:

- Hohe Geschwindigkeiten in den Bewegungen von Prozess zu Prozess
- Optimiertes Wechselsystem für Werkzeugwechsel und Wechsel der Aufbauplatte
- Prozess- und Qualitätskontrolle mit Korrekturmöglichkeit im GULLIVER-Prozess
- Nutzung unterschiedlicher Prozess in unmittelbarer Folge
- Integrationsfähig in eine Serienfertigungsstruktur

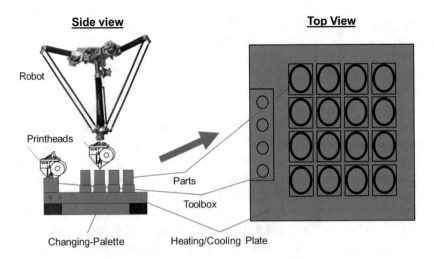

Abb. 9 Schema Wechselpalette mit Toolbox

Manufacturing option	Mass (kg)	BTF	Cost (£k)	Cost red.
Original machined	20	12	16.2	-
WAAM + machining	20	2.3	5	69%

Abb. 10 Kostenvergleich zwischen WAAM und konventionellem Fertigungsverfahren [4]

6   Kosten – Nutzen

Ein Vergleich mit anderen marktgängigen Systemen zeigt, dass die Stärken des Verfahrens in der schnellen Herstellung großvolumigen Bauteile liegen (Abb. 10). Hier lassen sich laut einer Studie der Cranfield University [1, 4] gegenüber anderen Verfahren nicht nur zeitlich sondern auch hinsichtlich der Kosten erhebliche Vorteile ziehen.

Literatur

[1] www.geonx.com
[2] Montevecchi, F. et al.: Finite Element Modelling of Wire-arc-additive-manufacturing Process, Procedia CIRP, Volume 55, Pages 109–114, 5th CIRP Global Web Conference, 2016
[3] 3ddruck: WAAM: Neuer Druckprozess demonstriert Potential für die Luftfahrt; https://3druck. com/forschung/waam-neuer-druckprozess-demonstriert-potential-fuer-die-luftfahrt-1913774/; Zugriff: September 2017
[4] Martina, F.: Ti64 mechanical properties and applications; EUCASS; 4. Juli 2017; https:// waammat. com/documents/eucass-2017-f-martina; Zugriff: September 2017

Geschäftsmodell der dezentralen Serienfertigung: additive manufacturing als Basis für Microfactories

Dierk Fricke, Benjamin Henkel, Caecilie von Teichman und Bernhard Roth

Inhaltsverzeichnis

Zusammenfassung

Der Trend im modernen B2C Handel geht zu immer kürzeren Lieferzeiten bei gleichzeitig gesteigerter Individualität der Produkte. Auch Nachhaltigkeitsfaktoren und Umweltbilanz spielen eine immer größere Rolle.

Eine Möglichkeit diesen Herausforderungen in Städten der Zukunft (smart cities) zu begegnen ist die Organisation von Serienfertigungen in dezentrale angeordneten

D. Fricke (✉) · B. Roth
Hannoversches Zentrum für Optische Technologien, Nienburger Straße 17, 30167 Hannover, Deutschland
e-mail: dierk.fricke@hot.uni-hannover.de; bernhard.roth@hot.uni-hannover.de

B. Henkel (✉) · C. von Teichman
dreiConsulting GbR, Kopernikusstr. 14, 30167 Hannover, Deutschland
e-mail: b.henkel@dreiconsulting.com; c.vteichman@dreiconsulting.com

© Springer-Verlag GmbH Deutschland, ein Teil von Springer Nature 2018
R. Lachmayer et al. (Hrsg.), *Additive Serienfertigung*,
https://doi.org/10.1007/978-3-662-56463-9_11

„Microfactories". Additive Fertigungsverfahren gewährleisten dabei eine hohe Flexibilität, Individualität der produzierten Produkte und eine „on demand" Verfügbarkeit.

In unserer Arbeit beleuchten wir, welche Probleme für das Produktionskonzept der Microfactory gelöst werden müssen.

Welche Prozesse sind nötig, von der Erstellung des Designs zur sicheren Weitergabe an eine Microfactory, der Fertigung und der Qualitätssicherung der Bauteile?

Wie können vorhandene Ressourcen durch Dienstleister und Makerspaces in Deutschland, aber auch weltweit sinnvoll genutzt und standardisiert werden?

Außerdem geben wir einen Ausblick auf additive Produktionsverfahren, welche in Zukunft die mögliche Produktvielfalt von Microfactories erhöhen könnten.

Schlüsselwörter

Microfactory · additive manufacturing · dezentrale Fertigung · 3D-Druck

1   Einleitung

Als Microfactory werden in der Literatur Produktionseinheiten bezeichnet, deren Größenordnung sich in der des zu produzierenden Produkts befindet [1, 2]. Diese Definition stammt bereits aus den frühen 1990er Jahren und wurde in Japan geprägt. Thematisiert werden im Folgenden Microfactories, die vor allem additive Fertigungsverfahren wie Fused Filament Fabrication (FFF), Stereolithografie (SLA) oder selektives Lasersintern (SLS) bevorzugt mit Polymeren als Druckmaterial verwenden. 3D-Drucker dieser Technologien sind oft bereits in sogenannten Makerspaces zu finden und bilden so vorhandene Ressourcen, auf die bei dem folgenden Geschäftsmodell zur Realisierung einer dezentralen Serienfertigung zugegriffen wird. Dabei werden die Produktionsstätten, in denen einige dieser additiven Fertigungstechnologien vorhanden sind (Beispiel Makerspaces), zu den Microfactories gezählt.

Microfactories sind eine mögliche Antwort auf den steigenden Wunsch der Konsumenten nach Individualisierung der Endprodukte. Außerdem begegnen diese auch den transportlogistischen Herausforderungen wie Umweltschutz und dem Wunsch nach immer kürzeren Lieferzeiten.

In diesem Artikel wird zunächst ein Geschäftsmodell beschrieben, welches auf der Nutzung solcher dezentral lokalisierten Microfactories basiert. Anschließend werden die Herausforderungen beschrieben, welche es zu bewältigen gilt, um dieses Geschäftsmodell zu etablieren, und erste Lösungsansätze präsentiert, um diesen Herausforderungen zu begegnen. Im Ausblick werden mögliche Produkte aufgeführt, welche heute und in Zukunft dezentral gefertigt werden könnten.

2   Geschäftsmodell der dezentralen Serienfertigung

Bei der traditionellen Fertigung eines Bauteils wird i. d. R. der komplette Fertigungsprozess inklusive Qualitätsprüfung an einem zentralen Standort wie z. B. China, Indien oder Tschechien durchgeführt. Vorteile sind die preisgünstige Herstellung großer Stückzahlen (> 10.000), die zentrale Qualitätssicherung an einem Fertigungsort z. B. durch Stichprobenprüfungen und die daraus resultierende, im Idealfall gleichbleibende Qualität. Eine solche traditionelle Prozesskette ist ins Abb. 1 dargestellt.

Auf Schwierigkeiten stößt das Modell der zentralen Fertigung bei der Produktion von Klein- und Microserien aufgrund der hohen Kosten von Umrüstungen der Werkzeuge, Maschinen und Prozesse. Gleiches gilt bei der Individualisierung von Produkten (bis Losgröße 1). Des Weiteren zeigt die Praxis, dass Qualitätsmanagement z. B. in China vor Ort oft schwierig durch einen Auftraggeber in Deutschland zu kontrollieren ist. Häufig ist es nötig einen eigenen Vertreter für die Produktqualität direkt im Werk des Zulieferers zu positionieren, was eine zusätzliche finanzielle Belastung darstellt, die besonders für kleine- und mittelständische Unternehmen ein Hindernis darstellen.

Bei der dezentralen Fertigung werden statt einem Produktionsort dezentral angeordnete, kleinere Standorte genutzt, um kleinere Batches zu fertigen – in unserem Beispiel am Standort Deutschland.

Um bereits vorhandene Ressourcen in Deutschland zu nutzen und eine zeitnahe Umsetzbarkeit der Dezentralisierung von Fertigungen zu realisieren basiert die Geschäftsidee darauf Makerspaces und freie Werkstätten als Microfactories zu lizensieren und regelmäßig zu auditieren, um dessen Räumlichkeiten, Maschinen und Personal zur Fertigung einzusetzen. Ein Nebeneffekt ist die Möglichkeit der Monetarisierung von Makerspaces sowie, da lokal produziert wird, die zusätzliche Schaffung von Arbeitsplätzen im Standort Deutschland.

Eine weitere Möglichkeit, die für Marketing- und Vertriebszwecke wie auch als genereller Mehrwert für eine Produktlösung betrachtet werden kann, ist die Möglichkeit durch den Endkunden den Herstellungsort und die Produktionsbedingungen zu bestimmen bzw. diese selbst zu begutachten. Dabei kann je nach Makerspace die Zugänglichkeit nach Vereinbarung bestimmt werden.

Fertigungen mit dem dezentralen Microfactory-Modell können gleichzeitig an mehreren Standorten gestartet werden und ermöglichen somit eine freie Skalierbarkeit der Produktionskapazitäten pro Tag/Monat (abhängig von der Anzahl der kompatiblen Microfactories).

Abb. 1 Traditionelle supply chain bei zentraler Fertigung durch z. B. injected molded parts

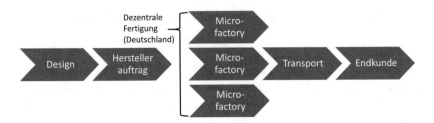

Abb. 2 Supply chain bei dezentraler Fertigung durch Einsatz additiver Fertigungsverfahren in Microfactories (Kleinstfertigungen)

In Abb. 2 ist ein mögliches Geschäftsmodell der dezentralen Fertigung dargestellt. Das Kernstück des Modells ist eine Dachgesellschaft, welche im Folgenden als Microfactory GmbH bezeichnet wird. Die Microfactory GmbH verwaltet dezentral angeordnete Microfactorys wie beispielsweise Makerspaces. Sie hat den Überblick über freie Kapazitäten, den Ort und der Art der Maschinen.

Die Produkte werden von etablierten Herstellern designed/konstruiert und den Kunden angeboten. Diese Hersteller übernehmen außer der Produktgestaltung zusätzlich noch Marketing und Verkaufsabwicklung sowie die gesamte Kundenkommunikation. Ist der Auftrag vom Kunden erteilt, wird dieser zusammen mit der gewünschten Fertigungsstätte für die Produktion an die Microfactory GmbH weitergeleitet.

Die Hauptaufgabe des Unternehmens besteht darin, unter Berücksichtigung des gewünschten Herstellungsprozesses und der passenden Fertigungsstätte, geeignete Produktionskapazitäten zu finden und die Aufträge intelligent zu verteilen. Die einzelnen Makerspaces produzieren anschließend die Produkte und versenden sie an den Kunden oder stellen sie zur Abholung bereit. Des Weiteren liegt die Verantwortung für die Prozessqualität und Einhaltung von festgesetzten Qualitätsstandards zentral bei der Microfactory GmbH.

2.1 Vorteile der dezentralen Fertigung

Ein Geschäftsmodell der dezentralen Fertigung mit Hilfe additiver Produktionstechnologien, wie in Abb. 3 dargestellt, hat einige entscheidende Vorteile gegenüber traditioneller Fertigung:

- Personalisierte bzw. individuell gestaltete Produkte lassen sich herstellen
- Klein- und Microserien bis zur Losgröße 1 sind realisierbar
- Transportwege werden minimiert
- Überkapazitäten können durch Outsourcing der Produktion vermieden werden
- Bestehende Maschinen werden effizienter ausgenutzt

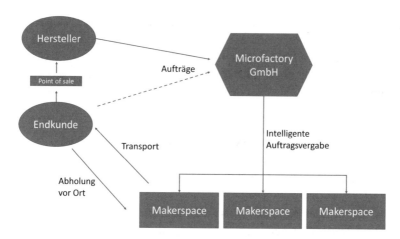

Abb. 3 Beispielhaftes Geschäftsmodell einer dezentralen Fertigung

Der Wunsch nach personalisierten Produkten ist bei den Endkunden groß. Dies ist bei großen Konzernen, die dies für Marketingzwecke einsetzen, zu beobachten. Beispielhaft ist hier die individuelle Verpackung von Produkten der Marke *Coca-Cola* oder *Nutella* zu nennen. Doch eine Personalisierung kann neben der Befriedigung des Bedürfnisses nach Individualisierung weitere Vorteile für den Endverbraucher mit sich bringen. *Adidas* beispielsweise entwickelte in der Designreihe *Futurecraft* Schuhsohlen, welche additiv gefertigt werden und individuell an die Fußform des Kunden angepasst werden können. Hierbei werden 3D-Scanner eingesetzt, die zur Erstellung eines CAD-Modells verwendet werden. Dies führt zu einem personalisierten Druckergebnis und somit zu einem, in Serienproduktion gefertigten, individuellen Endprodukt.

Durch den Einsatz von additiven Fertigungsverfahren sind Klein- und Microserien bis zur Losgröße 1 sowie individualisierte Produkte realisierbar. Iterative Produktanpassungen bei sehr geringen Kosten sind möglich.

Effizientere Logistik ist ein weiterer Vorteil des dezentralen Fertigens. Indem große Transportwege von Produktionsstätten in Asien eingespart werden, fallen statt Produktlieferungen verschiedener Hersteller nur noch die Lieferungen der Druckmaterialien, die einzelnen Makerspaces sowie die nationale Lieferung der fertigen Produkte an den Hersteller bzw. Endkunden an.

Auch für Unternehmen, welche bereits eine zentrale, additive Fertigung betreiben, bietet das vorgestellte Geschäftsmodell Vorteile. Es erlaubt dem Unternehmen flexibel auf Schwankungen der Nachfrage zu reagieren. Hat ein Unternehmen beispielsweise ein additiv gefertigtes Produkt im Angebot, welches saisonal im Sommer eine deutlich höhere Nachfrage hat als im Winter, so kann ein Teil des erhöhten Bedarfs durch Weiterleitung der Aufträge an die Microfactory GmbH kompensiert werden. Dies erspart die zusätzliche Anschaffung und Wartung von Maschinen, welche zu anderen Jahreszeiten nicht benötigt werden.

Ein weiterer Vorteil entsteht direkt für die Makerspaces vor Ort. Diese können ihre bestehenden Maschinen durch eine Kooperation mit der Microfactory GmbH besser auslasten. Zwar werden sie an diesen Teilen aufgrund der Provision weniger Geld verdienen als an Aufträgen, welche direkt vom Endkunden akquiriert werden, jedoch sorgen die Aufträge im besten Fall für eine konstante Einnahmequelle.

3   Bedingung für ein erfolgreiches Geschäftsmodell

3.1   Qualitätssicherung und Sicherheit

Qualität ist ein wichtiger Parameter jedes Produktionsprozesses. Zur Qualität zählt je nach Produkt beispielsweise die Vergleichbarkeit von, an verschiedenen Standorten oder von verschiedenen Maschinen gefertigten, Teilen untereinander. Andere Merkmale können Stabilität, Optik oder die Einhaltung gesetzlicher Vorgaben sein. Die Überwachung der Produktionsbedingungen stellt bei einer dezentralen Fertigung eine zusätzliche Herausforderung dar, der es sich zu stellen gilt. Hierbei ist die Qualität durch Überwachung folgender Parameter sicher zu stellen:

- Qualifikation des Personals der einzelnen Standorte
- Funktionsfähigkeit der Hardware
- Qualität der Druckmaterialien
- Ablauf des Druckvorgangs

Ein Qualitäts-Monitoring kann zum einen zyklisch durch sogenannte Audits, also regelmäßigen Besuchen von Kontrollpersonen, geschehen. Durch diese Vorgehensweise ließen sich die Qualifikation der Mitarbeiter und die Funktionsfähigkeit der Hardware überwachen. Die Druckmaterialien werden von Zulieferern beschafft, welche eine gewisse Qualität liefern müssen. Hier kann stichprobenartig kontrolliert werden, ob die Materialien die Qualitätsanforderungen erfüllen. Die Überprüfung des Herstellungsprozesses ist dabei dem jeweiligen Produzenten überlassen und soll an dieser Stelle nicht weiter diskutiert werden. Um den Ablauf des Druckvorgangs zu kontrollieren, muss der Produktionsprozess automatisch und in Echtzeit überwacht werden. Dabei sollten mögliche Störungen des Druckvorgangs bereits frühzeitig erkannt werden. Dies ermöglicht den rechtzeitigen Abbruch des Druckvorgangs und spart so Kosten. Außerdem stellt es die Qualität des Endproduktes sicher. Um den Druckprozess zu überwachen, kann beispielsweise die Geräuschentwicklung während des Druckvorgangs überwacht und mit einem bekannten Druckmuster verglichen werden. Dieser Prozess funktioniert ähnlich dem bekannter Apps, welche mit Hilfe eines Mikrofons Musikstücke identifizieren. Christian Bayens et al. [3] untersuchen in ihrer Arbeit eine dreistufige Qualitätsüberwachung bestehend aus einer Audioüberwachung, einer Positionsüberwachung des Druckkopfes und einer Materialüberwachung des Druck-Resultats mittels Raman Spektroskopie und Computertomografie

(CT). Diese Überwachung schützt das Produkt zusätzlich vor bösartigen Veränderungen durch Angriffe auf das Produktionsgerät oder dessen Steuereinheit, da Veränderungen im Druckvorgang sofort bemerkt werden.

Die Audioüberwachung und die Überwachung der Position des Druckkopfes ließen sich leicht in bestehende FDM-Drucker Integrieren. Eine Materialprüfung mittels CT oder Raman Spektroskopie würde vermutlich nur für spezielle Produkte in Frage kommen und ließe sich nur in wenige Produktionsstätten integrieren.

Die Audioüberwachung eignet sich nicht für Geräte, welche laser- und pulverbasierende Fertigungsverfahren nutzen. Hier wird der Laserstrahl durch Galvospiegel abgelenkt, wobei kein spezifisches Geräusch entsteht. Die Position dieser Galvospiegel ist ebenfalls schwerer zu überwachen als die eines FDM Gerätes.

Für laser- und pulverbasierte Systeme gibt es andere Ansätze der Überwachung wie beispielsweise die Überwachung durch eine Photodiode im selben Strahlengang wie des Lasers [4]. So lässt sich der Schmelzprozess live überwachen und Unstimmigkeiten können frühzeitig eine Warnung auslösen. Da es bei den laserinduzierten Schmelzprozessen vor allem auf die richtige Temperatur ankommt, welche im Substrat induziert wird, basieren andere Ansätze auf einer Temperaturüberwachung mittels Infrarotkameras [5].

Es gibt verschieden weitere Ansätze laser- und pulverbasierende Druckvorgänge zu überwachen [6]. Dieses Themengebiet ist weiterhin Gegenstand der Forschung.

3.2   Intelligente Auftragsvergabe

Die Verantwortung für die Vergabe der Kundenaufträge an verschiedene Makerspaces liegt bei der Microfactory GmbH. Ziele bei der Vergabe sind die optimale Auslastung der Maschinen, Minimierung der Lieferzeiten, Vermeidung von Rüstzeiten und Sicherstellung notwendiger Qualitätsstandards. Außerdem sollten sich die Makerspaces möglichst nah am Kunden befinden, um die logistischen Vorteile der dezentralen Fertigung zu nutzen.

Da die Microfactory GmbH mit möglichst geringem Lagerplatz auskommen soll bzw. idealerweise sogar ohne Lager, verschieben sich im Vergleich zur traditionellen Supply Chain die Herausforderungen der effizienten Abwicklung der Kundenbestellungen. Während in der traditionellen *supply chain* hierfür die effiziente Kommissionierung im Lager ausschlaggebend ist, um den Kunden möglichst schnell zu beliefern, entfällt die Kommissionierung in der dezentralen Fertigung fast vollständig, sodass die Herausforderung bereits in der Vergabe der Aufträge an die Makerspaces besteht. Hierbei sind verschiedene Organisationsformen der Aufträge denkbar. Wenig sinnvoll ist die serielle Abarbeitung von Einzelaufträgen, da insbesondere Verfahren von SLS die Bündelung von Aufträgen erfordern, um effizient zu arbeiten und auch ständige Materialwechsel bei anderen Verfahren die Standzeiten deutlich verlängern.

Aufträge lassen sich- neben der Entfernung vom Makerspace zum Kunden- auf zwei Weisen gruppieren: entweder nach Art des verwendeten Materials bzw. der verwendeten Maschine oder nach Art des Produktes – also Gruppierung nach Anforderungen an

Zertifizierung, Qualitätssicherung oder Qualifizierung des Personals. Ein ideales Vergabe-modell bezieht beide Klassifizierungen ein. In Anlehnung an die von Becker und Rein-hard [7] beschriebenen Kommissionierungsorganisationsformen des klassischen Handels zeigen Abb. 4 und 5. mögliche Vergabemodelle, wobei Abb. 4. eine einfache Vergabe an nur einen Makerspace und Abb. 5 die Vergabe an unterschiedliche Makerspaces zeigt. Noch aufwändiger sind Kundenaufträge für mehrere Produkte, die aufgrund mangelnder Kapazitäten an verschiedenen Orten gefertigt werden müssen. Hier ist nicht nur eine intel-ligente Auftragsvergabe sondern auch eine intelligente Logistik gefragt.

Die intelligente Auftragsvergabe benötigt also eine Vernetzung der Makerspaces, um die aktuellen Kapazitäten abzufragen und Aufträge zu vergeben. Hier empfiehlt sich ein auf Makerspaces angepasstes Manufacturing Execution System (MES), das mit dem Enterprise Resource Planning (ERP)-System der Microfactory GmbH verbunden ist.

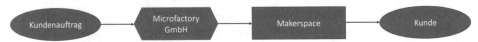

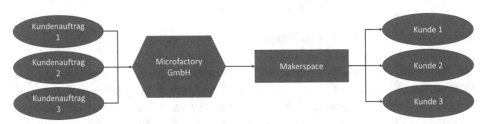

Abb. 4 Einfache Art der Auftragsvergabe durch die Microfactory GmbH

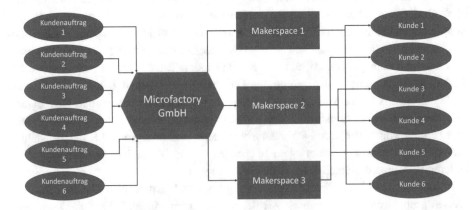

Abb. 5 Komplexe Auftragsvergabe durch die Microfactory GmbH an verschiedene Makerspaces

3.3 Absicherung vor Plagiaten – Sicherheit der Datenübertragung

Für namenhafte Markenhersteller ist die Sicherheit gegenüber Produktpiraterie und Plagiaten ein entscheidender Faktor, Produktionen häufig nur zentral durch einen festen OEM-Produzenten fertigen zu lassen bzw. sogar die Produktion nur in-house zu realisieren.

Was passiert mit den CAD-Daten, nachdem diese an einen externen Produzenten weitergeleitet wurden? Wie lässt sich eine sichere Übertragung realisieren, welche auch garantiert, dass lediglich die Anzahl des Produktes produziert werden kann, die bestellt wurden?

Eine Lösung wird aktuell in dem Projekt SAMPL durch die Prostep AG in Zusammenarbeit u. a. mit dem Frauenhofer Institut, Airbus, NXP und einigen deutschen Universitäten entwickelt.

Im Projekt SAMPL wird eine Sicherheitslösung für die Datenverarbeitung in 3D-Druckverfahren entwickelt. Das Verfahren deckt den gesamten Prozess von der Erzeugung der Druckdaten über den Austausch, die Lizensierung der Druckvorgänge und den tatsächlichen Druck ab. Zusätzlich werden die gedruckten Bauteile gekennzeichnet, um sie jederzeit rückverfolgen zu können. Alle relevanten Informationen werden mit Hilfe der Blockchain-Technologie in einer Datenaustauschsoftware gespeichert [8].

Vorteile für die Microfactory GmbH wäre der Einsatz eines „Trusted" Druckcenters durch „trusted" 3D-Drucker, die Unterstützung für die Qualitätssicherung sowie Rechtssicherheit und einen Wettbewerbsvorteil bieten.

3.4 Ausstattungen der „Microfactories"

Nicht an jedem Fertigungsstandort einer Microfactory kann jedes Produkt hergestellt werden, da häufig die Hardware-Ausstattung bestehender Makerspaces nicht standardisiert ist.

Ein Lösungsansatz ist hier die Herstellung von Batches (z. B. Losgröße 100–200 Stk.) an definierten Microfactories, welche in ein bestimmtes Fertigungsverfahren bzw. Produkttyp spezialisiert sind. Hier können z. B. je nach Bedarf die Nachfrage mehrerer Wochen vorproduziert und zentral oder dezentral Zwischengelagert werden.

Nötig ist dazu ein dynamisches forecasting des Produktbedarfs was softwareseitig durch eine supply-chain Management Softwarelösung realisiert werden könnte. Wichtig ist hier die Batches nicht zu groß werden zu lassen um den Vorteil der Microfactory bei Einsparung von Lagerkosten und Kapitalbindung nicht zu verlieren.

4 Ausblick

Während aktuell nicht-kritische Teile in einer Microfactory herstellbar sind, werden durch Standardisierung und Qualitätssicherung sowie Weiterentwicklung der 3D-Druck-Technologien in Zukunft auch komplexere Produkte möglich. Denkbar sind hier Ersatzteile, Medizinprodukte wie Orthesen, Dentalprodukte oder personalisierte Gebrauchsgüter mit

Elektronikkomponenten. Hierbei sind weitere Automatisierungs- und Digitalisierungs-schritte notwendig, um die optimale Nutzung der Maschinen zu ermöglichen und durch-gängige Prozess- und Datenketten zu gewährleisten.

Eine weitere Entwicklung ist die Vereinfachung der Prozesskette durch Reduzierung der verwendeten Maschinen, beispielsweise durch die Verwendung von Multi-Material-Druckern. Momentan sind nur wenige Drucker in der Lage, auf Voxelebene die Material-eigenschaften einzustellen. Allerdings sind für diese Produkte neue Recyclingmethoden notwendig, da diese aktuell nicht wiederverwertet werden können. Ideal wäre eine voll-automatisierte Verknüpfung von Recycling und Erzeugung eines neuen Produktes.

Wie in Abb. 6 dargestellt werden durch immer effizientere additive Fertigungsprozesse und sinkende Materialkosten die Stückkosten pro hergestelltes Bauteil soweit sinken, dass immer größere Produktserien bei hoher Bauteilkomplexität wirtschaftlich produziert werden können.

Denkbar sind zukünftig mehrere Szenarien zur Finanzierung der Microfactories. Im B2C-Bereich sind Partnerschaften mit eCommerce-Anbieter aber auch traditionellen Handelsunternehmen denkbar, die ihren Kunden die Möglichkeit geben mit minimalem Aufwand ein individualisiertes Produkt zu erhalten. Dabei interessiert es den Kunden nicht, wie diese Produkte gefertigt wurden – das Endergebnis muss seinen Erwartungen (Qualität, Preis, Zeit) entsprechen. Im B2B-Bereich sind zudem Modelle der Shared Economy vorstellbar, d. h. dass sich mehrere produzierende Unternehmen eine Micro-factory teilen.

Des Weiteren könnte das Outsourcing, im Hinblick auf Industrie 4.0 Optimierung der eigenen Produktion, an eine Microfactory die eigene Fertigung dezentral auf das Level einer smart Factory heben.

Smart Cities der nächsten 15–25 Jahre könnten Microfactories nicht nur in Form von bereits vorhandenen Makerspaces sondern auch durch eigene Gebäude bzw. Containern oder Automaten einsetzen, um Produkte on-demand und individualisiert für die Menschen vor Ort herzustellen.

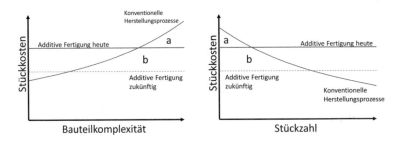

Abb. 6 Verhältnis Bauteilkomplexität – Stückkosten und Stückzahl – Stückkosten mit additiver Fertigung heute (**a**) und zukünftig (**b**)

Literatur

[1] Tanaka, M.: "Development of desktop machining microfactory". Riken Review 34, 2001

[2] Heikkila, R. H. et al.: "Possibilities of a Microfactory in the Assembly of Small Parts and Products-First Results of the M4-project". Assembly and Manufacturing, 2007. ISAM'07. IEEE International Symposium on. IEEE, 2007

[3] Bayens, C. et al.: "See No Evil, Hear No Evil, Feel No Evil, Print No Evil? Malicious Fill Patterns Detection in Additive Manufacturing", 2017

[4] Berumen, S., et al.: "Quality control of laser-and powder bed-based Additive Manufacturing (AM) technologies". Physics procedia 5 : 617–622, 2010

[5] Krauss, H.; Eschey, C.; Zaeh, M.: "Thermography for monitoring the selective laser melting process". Proceedings of the Solid Freeform Fabrication Symposium, 2012

[6] Tapia, G.; Alaa, E.: "A review on process monitoring and control in metal-based additive manufacturing". Journal of Manufacturing Science and Engineering 136.6: 060801, 2014

[7] Becker, J.; Schütte, R.: Handelsinformationssysteme. MI Wirtschaftsbuch, 2004

[8] Zeyn, H.: Industrialisierung der Additiven Fertigung: Digitalisierte Prozesskette - von der Entwicklung bis zum einsetzbaren Artikel Industrie 4.0., Beuth Verlag, 2017

Nachbearbeitung additiv gefertigter Bauteile

Thomas Kosche

Inhaltsverzeichnis

Zusammenfassung

Durch große Fortschritte bei der Entwicklung additiver Fertigungsverfahren sowie der dazugehörigen Maschinen- und Anlagentechnik steigt das allgemeine Vertrauen in gedruckte Bauteile stark an. Das Anwendungsspektrum erweitert sich kontinuierlich. Entgegen einem in den Medien häufig vermittelten Eindruck sind AM-Teile nach dem Druck meist nicht direkt einsatzfähig! Neben werkstoffbedingt oftmals erforderlichen Wärmebehandlungen sowie dem Abtrennen von den Basisplatten müssen

T. Kosche (✉)
BCT GmbH, Carlo-Schmid-Allee 3, 44263 Dortmund, Deutschland
e-mail: t.kosche@bct-online.de

© Springer-Verlag GmbH Deutschland, ein Teil von Springer Nature 2018
R. Lachmayer et al. (Hrsg.), *Additive Serienfertigung*,
https://doi.org/10.1007/978-3-662-56463-9_12

Kontaktflächen, Bohrungen, Passungen und Gewinde etc. nach wie vor mittels klassischer Fertigungsverfahren wie Bohren oder Fräsen realisiert werden.

Diese Nachbearbeitung setzt eine sichere Aufspannung und die exakte Referenzierung der Werkstücke voraus. Hierbei stellen insbesondere topologisch optimierte Bauteile, getrimmt auf geringes Gewicht bei hoher Steifigkeit, eine neue Herausforderung dar.

Angepasste Spannelemente und ein bearbeitungsgerechtes Design helfen, additiv gefertigte Bauteil ähnlich einer Serienfertigung bearbeiten zu können. Darüber hinaus tragen adaptive Bearbeitungsstrategien durch ihre charakteristische Berücksichtigung individueller Bauteilpositionen und Formen zur Optimierung der Nachbearbeitung bei.

Der Beitrag stellt entsprechende Ansätze exemplarisch vor.

Schlüsselwörter

Adaptive Bearbeitung · Nachbearbeitung · Spannelemente · Referenzierung

1   Einleitung

„Darüber hinaus ist der 3D-Druck nicht länger eine Test-Technologie, reserviert für Forschungszwecke und eine begrenzte Anzahl an Unternehmen. Er ist zur alltäglichen Realität für etwa eines von vier Industrieunternehmen geworden" [1]. So lautet das Ergebnis einer von Ernst & Young im Jahr 2016 durchgeführten Studie zum Thema 3D-Druck.

Diese beeindruckenden Zahlen belegen, dass sich bereits eine große Anzahl Unternehmen mit diesem Thema beschäftigt. Sie zeigen aber auch, dass drei Viertel der Unternehmen sich bisher noch nicht mit diesem Thema auseinandergesetzt haben, oder, dass Bedenken der neuen Technologie gegenüber einen Einsatz bisher verhindern. Fokus zukünftiger Entwicklungen muss daher sein, die bisher aus Sicht der Industrie noch existierenden Barrieren abzubauen und das Vertrauen in die Technologie weiter zu stärken.

In der letzten Zeit wurden insbesondere auf dem Gebiet der additiven Fertigung von metallischen Bauteilen große Fortschritte gemacht. Heute stehen verschiedene Verfahren zur Verfügung, um Bauteile für unterschiedliche Anforderungen in unterschiedlicher Größe und Komplexität sicher herstellen zu können.

Die einzelnen Komponenten der Prozesskette, angefangen bei der Design-Software über die Maschinen bis zu Steuerungen sind heute industriell verfügbar. Eine Vielzahl von Metallen steht als Pulver oder Draht zur Verfügung. Zusammen mit einer erprobten Prozesssteuerung sorgt dies für zuverlässige Ergebnisse, die selbst höchsten Anforderungen aus dem Bereich der Luftfahrt genügen!

Das zunehmende Vertrauen in die additive Fertigung hat in der letzten Zeit dazu geführt, dass die Prozesse nun die hohen Ansprüche an eine wirtschaftliche Herstellungsmethode erfüllen müssen. Es genügt nicht mehr ein Teil „drucken" zu können.

Zu den wichtigen Prozessen zählen neben der oben erwähnten eigentlichen Herstellung der Bauteile auch alle weiteren Bearbeitungen, die notwendig sind, um ein einsatzfähiges Bauteil ausliefern zu können.

Dieser Beitrag beleuchtet einige Aspekte der Nachbearbeitung additiv gefertigter Bauteile. Die enthaltenen Empfehlungen basieren dabei auf der Arbeit innerhalb Europas größtem Forschungsprojekt zum Thema *Additive Manufacturing* (AM), AMAZE [2].

2 Die Prozesskette

Bevor auf die spezifischen Anforderungen und Probleme der Nachbearbeitung von AM gefertigten Bauteilen eingegangen wird, erfolgt zunächst einmal die Darstellung einer typischen AM-Prozesskette zum Bau von Komponenten aus Metall.

2.1 Prozesskette Standard

Den ersten Schritt der Prozesskette (siehe Abb. 1) bildet das Design des herzustellenden Bauteils. Als Basis dienen bereits verfügbare Daten aus der konventionellen Fertigung, wenn es gilt, ein bereits existierendes Bauteil nun per 3D-Druck zu erstellen.

Da sich durch eine 1:1 Übertragung des herkömmlichen Designs das große Potenzial der additiven Fertigung nur begrenzt nutzen lässt, ist dieser Schritt oftmals mit einer Änderung der eigentlichen Konstruktion verbunden. Einzelbauteile einer bestehenden Baugruppe lassen sich nun in ein einziges Bauteil integrieren. Um die durch den 3D-Druck ermöglichte Designfreiheit optimal zu nutzen, lässt sich die Materialverteilung den Anforderungen entsprechend anpassen. Material wird nur dort verwendet, wo es auch wirklich gebraucht wird. Dieser auch oft als Topologie-Optimierung bezeichnete Schritt führt nicht selten zu organisch anmutenden Konstruktionen, die sich nicht herkömmlich fertigen lassen. Neben den positiven Effekten durch Materialersparnis bei mindestens gleichbleibender Festigkeit stellt ein so optimiertes Bauteil für die mechanische Nachbearbeitung in mehrerlei Hinsicht eine Herausforderung dar (siehe Kap. 3).

Nach Freigabe der Konstruktion erfolgt die Vorbereitung des eigentlichen Drucks. AM spezifische Softwarepakete dienen der Aufbereitung der reinen Konstruktionsdaten für die Fertigung. Die je nach Druckverfahren benötigten Stützstrukturen können konstruiert werden. Mehrere Bauteile lassen sich zur besseren Ausnutzung des AM-Maschinen-Bauraums anordnen. Spezielle Bereiche lassen sich zur Gewichtseinsparung mit Gitterstrukturen unterschiedlichster Arten und Dichten füllen. Den Abschluss dieser Arbeit bildet die Erstellung des sog. Bauprogramms für eine spezielle AM-Maschine.

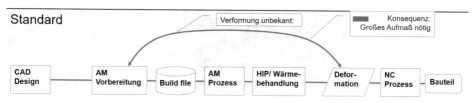

Abb. 1 Prozesskette Standard

Beim eigentlichen 3D-Drucken setzt die Steuerung die im Bauprogramm enthaltenen Informationen und Befehle so um, dass ein Bauteil schichtweise aufgebaut wird. Bei dieser abstrahierten Betrachtung ist die eigentlich eingesetzte AM-Technologie nicht relevant.

In vielen Fällen, insbesondere wenn es sich bei den Bauteilen um Komponenten für die Flugzeugindustrie handelt, ist eine thermische Nachbehandlung zwingend vorgeschrieben. Heiß-isostatisches Pressen (HIP) und/oder eine anschließende Wärmebehandlung führen zum Abbau von verbliebenen Poren und zur Verringerung verbliebener innerer Spannungen sowie zu einer Verbesserung des Gefüges.

Ein grundsätzliches Problem beim 3D-Druck ist der Bauteilverzug. Dieser hängt von der Größe der Bauteile und der Prozessführung ab. Der Verzug wird auch durch die oben aufgeführten Wärmebehandlungen nicht vollständig eliminiert.

Die Konsequenz dieses Bauteilverzugs ist eine Bauteilgestaltung mit entsprechend großem Aufmaß. Aus Sicherheitsgründen wird das Aufmaß so groß gewählt, dass die Fertigteilgeometrie sich mit Sicherheit aus dem gedruckten Bauteil erstellen lässt. Natürlich führt ein solches Vorgehen zu einem teilweise deutlich höheren Baugewicht und damit auch zu längeren Bauzeiten. Als Folge dieser „Sicherheitsüberlegungen" sind die Kosten dann höher als eigentlich nötig, die Wirtschaftlichkeit der Fertigung ist somit nicht optimal.

2.2   Erweiterte Prozesskette

Die beim 3D-Druck übliche Vorgehensweise lässt sich jedoch optimieren. Neueste Entwicklungen auf dem Gebiet der Simulation [2] erlauben es, die Bauteilverformungen eines 3D-Drucks vorauszuberechnen. Das Ergebnis einer solchen Simulation zeigt die Abb. 2

Diese Optimierung ist Bestandteil der erweiterten Prozesskette, dargestellt in Abb. 3: Erweiterte Prozesskette.

Das Ergebnis der Verformungsberechnungen dient dazu, das CAD-Modell des Bauteils oder eine davon abgeleitete, fertigungsorientierte Version entsprechend zu verändern.

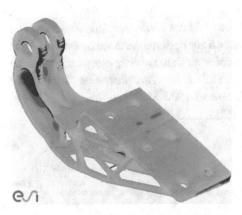

Abb. 2 Simulation eines Selektiven Laserstrahl Schmelzens, (Dr. M. Megahed, ESI Deutschland, Essen)

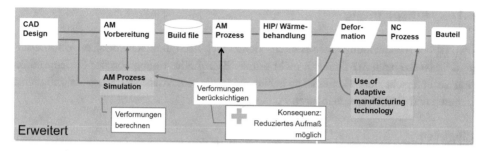

Abb. 3 Erweiterte Prozesskette

Kennt man die Verformungen an unterschiedlichen Stellen, so kann eine Korrektur des CAD-Modells erfolgen, sodass beim Druck eine in Bezug auf Verformung verbesserte Version des Bauteils entsteht.

Die Konsequenz der Vorausberechnung zu erwartender Verformungen und der Kompensation innerhalb des Prozesses durch eine geänderte Prozessführung oder eine geänderte Geometrie ist die Möglichkeit, nun die Sicherheitsaufmaße deutlich zu reduzieren. Dies senkt den Materialeinsatz und verkürzt die Bauzeit.

Eine solch aufwendige Prozessoptimierung ist nur bei der Herstellung einer großen Anzahl an Bauteilen sinnvoll. Bei der oft vorkommenden Fertigung kleinerer Stückzahlen bis hinunter zur „Losgröße 1" wird sich ein solches Verfahren nicht rentieren. In diesem Fall wird weiter nach der vereinfachten Prozessabfolge verfahren.

Trotz der erwähnten Optimierungsmöglichkeiten wird man die Verformungen nicht ganz eliminieren können. Wie man innerhalb der mechanischen Nachbearbeitung auf diese Bauteilverformungen reagieren kann und welche Möglichkeiten der Prozessoptimierung existieren, beschreibt der Abschnitt *Mechanische Nachbearbeitung*.

3   Mechanische Nachbearbeitung

Entgegen der oft in den Medien verbreiteten Auffassung, sind AM gefertigte Bauteile nach dem Druck nicht direkt gebrauchsfertig! Passungen müssen eingebracht, Funktionsflächen bearbeitet, Bohrungen hergestellt und Lagersitze realisiert werden. Dies erfolgt zumindest bei metallischen Bauteilen mittels klassischer Fertigungsmethoden wie Drehen, Fräsen und Schleifen. Weitere teilweise erforderliche Nachbearbeitungen wie Polieren oder Sterilisation seien hier nur erwähnt.

Betrachtet man einen Fräsprozess, so setzt dieser eine Aufspannung des Bauteils voraus, die den Zugang zu den Bearbeitungsbereichen erlaubt und die auftretenden Prozesskräfte sicher ableiten kann.

Unterschiede zwischen dem CAD-Modell und dem realen Bauteil sowie eine hohe geometrische Komplexität topologisch optimierter Bauteile stellen eine echte Herausforderung für die Nachbearbeitung dar. Es gilt, beide Aspekte bei der mechanischen Bearbeitung zu berucksichtigen.

3.1   Aufspannung

Die Art der Aufspannung eines Bauteils richtet sich nach unterschiedlichen Anforderungen. So ist die beim 3D-Drucken nicht seltene Einzelteilfertigung von der Serienproduktion zu unterscheiden. Gemeinsam haben beide die Anforderung nach einer möglichst sicheren und einfach handhabbaren Fixierung.

Eingießen

Die extremste Art der Bauteilspannung bei einer Einzelteilfertigung ist das Eingießen des gesamten Bauteils in ein Metall mit niedrigem Schmelzpunkt. Der Vorteil dieser Methode besteht darin, dass man analog der additiven Herstellung des Bauteils keine Vorrichtung im eigentlichen Sinne benötigt. Auf diese Weise lassen sich auch komplexe, topologisch optimierte Bauteile prozesssicher spannen.

Es ist jedoch im Einzelfall zu prüfen, ob ein Metall-Metall-Kontakt bei der Bearbeitung zulässig ist. Alternativ lassen sich auch niedrigschmelzende Kunststoffe verwenden, da die zu erwartenden Prozesskräfte relativ klein sind.

Formspannbacken

Ein aus dem Vorrichtungsbau bekannter Lösungsansatz, Bauteile mittels angepasster Formspannbacken zu fixieren, lässt sich auch auf AM gefertigte Bauteile übertragen.

Formspannbacken lassen sich auf die unterschiedlichsten Methoden erstellen. Die Herstellung erfolgt heute entweder mit den klassischen Fertigungsverfahren oder bereits selbst als Metall- oder Kunststoff-Druck.

Dieser Anwendungsbereich für AM wird in den kommenden Jahren noch deutlich zunehmen. Bereits heute werden viele gedruckte Elemente innerhalb der Vorrichtungen für die Koordinatenmesstechnik eingesetzt. Bevorzugtes Material für diesen Einsatzfall ist jedoch Kunststoff.

Die Abb. 4 zeigt eine im Rahmen des Forschungsprogramms AMAZE [2] beispielhaft aufgebaute Vorrichtung. Eine solche Lösung eignet sich dazu, das Bauteil während der mechanischen 5-Achsen-Bearbeitung zu fixieren. Die Kompensation kleinere Formabweichungen der Bauteile untereinander erfolgt innerhalb der Spannbacken. Hierzu sind diese flexibel ausgelegt. Der innere Kern besteht aus einem wesentlich härteren Material als der äußere Bereich, der Kontakt zum Werkstück hat.

Die gezeigte Vorrichtung erlaubt den Zugang zu allen Bearbeitungsbereichen.

Das Drucken der Spannbacken ist nicht nur eine Alternative zur herkömmlichen Herstellungsmethode, sondern erlaubt auch die Integration zusätzlicher Funktionen z. B. zur Dämpfung des Bearbeitungsprogramms. Inwieweit eine angepasste Gestaltung der Werkzeugaufnahme selbst in der Lage ist, Schwingungen des Bearbeitungsprozesses wirksam zu dämpfen, wird zurzeit in einem Forschungsvorhaben unter Beteiligung des *Instituts für Spanende Fertigung* in Dortmund untersucht [3].

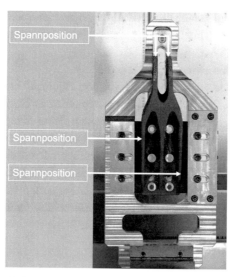

Abb. 4 Vorrichtung exemplarisch

Spannung mit integrierten Elementen

AM gefertigte Bauteile lassen sich je nach verwendetem Verfahren mit Guss- oder Fein-gussteilen vergleichen. Lösungen, die sich bei der Aufspannung dieser Bauteile bewährt haben, können übernommen werden. Eine Grundidee ist, direkt beim Design der Bau-teile Elemente zu integrieren, die eine spätere Aufspannung mit speziellen Spannmitteln ermöglichen. Hierbei sind die beim jeweiligen Druckverfahren erzielbaren Toleranzen und Oberflächen-Eigenschaften zu berücksichtigen.

Einen in Abb. 5 dargestellten Ansatz mit sehr kompakten Spannelementen hat Schunk [4] vorgestellt. Das Bauteildesign wird dabei um zylindrische Bereiche mit geringem Hinter-schnitt ergänzt, in den dann die Spannvorrichtung eingreifen kann. Die Betätigung erfolgt manuell. Durch die am unteren Ende integrierte Schnittstelle zum Nullpunktspannsystem

Abb. 5 Integrierbares Spannsystem (Schunk)

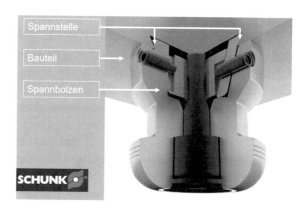

lässt sich das Bauteil so außerhalb der Bearbeitungsmaschine vorbereiten. Zur eigentlichen Bearbeitung erfolgt eine manuelle oder automatische Beladung z. B. der Fräsmaschine.

Spannung an Anbauelementen

Eine noch einfachere Idee zur Aufspannung von AM-Bauteilen besteht in der Verwendung einfacher, dem Original-Design hinzugefügter geometrischer Elemente. Damit lassen sich die Bauteile mit günstigen Standard-Spannelementen sicher fixieren.

Die beiden zuletzt vorgestellten Ansätze setzen voraus, dass es möglich und zulässig ist, den Bauteilen entsprechende Elemente hinzuzufügen. Diese erhöhen das Gewicht und somit die Bauzeit und auch die Kosten. Es gilt daher abzuwägen, welche Lösung wirtschaftlich am sinnvollsten ist. Steht eine Gewichtseinsparung im Vordergrund der additiven Herstellung eines Bauteils, so entfallen diese beiden Optionen. Satellitenbauteile werden sicherlich nie um zusätzliche, verbleibende Elemente erweitert, nur um die Fertigung zu vereinfachen.

Spannposition

Einige AM-Fertigungsverfahren benötigen Stützstrukturen, um das Bauteil während des eigentlichen Bauvorgangs im Pulverbett zu stabilisieren. Den höchsten Bedarf hat hier das selektive Laserschmelzen. Das Pulverbett beim Elektronenstrahl-Schmelzen bietet eine bessere Stützung, da das Pulver durch die Vorwärmung „zusammenbäckt" und einen sog. cake bildet. Mit dem Laserpulver-Auftragschweissen (Laser Metal Deposition, LMD) baut man Teile dagegen meist ohne Unterstützungen auf. Drahtbasierte Verfahren eignen sich gut zur Herstellung massiverer Komponenten, sodass hier ebenfalls auf Stützstrukturen verzichtet wird.

Bei den Pulverbett-Verfahren muss das Bauteil nach dem Druck zuerst von der Bauplattform entfernt werden. Hierzu eignet sich je nach Bauteil Drahtscheiden oder sogar Sägen. Anschließend sind die noch verbliebenen Stützstrukturen zu entfernen. Dies geschieht heute meist noch in Handarbeit, automatisierte Lösungen für eine Serienproduktion sind jedoch denkbar. Die sehr dünnen Hilfsstrukturen erlauben eine Entfernung mit einer kleinen Zange oder lassen sich einfach per Hand abbrechen.

An den Stellen der entfernten Stützstrukturen verbleiben jedoch, wie in Abb. 6 gezeigt, kleine Restbestandteile.

Diese Reste wirken innerhalb einer Spannvorrichtung wie eine große, verteilte Setzfläche. Muss man nun die Spannelemente im Bereich der verbliebenen Reste anordnen, so hat das Auswirkungen auf die Qualität der Spannung. Im oben aufgeführten Beispiel war eine Lockerung der Spannung im oberen Bereich des Bauteils festzustellen.

Gleiches gilt für mitgedruckte Bauteilkennzeichnungen. Auch sie beeinflussen die Aufspannung negativ.

Diese einfachen Beispiele zeigen, dass sich eine wirtschaftliche Auslegung des 3D-Drucks nicht allein auf den Druckprozess oder den vorgeschalteten Designprozess konzentrieren darf. Auch die Nachbearbeitung ist in die Planungsphase mit einzubeziehen. Nur so lassen sich die oben genannte Probleme vermeiden und geeignete Angriffspunkte für die Spannvorrichtung finden, die nicht im Bereich der Stützstrukturen/Markierungen liegen.

Abb. 6 Reste der
Stützstrukturen

3.2   Referenzierung

Die automatisierte Bearbeitung eines AM gefertigten Bauteils setzt voraus, dass das vordefinierte NC-Programm exakt an den geplanten Bereichen auf dem Bauteil ausgeführt wird.

Die Generierung der NC-Programme geht immer von einer definierten Lage des Werkstücks auf der NC-Maschine aus. Entspricht die Position des Werkstücks nicht dieser Annahme/Vorgabe, so wird die NC-Bearbeitung an einer falschen Stelle auf dem Werkstück ausgeführt.

Um dies zu vermeiden, kommen unterschiedliche Ansätze zum Einsatz. Eine aufwendige und teure Vorrichtung kann dafür sorgen, die Bauteile in der richtigen Position und Orientierung auf der Maschine zu fixieren. Die Kosten für solche Lösungen sind teilweise sehr hoch, da alle Komponenten der Vorrichtungen engen Toleranzen unterliegen.

Die Verwendung von in die Werkzeugmaschine integrierter Messtechnik bildet einen anderen Ansatz. Hiermit sinken die Anforderungen an die Präzision der Vorrichtung deutlich. Nicht die Vorrichtung sorgt hierbei für eine präzise Positionierung und Ausrichtung der Bauteile, sondern eine Messung erfasst die aktuelle Situation. Die daraus resultierenden Informationen dienen einem in die Prozesskette eingebundenen Softwaresystem als Eingabe. Dieses System – oder in einfachen Fällen auch eine leistungsfähige NC-Steuerung – sorgen dann für die Anpassung des Bearbeitungsprogramms an die Ist-Lage und die Ist-Orientierung, ohne das Programm dabei zu verändern.

Beide Lösungen setzen voraus, dass die AM gefertigten Bauteile charakteristische Merkmale aufweisen, die sich für eine Referenzierung eignen. Gut geeignet sind ebene

Flächen, Bohrungen oder Zylinder. Bei der Definition der Ausrichtung ist jedoch immer zu berücksichtigen, dass auch AM-Teile geringen Schwankungen unterliegen.

Besonders kompliziert gestaltet sich die Situation bei Bauteilen, die nach einer Topologie-Optimierung eine Vielzahl organisch anmutender Elemente enthalten oder sogar nur aus solchen bestehen. Hier fehlen dann genau die oben angesprochenen, gut referenzierbaren Elemente. In diesem Fall bietet sich eine Komplettvermessung der Bauteile mit entsprechenden Scan-Systemen an. Die hierbei ermittelten Abweichungen zwischen dem aktuellen Bauteil und der Soll-Geometrie bilden wichtige Informationen für die nachfolgenden Prozessschritte.

Zur Bearbeitung des in Abb. 4 gezeigten Bauteils wurde der Ansatz der maschinen-integrierten Messung gewählt. Das Design der Vorrichtung ist auf diese Bearbeitungsmethode abgestimmt. Komplizierte Positionierungen des Bauteils in einem engen Toleranzbereich sind nicht erforderlich. Die Zugänglichkeit sowohl zur Bearbeitung der gekennzeichneten Bereiche als auch für die zur Bestimmung von Position und Lage erforderlichen Messungen ist gegeben.

Der Ablauf der Bearbeitung wird in diesem Fall komplett von der von BCT entwickelten Software zur adaptiven Bearbeitung (OpenARMS) gesteuert.

Die Erstellung aller zur Bearbeitung notwendigen NC-Programme erfolgt außerhalb des Systems unter Verwendung der bekannten CAM-Systeme. Das BCT-System liest diese Programme ein und baut damit den links in Abb. 7 gezeigten Projektbaum auf. Das integrierte Messmodul unterstützt den Einsatz taktiler Sensoren sowie von Laser-Linien-Scannern. In diesem Anwendungsfall reicht die Erfassung einiger weniger Positionen aus, um Lage und Position zu bestimmen. Aus diesem Grund wird zur Messung ein schaltender

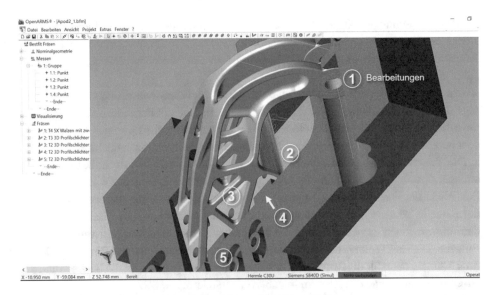

Abb. 7 Software zur adaptiven Bearbeitung (OpenARMS by BCT)

Messtaster eingesetzt. Die Software zur adaptiven Bearbeitung verwaltet weiterhin die Messanweisungen als auch die Messwerte selbst.

Das System ist direkt mit der NC-Steuerung verbunden und kann daher die Messungen starten, die Orientierung der NC-Programme basierend auf den Messwerten anpassen und diese dann auf die Maschine übertragen und ausführen. Der Bediener startet den gesamten Ablauf mit einem Knopfdruck.

Bei dem eingesetzten Verfahren handelt es sich um eine sog. BestFit-Transformation, bei der die inneren Beziehungen des NC-Programms unverändert erhalten bleiben. Es erfolgt lediglich die Anpassung von Position und Orientierung des Programms an die auf der Maschine vorgefundene Situation.

4   Möglichkeiten einer Adaptiven Bearbeitung

Adaptive Bearbeitung in dem hier verwendeten Kontext bedeutet, dass eine Bearbeitung unabhängig von der verwendeten Technologie an die speziellen Gegebenheiten des individuellen Bauteils angepasst wird. Hierbei ist der Einsatz nicht auf die Nacharbeit von klassisch oder per AM gefertigten Werkstücken beschränkt. Auch bei Reparatur und Neuteilfertigung lässt sich die Adaption zur Optimierung der Prozesse einsetzen.

4.1   Unterschied zwischen BestFit und Adaption

Vor dem Aufzeigen der Möglichkeiten adaptiver Bearbeitungen innerhalb der Nacharbeit AM gefertigter Bauteile, erfolgt zuerst eine kurze Begriffsklärung.

Ausgangspunkt ist die in Abb. 8 unter (1) dargestellte Situation. Sie zeigt ein Bauteil in der Soll-Lage/Orientierung. Hierzu existiert auch das entsprechende NC-Programm zur Bearbeitung des Bauteils.

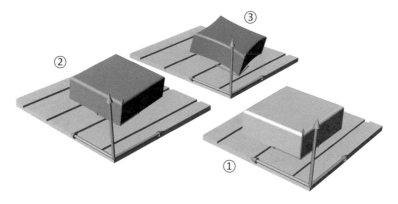

Abb. 8 BestFit (2) vs. Adaption (3)

BestFit

Stimmen Lage und Orientierung des Bauteils auf der Maschine (2) jedoch nicht mit der in (1) dargestellten Situation überein, so ist die Transformation des vordefinierten Bearbeitungsprogramms erforderlich. Das Programm selbst bleibt als Ganzes unverändert, es wird lediglich in einem anderen Koordinatensystem ausgeführt. Die hierzu nötige Transformation, bestehend aus Drehung und Verschiebung, ermittelt ein sogenanntes BestFit-Verfahren, welches die Summe der Abweichungen zwischen beiden Situationen minimiert. Bestehen zwischen dem realen Bauteil und dem CAD-Modell keine geometrischen Unterschiede, so kann ein BestFit- Verfahren die Abweichungen gänzlich eliminieren.

Adaption

Weicht zusätzlich zur Lage und Orientierung auch die Form des realen Bauteils von der Soll-Geometrie ab, so kann ein BestFit-Verfahren allein diese Abweichungen nicht mehr kompensieren. Die Lösung solcher Fertigungsaufgaben ist der Haupteinsatzbereich adaptiver Verfahren. Diese sind durch Berücksichtigung der individuellen Geometrien jedes einzelnen Bauteils in der Lage, auch komplexe Teile innerhalb enger Toleranz zu bearbeiten.

Durch messtechnische Erfassung des Ist-Zustands und Vergleich mit dem Soll-Zustand werden Abweichungen ermittelt. Diese dienen der eigentlichen Adaption dazu, die NC-Programme für jedes einzelne Bauteil individuell anzupassen.

Im Unterschied zum BestFit ändert die Adaption hierbei die inneren Beziehungen eines NC-Programms (3). Die Werkzeugpositionen haben nach der Adaption denselben Abstand zum geometrisch abweichenden Bauteil wie die entsprechenden Werkzeugpositionen im Original-Programm zur Soll-Geometrie.

4.2   Software zur adaptiven Bearbeitung

Das Grundprinzip der von BCT entwickelten Adaptions-Software zeigt Abb. 9.

Das CAD-Modell (1) des zu fertigenden Bauteils stellt die Referenz dar. Es wird auch als Basis zur Erstellung der notwendigen NC-Programme verwendet (2). Die

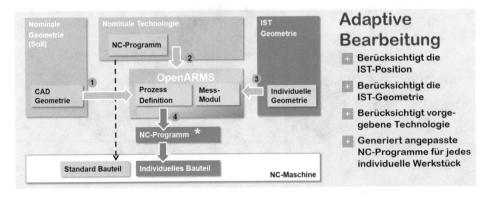

Abb. 9 Adaptions-Software OpenARMS von BCT

CAD-Geometrie repräsentiert die Soll-Geometrie des Bauteils, NC-Programme die erforderlichen Bearbeitungsschritte.

Angeschlossenen Mess-Systeme erfassen Informationen über die jeweilige, individuelle Bauteilform und/oder Lage (3). Taktile Sensoren zur Punktmessung lassen sich ebenso einsetzen wie Laser-Linien-Scanner oder Weißlicht-Scan-Systeme. Die Messergebnisse repräsentieren dann den Ist-Zustand.

Die Aufgabe der Adaption ist nun die Verbindung der beiden Situationen, der nominalen, definierten Situation auf der einen Seite und der individuellen Situation auf der anderen Seite.

Hierzu ermittelt die Software die Unterschiede zwischen CAD-Modell und dem realen Bauteil. Hiermit lässt sich dann eine Anpassung der vordefinierten NC-Programme berechnen. Die Adaption überträgt hierbei die auf Basis der Soll-Geometrie definierten Bearbeitungen auf die geometrisch unterschiedlichen oder in einer anderen Lage/Orientierung aufgespannten Bauteile. Technologisch bleibt das NC-Programm dabei unverändert.

Das Ergebnis der Berechnungen besteht in NC-Programmen, die an die jeweiligen individuellen Bauteile angepasst sind (4). Das System ist normalerweise mit den Maschinen verbunden, um so individuelle Bauteile, ähnlich einer Serienfertigung, handhaben zu können.

4.3 Anwendungsmöglichkeiten innerhalb der additiven Fertigung

Im Bereich der additiven Fertigung gibt es unterschiedliche Anwendungsfälle für eine adaptive Bearbeitung.

Wie oben beschrieben lassen sich die in dem System integrierten BestFit-Methoden zur Anpassung der Fertigungsprogramme an eine von der Soll-Situation abweichende Position/Orientierung einsetzen. Dies senkt den Aufwand für die Herstellung der Aufspannvorrichtung deutlich und erhöht die Genauigkeit. Für eine Serienproduktion kann die erforderliche Messung auch auf externen Messgeräten wie Koordinatenmessmaschinen erfolgen. In diesem Fall empfehlen sich Nullpunktspannsysteme für einen einfachen und sicheren Wechsel zwischen den Prozessen.

Ein weiterer Anwendungsbereich ist die Reparatur von Bauteilen und deren anschließenden Nacharbeit. Ein typisches Beispiel hierfür ist die Überholung von Triebwerksbauteilen wie z. B. Kompressor- oder Turbinen-Schaufeln. Hier werden abgenutzte oder beschädigte Bereiche entfernt und mittels Laserpulver-Auftragschweissen wieder aufgebaut (Hybrider 3D-Druck). Die Adaption stellt dann für jede individuelle Schaufel einen sanften Übergang zwischen dem Basismaterial und dem aufgetragenen Bereich her.

Darüber hinaus lässt sich die Adaption auch für den eigentlichen AM-Vorgang einsetzen (Abb. 10). Die geometrische Adaption sorgt in diesem Fall dafür, dass die Bahn der LMD-Düse bei der Reparatur von Komponenten exakt auf dem jeweiligen Bauteil platziert wird.

Neben der geometrischen Adaption lassen sich solche Systeme auch zur technologischen Adaption einsetzen. Im Rahmen des AMAZE-Projekts wurde untersucht, den

Abb. 10 Adaption des LMD
Prozesses

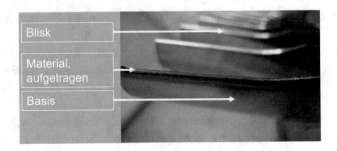

LMD-Prozess abhängig vom Ergebnis der letzten aufgetragenen Lagen technologisch zu
verändern, um so das Ergebnis besser kontrollieren und gegebenenfalls beeinflussen zu
können.

5   Schlussbemerkung

Die additive Fertigung besteht nicht nur aus dem eigentlichen 3D-Druck! Mechanische
Nachbearbeitungen zum Einbringen von Funktionselementen sind nach wie vor erfor-
derlich. Hierzu sind die Bauteile sicher zu fixieren. Diese Aufgabe wird durch die neue
Designfreiheit, welche die AM-Verfahren bieten, erschwert.

Ein wirtschaftlicher Fertigungsprozess setzt eine Abstimmung der einzelnen Prozessschritte voraus. Simulationen helfen den Bauteilverzug vorauszuberechnen und gegebenenfalls mit einem angepassten Design zu kompensieren. Spannelemente und Konzepte
lassen sich aus der traditionellen Fertigung ableiten oder gar übernehmen.

Adaptive Systeme haben das Potential sowohl den Bau der Teile mittels LMD-Verfah-
ren zu unterstützen als auch die Nachbearbeitung zu optimieren.

Die Kombination all dieser Anstrengungen wird weiteres Vertrauen in die AM-Technologie schaffen und helfen, neue Anwendungen zu erschließen!

Literatur

[1]   EY's Global 3D printing Report 2016
[2]   AMAZE: Additive Manufacturing Aiming Towards Zero Waste and Efficient Production of
      High-Tech Metal Parts. This project has received funding from the European Union's Seventh
      Framework Programme for research, technological development and demonstration under
      grant agreement no 313781
[3]   Vogel, F.; Özkaya, E.; Fuß, M.; Biermann, D.: Einsatz additiv gefertigter Werkzeugaufnahmen
      zur passive Dämpfung von Prozessschwingungen; Unter Span 01/2017 ISS2365–7006
[4]   Heim, A.: H.-D. Schunk GmbH & Co. Spanntechnik KG, Lothringer Str. 23 88512 Mengen:
      Spannideen zur Nachbearbeitung generativ gefertigter Bauteile; Vortrag; MIN Veranstaltung
      07.2017

„Additive Serienfertigung" aus Sicht eines Ingenieurbüros

Tayfun Süle

Inhaltsverzeichnis

Zusammenfassung

Additive Serienfertigung ist in aller Munde – häufig auch im Zusammenspiel mit dem Begriff Industrie 4.0. Dem Ingenieur von heute sagt man: „Vergiss alles, was du im Studium gelernt hast und konstruiere was du willst". Doch nicht jede Konstruktion ist für eine Serienfertigung optimal. Um eine additive Serienfertigung betreiben zu können, sind u. a. zwei Voraussetzungen besonders wichtig.

Zum einen, sind es die Technologie und die Maschinen. Um einen Serieneinsatz zu ermöglichen, sollten die Bauteile eine gleichbleibende Qualität aufweisen – unabhängig von Maschine, Bediener und Material. Zum anderem, ist es eine Voraussetzung, die richtigen Bauteile für die Serienfertigung auszuwählen und für den additiven Prozess zu optimieren. Begriff „Optimierung" zielt in diesem Kontext nicht nur auf eine Optimierung des Gewichts, oder der Form (bionische Konstruktion) ab. Vielmehr muss hier

T. Süle (✉)
ALM, bionic studio by Heinkel Group, Hein-Sass-Weg 30, 21129 Hamburg, Deutschland
e-mail: ts@bionic-studio.com

© Springer-Verlag GmbH Deutschland, ein Teil von Springer Nature 2018
R. Lachmayer et al. (Hrsg.), *Additive Serienfertigung*,
https://doi.org/10.1007/978-3-662-56463-9_13

die Frage gestellt werden, welche Anwendung realisiert werden soll um anschließend Form, Material und Fertigungsprozess für die Serienfertigung zu definieren. In dieser Ausarbeitung, sollen die Schritte vor dem Fertigungsprozess beäugt werden.

Schlüsselwörter:

Optimierung · 3D Druck · Additive Fertigung · Bionik · Serienfertigung

1   Einleitung

Es gibt viele Stellschrauben mit denen aus einer Fertigung erst eine Serienfertigung werden kann. Im Kontext der additiven Fertigung liegt eine Vielzahl dieser Stellschrauben schon vor dem eigentlichen Prozess der Fertigung - begonnen bei der Selektion der geeigneten Bauteile bis hin zur Vorbereitung für den Druckprozess vor.

Einige dieser Stellschrauben lassen sich durch einfache Simulationen (computerunterstützt) festlegen, für andere sind Erfahrungswerte notwendig.

1.1   Zielsetzung dieser Arbeit

In dieser Arbeit sollen die notwendigen Schritte betrachtet werden, die vor dem Fertigungsprozess anstehen. Hier liegt der Fokus insbesondere auf den Merkmalen und Parametern, die die Serienfertigung unterstützen. Aufgrund der Kürze dieser Arbeit, wird auf eine Einführung in die additive Fertigung und die Definition der einzelnen Technologien verzichtet. Ein Grundverständnis der additiven Fertigung wird vorausgesetzt.

1.2   Gliederung dieser Arbeit

Es wird zunächst ein Überblick über die einzelnen Schritte gegeben, die vor der Übergabe in die additive Fertigung notwendig sind. Anschließend werden diese einzelnen Schritte detaillierter erläutert und mögliche Handlungsempfehlungen daraus gebildet.

2   Vorgelagerte Prozesskette der Additiven Fertigung

Bevor der additive Fertigungsprozess beginnen kann, muss zunächst ein Bauteil identifiziert werden, welches für die additive Fertigung geeignet ist. Basierend auf diesem Bauteil folgen weitere Schritte, die in der folgenden Abb. 1 aufgezeigt werden.

Die Optimierung und das Design von Bauteilen, meist auch der analytische Nachweisprozess wurden einstig von unterschiedlichen Mitarbeitern/Abteilungen verarbeitet. Mit modernen CAD- und FE-Systemen entstehen zwischen den einzelnen Schritten immer

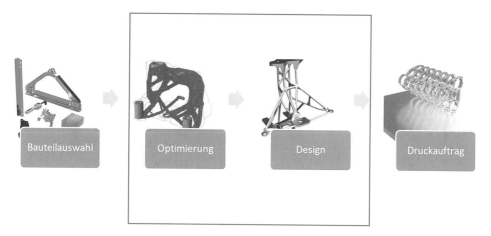

Abb. 1 Vorgelagerte Prozesskette

mehr Überschneidungen, so dass die beiden Punkte in dieser Arbeit zusammengefasst werden.

2.1   Bauteilauswahl

Dieses Kapitel beschreibt den Prozess, in dem die Auswahl eines geeigneten Bauteils erfolgt. Schlussfolgernd entsteht hieraus die Aussage, dass nicht jedes Bauteil gedruckt werden kann, oder es aus unterschiedlichen Gründen nicht sinnvoll erscheint. Grund hierfür sind beispielsweise Restriktionen bzgl. der Größe. Je nach Fertigungsverfahren gibt es unterschiedliche, maximale Bauraumgrößen. In der folgenden Aufzählung sind einige Restriktionen bei der Auswahl geeigneter Bauteile genannt.

- Aus welchem Material ist das Bauteil?
  - Nicht jedes Material ist druckbar und nicht jedes Material kann in jedem additiven Fertigungsprozess verarbeitet werden.
- Welche Abmessungen hat das Bauteil?
  - Die meisten Drucker sind noch begrenzt in ihren Bauräumen. Während man mit dem Material *Beton* inzwischen ganze Häuser druckt, bewegt man sich im Metall-Bereich in Bereiche von einem Kubikmeter hin. Übliche Drucker besitzen Baukammern im Bereich $200 \times 200 \times 200$ [mm].
- Handelt es sich lediglich um ein Bauteil oder können umliegende Bauteile zu einer Baugruppe zusammengefasst werden?
  - Unter Umständen können Bauteile substituiert werden, die in der unmittelbaren Umgebung liegen. Abb. 2 zeigt eine ganze Baugruppe, die exemplarisch im Folgenden als Beispiel dienen soll. In diesem Fall ist es möglich durch Substitution aus vielen einzelnen Bauteilen, einige, wenige zu konstruieren und additiv zu fertigen. Dies spart u. a. Montage- und Logistikkosten und je nach Einsatz auch Kosten

Abb. 2 Auswahl einer
Baugruppe für die weitere
Optimierung zu einer
Serienfertigung

wie bspw. das Toleranzmanagement, Einzelteilzeichnungen, Montage- und Einbau-
zeichnungen, etc.
- Welche Losgröße wird benötigt und in welchem Zeitraum?
  - Handelt es sich nur um die Losgröße 1, oder werden 100 benötigt? Eine genaue
    Kostenbetrachtung hilft bei der Abschätzung der Kosten.
- Handelt es sich um ein Sichtbauteil?
  - Unter Umständen gibt es spezielle Anforderungen, was die optische, aber auch
    haptische Qualität des Bauteils angeht. Prozessbedingt ist hier u. U. Nacharbeit
    notwendig.
- In welcher Umgebung wird das Bauteil verwendet?
  - Der Einfluss von Temperaturen oder chemischen Wechselwirkungen bestimmt das
    später auszuwählende Material und Fertigungsverfahren.
- Handelt es sich um hochgradig sicherheitsrelevante Bauteile?
  - Die Prozesssicherheit für die additive Fertigung ist noch nicht mit jedem Material
    und jedem Fertigungsprozess gegeben.

Neben den in der Aufzählung genannten Aspekte gibt es noch weitere Abfragen, die insbesondere den späteren Einsatz untersuchen. Für die Serienfertigung ist ein wichtiges Kriterium neben der Qualität, vor allem dass ein rentabler Business Case vorhanden ist. Es ist
also auch wichtig zu wissen, welche Kosten eine konventionelle Fertigung verursacht hat.
Sollte die additive Serienfertigung die der konventionellen Fertigung übertreffen, stellt
sich die Frage, ob die additive Fertigung weitere nennenswerte Vorteile gegenüber der
konventionellen Fertigung bringt. Beispielsweise wären hier zu nennen:

- Leichtbau,
- Funktionsintegration,
- Vereinfachung und Substitution von Bauteilen.

Je nach Anwendungsfall treffen hier ein, oder mehrere Fälle zu.

2.2 Optimierung und Design

Mit Auswahl eines geeigneten Bauteils für die Serienfertigung wurde auch gleichzeitig festgelegt, welche Zielvorgabe für die additive Fertigung verfolgt wird. Ein mögliches Ziel kann bspw. sein, das Bauteil so wie es ist und ohne geometrische Änderungen additiv zu fertigen (Ersatzteilproduktion). Gründe hierfür können sein:

- Schnellere Verfügbarkeit von Ersatzteilen,
- Bedarfsgerechte Verfügbarkeit von Ersatzteilen,
- Vermeidung oder Minimierung von Lager- und Logistikkosten.

Wenn das ausgewählte Bauteil optimiert und neu design wird, gilt es allerdings unterschiedliche Aspekte zu beachten um Druckzeit, Nachbearbeitungszeit und damit auch die Kosten so gering wie möglich zu halten – womit wiederrum die Serienfertigung besser ermöglicht wird. Gerade das Design ist eine große Herausforderung für den klassischen Ingenieur, der in seinem Studium und beruflichen Laufbahn gelernt hat, stets fertigungsgerecht zu konstruieren. „Fertigungsgerecht" ist in diesem Kontext bezogen auf die konventionellen Herstellungsverfahren, die beispielsweise keine Hinterschneidungen ermöglichen. Mit der additiven Fertigung kommen neue Freiheiten, die dem Ingenieur ermöglichen, theoretisch frei von Restriktionen zu konstruieren.

Zunächst wird mit der Optimierung begonnen. „Optimieren" kann beispielsweise die Topologieoptimierung eines Bauteils beinhaltet (Abb. 3). Bei der Topologieoptimierung wird anhand von Belastungen und Randbedingung eine Form gefunden, die den angewandten Kräften optimal wiedersteht.

Neben der Topologieoptimierung können auch andere Verfahren zum Einsatz kommen, wie zum Beispiel Design-Prinzipien die zur Geltung kommen können.

Ziel ist es eine Form zu entwickeln, die bestmöglich für eine Serienfertigung geeignet ist. Wichtige Herausforderungen für eine erfolgreiche Serienfertigung sind zum einen eine schnelle Druckzeit und zum anderen eine geringe Nachbearbeitungszeit. Abb. 4 zeigt ein

Abb. 3 Ergebnis einer Topologieoptimierung (rechts) nach dem Anwenden aller Lastfälle und Randbedingungen

Abb. 4 Bauplatte zur Demonstration von Bauteilausrichtungen

Tab. 1 Vergleich der Bauteilausrichtung und des Nachbearbeitungsaufwandes auf Grundlage eines FDM-Druckprozesses

Bauteilausrichtung	Druckzeit	Nachbearbeitungsaufwand
Senkrecht (rot)	6:08 h	Hoch
Waagerecht (blau)	2:48 h	Gering

Bauteil, welches in dem einen Fall aufrecht (rot eingefärbt) und in dem anderen Fall senkrecht (blau eingefärbt) auf der Bauplattform platziert wurde.

In der folgenden Tab. 1 wurde als Grundlage ein Kunststoff-Druckverfahren (FDM – Fused Deposit Molding) für die Berechnung der Druckzeit gewählt.

Es ist ersichtlich, dass durch die aufrechte Positionierung sowohl die Druckzeit, als auch die Nachbearbeitungszeit steigt. Die Erhöhung der Druckzeit ist einerseits durch die Anzahl der einzelnen Schichten getrieben, andererseits aber auch durch Support-Material, welches das Drucken überhaupt ermöglicht (spezifisch für dieses Fertigungsverfahren, siehe Abb. 5 und 6).

Die Supportstrukturen werden immer dann notwendig, wenn der Drucker „in die Luft" druckt. Bei dem FDM Druckverfahren würde das Material ansonsten herunterfallen und beim Druck mit Metallpulver, aufgrund des sehr feinen Stoffes, versinken. Durch das nachträgliche entfernen der Supportstrukturen steigt der Nachbearbeitungsaufwand.

2.3 Druckauftrag

Abschnitt 2.2 hat thematisiert, dass das Design insofern gestaltet werden muss, als das das Bauteil schnell und gut druckbar ist und dies mit einem geringen Nachbearbeitungsaufwand verbunden ist. Wenn es darum geht, einen Prototypen, oder nur wenige Bauteile

Abb. 5 Einsatz von Supportmaterial bei senkrechter Positionierung

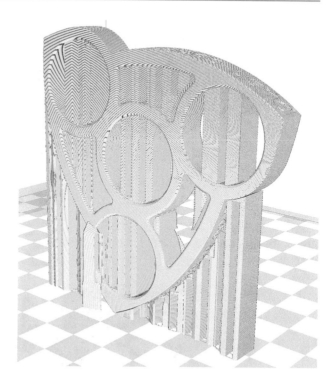

Abb. 6 Bei waagerechter Ausrichtung wird kein Supportmaterial benötigt

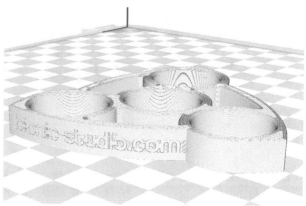

herzustellen, ist die in Abb. 4 gezeigte Ausrichtung des blauen Bauteils zu präferieren. In diesem Fall hat man kein Nachbearbeitungsaufwand und das Bauteil lässt sich relativ schnell produzieren (siehe Abb. 7).

Im Falle der waagerechten Ausrichtung passen in Summe acht Bauteile in die Baukammer, die mit einem sehr geringen Aufwand entfernt werden können. Der Nachbearbeitungsaufwand ist gering. Allerdings muss für jeden Baujob die Maschine jeweils aufgerüstet und abgerüstet werden.

Abb. 7 Bauplatte mit waagerechter Ausrichtung der Bauteile

Abb. 8 Bauplatte mit senkrechter Ausrichtung der Bauteile

Dem gegenüber steht die senkrechte Ausrichtung der Bauteile. In Abb. 8 ist dies aufgezeigt. In diesem Fall passen mehr als 22 Bauteile auf die Bauplattform. Allerdings entsteht ein hoher Zeitaufwand durch sowohl die Entnahme als auch die Nachbearbeitung der produzierten Bauteile.

Mit der Berechnung in Tab. 2 sollen die Aufwände pro Bauteil aufgezeigt werden. Durch die Tabelle wird ersichtlich, dass es nicht zwingend von Vorteil ist, den Baujob mit einer hohen Anzahl von Bauteilen zu starten Unter einer gesonderten Betrachtung kann dieses Vorgehen allerdings trotzdem interessant sein. Nämlich dann, wenn mehrere Maschinen parallel laufen. In der Berechnung ist die Arbeitskraft noch nicht mit eingerechnet, welche in diesem Fall von den länger laufenden Baujobs, mehrere additive Fertigungsmaschinen betreuen kann.

Tab. 2 Vergleich der Bauteilausrichtung und des Nachbearbeitungsaufwandes auf Grundlage eines FDM-Druckprozesses

Aufwände	Stückzahl 8	Stückzahl 22
Aufrüstung der Maschine	30 min	30 min
Druckzeit	2275 min	8088 min
Abrüstung der Maschine	30 min	30 min
Nachbearbeitung	40 min	220 min
Summe gesamt	*2375 min*	*8368 min*
Zeit pro Bauteil	*297 min*	*380 min*

3   Zusammenfassung

Auch wenn ein Ingenieurbüro auf den ersten Blick keinen direkten Bezug zur Fertigung aufweist, ist es doch umso wichtiger Know-how bzgl. einer Serienfertigung in die Konstruktion einfließen zu lassen. Denn dies hat einen bedeutenden Einfluss auf das zu produzierende Bauteil.

Abb. 9 zeigt eine typische Optimierung eines Bauteils. Dieses Bauteil sitzt im Airbus A380 im Deckenbereich und hält unter anderem die Sauerstofftanks und Bedienelemente über dem Kopf des Passagiers. Es weist nach der Optimierung eine Gewichtsersparnis von 78 %, eine gleichzeitige Steifigkeitserhöhung und die Substitution von Bauteilen (−80 %) und Verbindungsmitteln (−47 %) auf. Auch nach Einsparung der genannten Punkte ist die Einzelteilfertigung kostenintensiver als die herkömmliche Fertigung mit vielen Einzelteilen. Rechnet man aber die Montagekosten, Lager- und Logistikkosten, etc. hinzu, kann ein Business Case erzielt werden, was den Halter interessant macht.

Abb. 9 Beispielhafter Ablauf einer Optimierung

Sachwortverzeichnis

3D-Druck: Ein Fertigungsverfahren des Additive Manufacturing, welche auf dem Prinzip des Verklebens von Pulverpartikeln basiert. Aufgrund der sinnbildlichen Darstellung wird der Begriff 3D-Druck – besonders im Endkundenbereich – oftmals als Synonym für Additive Manufacturing eingesetzt.

3D Manufacturing Format (*3MF*): XML basiertes Austauschformat zur Definition der Anforderungen an die genaue Visualisierung einer Geometrie (wie z. B. Oberflächen und Texturen). Integration von digitalen Signaturen oder Funktionsanforderungen sind möglich.

Additives Fertigungsverfahren: Fertigungsverfahren, bei dem das Werkstück element- oder schichtweise aufgebaut wird [VDI 3405].

Ansinterungen: Teilweise angeschmolzene Pulverpartikel.

Bounding Box: Quader mit Kantenlängen entsprechend der maximalen Höhe, Breite und Länge eines Körpers.

Buy-to-fly-Ratio: Verhältnis von Ausgangsgewicht des Halbzeuges zu Endgewicht des fertigen Bauteils.

Design for Additive Manufacturing (*DfAM*): Beschreibung alle notwendigen Arbeitsschritte zur Gestaltung eines Additive Manufacturing Bauteils.

Direct Manufacturing (*DM*): Additive Herstellung von Endprodukten [VDI 3405].

Draht-/Linien-/Kantenmodell: Drahtmodelle bestehen aus den Kanten eines 3D-Geometriemodells. Solche Modelle bieten generell keine geometrische Integrität, können kaum mit physikalischen Eigenschaften versehen oder für Kollisionsprüfungen verwendet werden.

Endprodukt: Bestimmungsgemäß eingesetztes, marktfähiges Produkt mit Serieneigenschaften ab Stückzahl eins [VDI 3405].

FabLab: Fabrikationslabor oder offene High-Tech-Werkstätten, kurz FabLabs, gehören zu einer schnell wachsenden Bewegung, um moderne Technik unkompliziert nutzen zu können. Hierbei können Privatpersonen industrielle Produktionsverfahren dazu benutzen um Einzelstücke oder nicht mehr verfügbare Ersatzteile mit professionellen Maschinen herzustellen.

© Springer-Verlag GmbH Deutschland, ein Teil von Springer Nature 2018
R. Lachmayer et al. (Hrsg.), *Additive Serienfertigung*,
https://doi.org/10.1007/978-3-662-56463-9

Filament: Drahtförmiges Ausgangsmaterial für das Fused Layer Modelling. Verwendung von thermoplastischen Kunststoffen, wie z. B. PLA oder ABS.

Finite Elemente Methode: Numerisches Verfahren zur Lösung partieller Differentialgleichungen. Das Lösungsgebiet wird durch eine endliche (finite) Anzahl von miteinander vernetzten Elementen unterteilt.

Finite Differenzen Methode: Numerisches Verfahren zur Lösung partieller Differentialgleichungen. Das Lösungsgebiet wird durch eine endliche (finite) Anzahl an Gitterpunkten diskretisiert. Ableitungen werden durch Differenzenquotienten approximiert.

Flächenmodell: Flächenmodelle sind geometrisch nicht zwingend integer, die Flächenbegrenzungen stehen nicht miteinander in Beziehung. Die Vergabe von physikalischen Eigenschaften ist begrenzt möglich, Kollisionsprüfung ist über Flächendurchdringung begrenzt ausführbar.

Formkomplexität: Ausprägung der Kompliziertheit einer Oberfläche im Hinblick auf verschiedene Gesichtspunkte der Fertigung.

Fraktal: Körper, der aus dem fortwährenden Zerteilen seines Grundzustandes entsteht.

Geometriemodell (3D): Digitale Abbildung einer 3-dimensionalen Geometrie.

Gestaltparameter: Parameter, welche zur Gestaltung eines Bauteils verändert werden können. Materialien, Oberflächen und Geometrie. Geometrie setzt sich aus der Topologie, Form, Abmaße und Anzahl sowie den Toleranzen zusammen.

Gestaltungsraum (physikalisch): Durch Restriktionen (z. B. Montage, Bauraum) definierter Bereiche, welcher zur Gestaltung eines Bauteils/bzw. eines Bauteilbereiches zur Verfügung steht.

Gestaltungsrichtlinien: Grafisch aufbereiteter Informationsspeicher von Maschinen- und Prozessrestriktionen zur Berücksichtigung bei der Gestaltung eines Bauteils.

Gestaltungsziel: Beschreibt die Eigenschaften (Festigkeit, Steifigkeit, Gewicht, Kosten, Funktionsintegration) eines Bauteils, welche mit der Bauteilgestaltung verbessert werden sollen.

Hybrides Fertigungsverfahren: Ein hybrides Fertigungsverfahren ist die Kombination zweier Verfahren aus verschiedenen Kategorien der Fertigungsverfahren nach DIN 8580.

In-Prozess: Beschreibt die aus dem Pre-Prozess resultierenden Fertigungsoperationen, die von der additiven Fertigungsanlage ausgeführt werden [VDI 3405].

Innere Strukturen: Auf- und aneinandersetzbare Elemente zur Variation der Materialanordnung auf makroskopischer Ebene ohne Beeinflussung der Materialeigenschaften.

Iterationsschritt: Zähler für wiederkehrende Befehle zur Annäherung an einen Zielzustand.

Kunststoff-Laser-Sintern: Auch bekannt unter Laser-Sintern (LS) und der Bezeichnung Selektives Laser-Sintern (SLS®).

Mass customization: Kunden-Design-Prozess von Produkten und Dienstleistungen, die die Bedürfnisse jedes Einzelkunden hinsichtlich bestimmter Produkteigenschaften erfüllt. Alle Operationen werden innerhalb eines festen Lösungsraumes durch stabile, aber flexible und schnell adaptierbare Prozesse durchgeführt. (F. T. Piller)

Metall-Schutzgas-Schweißen: Schutzgasschweißverfahren mit kontinuierlich zugeführter Drahtelektrode.

Microcasting: Modifiziertes Schweißverfahren der Carnegie Mellon Universität zur additiven Fertigung.

Microfactory: Produktionseinheiten deren Größenordnung sich in der des zu produzierenden Produkts befindet.

Modell: Gegenüber einem Original zweckorientiert vereinfachtes, gedankliches oder stoffliches Gebilde, das Analogien zu diesem Original aufweist und so bestimmte Rückschlüsse auf das Original zulässt [U. Lindemann: Methodische Entwicklung technischer Produkte, Springer Verlag, 2009.].

Polygonnetz: Repräsentation eines dreidimensionalen Körpers durch ein Netz aus Facetten auf der Oberfläche.

Post-Prozess: Beschreibt die an dem Bauteil durchgeführten Arbeitsschritte, die nach der Entnahme aus der Anlage durchgeführt werden müssen [VDI 3405].

Pre-Prozess: Beschreibt alle erforderlichen Arbeitsschritte, bevor das Bauteil in der additiven Fertigungsanlage gefertigt werden kann [VDI 3405].

Prozesskette: Prozesskette zur Additiven Fertigung. Durch den additiven Aufbauprozess entstehen auf der Basis von 3-D-CAD-Daten einsatzfähige Bauteile im gewünschten Werkstoff, wobei gegebenenfalls im Anschluss an das Entnehmen der Teile aus der additiven Fertigungsanlage eine mechanische Nachbearbeitung, die Entfernung der Stützkonstruktionen und/oder eine Reinigung erforderlich sein können [VDI 3405].

Rapid Prototyping (RP): Additive Herstellung von Bauteilen mit eingeschränkter Funktionalität, bei denen jedoch spezifische Merkmale ausreichend gut ausgeprägt sind [VDI 3405].

Rapid Tooling (RT): Anwendung der additiven Methode und Verfahren auf den Bau von Endprodukten, die als Werkzeuge, Formen oder Formeinsätze verwendet werden [VDI 3405].

Rapid Repair (RR): Anwendung der additiven Methode und Verfahren für die Substituierung, Modifizierung und Ergänzung bestehender Komponenten.

Prototyp: Unterscheidet sich hinsichtlich geforderter Eigenschaften vom späteren Endprodukt [nach VDI 3405].

Slicen: Zerschneiden des Volumenmodells in die zu bauenden Schichten sowie Zuweisen der Schichtinformationen (Parameter zur Erzeugung der einzelnen Konturlinien pro Schicht). Das geslicte Volumenmodell kann nachträglich nicht mehr bearbeitet/skaliert werden, da die Konturdaten untereinander keinen Bezug mehr in z-Richtung aufweisen.

Stent: Gefäßprothese, meist aus Metall, die in verengte Blutgefäße eingebracht wird, um diese zu stabilisieren und offen zu halten [nach Definition Duden].

Streckenenergie: Maß des Energieeintrages zur Fertigung, Berechnung aus Quotient von Laserleistung und Scangeschwindigkeit bei konstantem Spurabstand und konstanter Schichtdicke [vgl. Definition Volumenenergiedichte in VDI 3405].

Strukturoptimierung: Rechnerunterstützte Optimierungsverfahren zur Gestaltung eines Bauteils. Unterscheidung in Parameteroptimierung (Engl.: Sizing), Formoptimierung (Engl.: Shape Optimization) und Topologieoptimierung (Engl.: Topology Optimization).

Stützstruktur: Abstützung von überhängenden Bauteilbereichen zur Sicherstellung des Bauprozesses. Die Anbindung der Hilfsgeometrie kann dabei an die Bauplattform oder an unten liegende Bauteilbereiche erfolgen. Die Stützstruktur kann bei einigen Verfahren zur Regulierung des Wärmeflusses eingesetzt werden.

Sub-Hybrides Fertigungsverfahren: Ein hybrides Fertigungsverfahren ist die Kombination zweier Verfahren aus gleichen Kategorien der Fertigungsverfahren nach DIN 8580.

Top-down-Vorgehensweise: Vorgehensweise bei der vom Abstrakten bzw. Übergeordneten sukzessive hin zum Konkreten bzw. Untergeordneten gearbeitet wird.

Urformen: Fertigungsverfahren, bei denen aus einem formlosen Stoff ein fester Körper hergestellt wird, der eine geometrisch definierte Form hat [DIN 8580].

Volumenmodell: Im Volumenmodell wird aus den Normalenvektoren der Begrenzungsflächen die Materialseite ermittelt und ein konsistenter Körper gebildet. Physikalische Eigenschaften und Kollisionsprüfung stehen in vollem Umfang zur Verfügung.

Voxel: Bei der Aufbringung vom Material im In-Prozess kleinste verwendete Größe. Ein Voxel ist die Analogie zu einem Pixel, welche zur Darstellung von zweidimensionalen Bilddaten in einer Bitmap verwendet werden (Volumenelemente, Volumetric Pixel oder Volumetric Picture Element).

Wire and Arc Additive Manufacturing: Lichtbogen- und drahtbasierte additive Fertigung.

Verfahrensübersicht (in Anlehnung an VDI 3405)

3-D-Drucken (3DP):

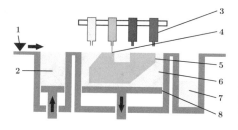

1) Beschichter
2) Pulvervorratsbehälter
3) Druckköpfe
4) Punkt-für-Punkt-Binderauftrag
5) Generiertes Bauteil
6) Pulverbett
7) Überlaufbehälter
8) Bauplattform mit Hubtisch

Pulver wird auf die Bauplattform mit Hilfe eines Beschichters flächig in einer dünnen Schicht aufgebracht. Die Schichten werden durch einen oder mehrere Druckköpfe, die Punkt-für-Punkt-Binder auftragen, erzeugt. Die Bauplattform wird geringfügig abgesenkt und eine neue Schicht aufgezogen.

Digital Light Processing (DLP):

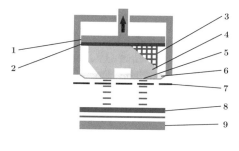

1) Bauplattform mit Hubtisch
2) Bauplatte
3) Stützkonstruktion
4) Generiertes Bauteil
5) Brennpunkt
6) Mit Photopolymer gefüllte Wanne
7) Glasscheibe
8) Umlenkspiegel
9) UV-Lampe

Ein Photopolymer wird von einer UV-Lampe in dünnen Schichten ausgehärtet. Nach der vollständigen Belichtung wird das generierte Bauteil um eine Schichtdicke aus der mit Photopolymer gefüllten Wanne angehoben.

© Springer-Verlag GmbH Deutschland, ein Teil von Springer Nature 2018
R. Lachmayer et al. (Hrsg.), *Additive Serienfertigung*,
https://doi.org/10.1007/978-3-662-56463-9

Elektronen-Strahlschmelzen/Electron Beam Melting (EBM):

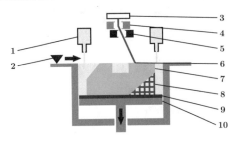

1) Pulvervorratsbehälter
2) Beschichter
3) Elektronenstrahlerzeuger
4) Fokussierspule
5) Ablenkspule
6) Verfestigungszone
7) Generiertes Bauteil
8) Stützkonstruktion
9) Bauplatte
10) Bauplattform mit Hubtisch

Das Pulver wird auf die Bauplattform mit Hilfe des Beschichters flächig in einer dünnen Schicht aufgebracht. Die Schichten werden durch eine Ansteuerung des Elektronenstrahles entsprechend der Schichtkontur des Bauteils schrittweise in das Pulverbett eingeschmolzen. Dafür werden die Elektronen erzeugt, beschleunigt, fokussiert und durch eine Spule abgelenkt. Die Bauplattform wird nun geringfügig abgesenkt und eine neue Schicht aufgezogen.

Film Transfer Imaging (FTI):

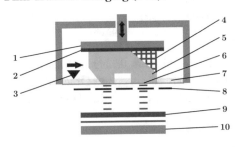

1) Bauplattform mit Hubtisch
2) Bauplatte
3) Beschichter
4) Stützkonstruktion
5) Generiertes Bauteil
6) Brennpunkt
7) Photopolymerfilm tragende
   Transportfolie
8) Glasscheibe
9) Umlenkspiegel
10) UV-Lampe

Auf die Transportfolie wird ein dünner Film eines Photopolymers aufgetragen. Entsprechend der Schichtkontur des Bauteils wird der Film von einer UV-Lampe durch die Folie belichtet und ausgehärtet. Anschließend wird das generierte Bauteil von der Folie gehoben, der Beschichter verteilt das Material auf der Folie und das generierte Bauteil wird wieder abgesenkt.

Fused Layer Modeling/Fused Deposition Modelling (FDM):

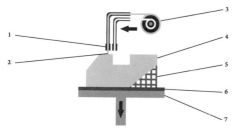

1) Beheizte Düsen
2) Linie-für-Linie-Auftrag
3) Materialvorrat in Drahtform
4) Generiertes Bauteil
5) Stützkonstruktion
6) Bauplatte
7) Bauplattform mit Hubtisch

Die Schichten werden durch das Abfahren der Bauteilkontur von den Düsen in X-Y-Richtung erzeugt. Dabei schmelzen die beheizten Düsen das drahtförmige Material auf, welches Linie-für-Linie auf die Bauplatte aufgetragen wird. Die Bauplattform wird nun geringfügig abgesenkt und eine neue Schicht generiert.

Laminated Object Modelling/Layer Laminated Manufacturing (LLM):

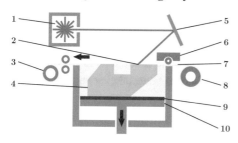

1) Laser
2) Schneidpunkt
3) Restaufnahmerolle
4) Generiertes Bauteil
5) X-Y-Scanner
6) Laminierwalze
7) Folieband
8) Rohmaterial
9) Bauplatte
10) Bauplattform mit Hubtisch

Die mit Klebstoff beschichtete Folie als Ausgangsmaterial wird Schicht für Schicht auf die Bauplattform geklebt. Durch eine Ansteuerung des Laserstrahles wird entsprechend der Schichtkontur des Bauteils die Folie geschnitten. Die Bauplattform wird nun geringfügig abgesenkt und eine neue Schicht aufgeklebt.

Poly-Jet Modelling (PJM):

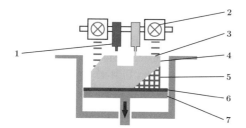

1) Druckköpfe
2) UV-Lampe
3) Verfestigungszone
   (Polymerisation)
4) Generiertes Bauteil
5) Stützkonstruktion
6) Bauplatte
7) Bauplattform mit Hubtisch

Das zu generierendes Bauteil wird durch (mehrere) Druckköpfe, mit linear angeordneten Düsen, entsprechend der Schichtkontur des Bauteils schichtweise aufgebaut. Dabei
werden winzige Tröpfchen flüssigen Photopolymers aufgesprüht wird unmittelbar nach
dem Auftragen mittels UV-Licht verfestigt.

Scan-LED-Technologie (SLT):

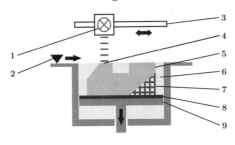

1) UV-Lampe
2) Beschichter
3) X-Y-Bewegungsspur
4) Verfestigungszone
   (Polymerisation)
5) Generiertes Bauteil
6) Flüssiges Harz (Polymerbad)
7) Stützkonstruktion
8) Bauplatte
9) Bauplattform mit Hubtisch

Ein Photopolymer wird von einer UV-LED in dünnen Schichten ausgehärtet. Dabei
bewegt sich die UV-LED in X-Y-Richtung entsprechend der Schichtkontur des Bauteils.
Nach der Belichtung wird das generierte Bauteil um eine Schichtdicke in das flüssige
Harz abgesenkt. Der Beschichter verteilt abschließend das Material gleichmäßig über dem
generierten Bauteil.

Selektives Laser Sintern/Selective Laser Sintering (SLS):

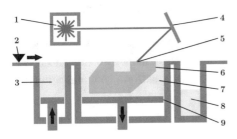

1) Laser
2) Beschichter
3) Pulvervorratsbehälter
4) X-Y-Scanner
5) Verfestigungszone
6) Generiertes Bauteil
7) Pulverbett
8) Überlaufbehälter
9) Bauplattform mit Hubtisch

Das Pulver wird auf die Bauplattform mit Hilfe des Beschichters flächig in einer dünnen
Schicht aufgebracht. Die Schichten werden durch eine Ansteuerung des Laserstrahles
entsprechend der Schichtkontur des Bauteils schrittweise in das Pulverbett gesintert. Die
Bauplattform wird nun geringfügig abgesenkt und eine neue Schicht aufgezogen.

Selektives Laserstrahlschmelzen/Selective Laser Melting (SLM):

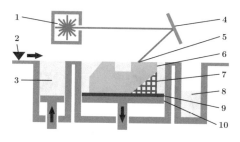

1) Laser
2) Beschichter
3) Pulvervorratsbehälter
4) X-Y-Scanner
5) Verfestigungszone
6) Generiertes Bauteil
7) Stützkonstruktion
8) Pulverbett
9) Überlaufbehälter
10) Bauplattform mit Hubtisch

Das Pulver wird auf die Bauplattform mit Hilfe des Beschichters flächig in einer dünnen Schicht aufgebracht. Die Schichten werden durch eine Ansteuerung des Laserstrahles entsprechend der Schichtkontur des Bauteils schrittweise in das Pulverbett eingeschmolzen. Die Bauplattform wird nun geringfügig abgesenkt und eine neue Schicht aufgezogen.

Stereolithografie/Stereolithography (SL):

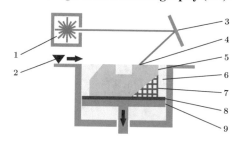

1) Laser
2) Beschichter
3) X-Y-Scanner
4) Verfestigungszone
   (Polymerisation)
5) Generiertes Bauteil
6) Flüssiges Harz (Polymerbad)
7) Stützkonstruktion
8) Bauplatte
9) Bauplattform mit Hubtisch

Ein Photopolymer wird von einem Laser in dünnen Schichten ausgehärtet. Nach der vollständigen Belichtung wird das generierte Bauteil um eine Schichtdicke in das flüssige Harz abgesenkt. Der Beschichter verteilt abschließend das Material gleichmäßig über dem generierten Bauteil.

Sachverzeichnis

Printed in the United States
By Bookmasters